21 世纪高等院校电气工程与自动化规划教材

21 century institutions of higher learning materials of Electrical Engineering and Automation Planning

Analog Electronics

模拟电子技术基础

张学亮 主编

段争光 徐琬婷 高艳 副主编

U0378742

人民邮电出版社

北 京

图书在版编目（CIP）数据

模拟电子技术基础 / 张学亮主编. -- 北京：人民
邮电出版社，2016.2（2022.1重印）
21世纪高等院校电气工程与自动化规划教材
ISBN 978-7-115-41314-7

Ⅰ．①模… Ⅱ．①张… Ⅲ．①模拟电路－电子技术－
高等学校－教材 Ⅳ．①TN710

中国版本图书馆CIP数据核字(2015)第310641号

内 容 提 要

本书根据国家示范性高职院校教学改革，结合作者多年教学改革模式探索总结的教学经验进行编写。本书以技能和应用能力的培养为重点，并在学习的过程中注重激发学生的学习兴趣。全书内容有半导体二极管及应用电路、放大电路基础、集成运算放大器及基本应用、放大电路中的负反馈、集成运算放大器的应用、波形发生器和信号转换电路、功率放大电路、直流稳压电源等。

本书可作为自动化、电子、计算机、通信等相关专业的基础课教材，也可作为成人教育、自学考试、培训班的教材，还可供相关专业工程技术人员学习和参考。

- ◆ 主　　编　　张学亮
　　副主编　　段争光　徐琬婷　高　艳
　　责任编辑　　刘盛平
　　执行编辑　　王丽美
　　责任印制　　杨林杰
- ◆ 人民邮电出版社出版发行　　北京市丰台区成寿寺路 11 号
　　邮编　100164　　电子邮件　315@ptpress.com.cn
　　网址　http://www.ptpress.com.cn
　　北京天宇星印刷厂印刷
- ◆ 开本：787×1092　1/16
　　印张：15.75　　　　　　　　　　2016 年 2 月第 1 版
　　字数：406 千字　　　　　　　　2022 年 1 月北京第 5 次印刷

定价：39.80 元

读者服务热线：(010)81055256　印装质量热线：(010)81055316
反盗版热线：(010)81055315

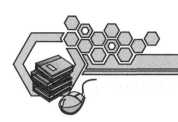

前言

本书是根据电类专业人才培养目标定位、结合国情及自身的条件，在依据往届毕业生就业状况跟踪调研和总结经验的基础上编写。

如何根据现有条件更好地完成专业人才培养目标，多年来我们进行了不懈探索，由于"模拟电子技术基础"课程具有很强的实用性，又是后续专业课程的重要基础课，因此本课程是学院教学模式改革的重中之重。新的教学模式完全摒弃了教师整堂课灌输的方式，而是采取单元任务驱动、教师引导、学生自主学习讨论、教师全程指导、重点难点师生共同讲授的方式进行。经试点运行，在提高学生的专业学习兴趣，提高自主获取知识能力，提高实际动手能力等方面有明显效果，本书就是在这一基础上形成，并且为适应这种新的教学模式而编写。

本书的编写思路是遵循教学改革模式，以应用为目的，以必须、够用为度，突出了基本概念、基本原理和基本分析，以讲清概念、强化应用为重点。具体包含以下几个特点。

（1）遵循教学规律，力求由浅入深，由易到难，由简入繁。

（2）遵循教学改革路线，充分让学生在实训中掌握知识。

（3）根据高职教育的特点，本书选题紧扣教育部规划教材的教学内容，可与各校普遍使用的、多种版本的通用理论教材配套。为了突出职业教育的特点，扩展了跨学科的适用范围，突出体现了前沿的知识、技术和工艺，并使单元任务选题尽量贴近生产实际。为适应电子工业高速发展的需要，着重加强了集成电路方面的应用训练。

（4）在指导与示范性课题的讲解中，详细介绍了电路选择与确定的原则，电路元器件参数的计算方法及电路的安装、调试过程，以指导和规范学生的设计思路、实践操作。

（5）鉴于目前多出现专用集成电路取代分立器件组成的电路的情况，删除了一些内部电路的复杂分析，对部分基础知识分析也趋于简练，侧重于掌握使用方法。

（6）对于电路的分析，力求简化推导过程，突出概念的讲述，使学生不但能够学会定量计算的方法，而且能够掌握定性分析的技巧，为以后学习专业课程打下基础。

本书参考学时为 120 学时，老师可以根据学生的掌握情况对各章的内容酌情增减课时。

本书由张学亮任主编，段争光、徐琬婷、高艳任副主编。其中，张学亮编写了各单元的单元任务并负责全书审稿工作，学习单元 1、学习单元 2 中 1~4 节和 7 节由徐琬婷编写，学习单元 2 中 5~6 节、学习单元 3、学习单元 4、学习单元 5 和各单元习题由段争光编写，学习单元 6、学习单元 7、学习单元 8 由高艳编写。

本书在编写过程中，由于编者教学经验和学术水平有限，书中难免有不妥之处，敬请广大读者批评指正。

编　者
2015 年 10 月

本书主要符号说明

一、原则

随时间变化的量用小写字母（u，i），直流量、交流量的有效值和最大值用大写字母（U，I）表示。下标为外文字母的一般用小写，习惯用法或国际通用的用大写。

二、符号

A	电流量单位、放大倍数、运算放大器通用符号	P_{CM}	集电极最大允许耗散功率
		P_{ZM}	最大耗散功率
A_u、$\dot{A}_u$	电压放大倍数	Q	静态工作点
a	整流器件的阳极	r	动态电阻
b、c、e	三极管基极、集电极、发射极	r_{be}	三极管的输入电阻
C_T	势垒电容	r_d	二极管导通时的动态电阻
C_j	结电容	R	电阻
C_D	扩散电容	R_D	二极管导通时的静态电阻
C_{TV}	电压温度系数	R_i	放大电路的输入电阻
E	光照度	R_o	放大电路的输出电阻
F	反馈系数通用符号	T	变压器
f	频率	u_D	二极管两端的总电压
g、d、s	场效应管栅极、漏极、源极	u_I	输入总电压
g_m	跨导	u_O	输出总电压
f_M	最高工作频率	$\dot{U}$	电压的向量形式
h_{ie}、h_{fe}、h_{re}、h_{oe}	三极管共集电极接法	U_{BR}	二极管击穿电压
	H 参数等效电路的参数	$U_{(BR)CBO}$	发射极开路时 b-c 间的反向击穿电压
$\dot{I}$	电流的向量形式	$U_{(BR)CEO}$	基极开路时 c-e 间的反向击穿电压
I_{CBO}	发射极开路时，b-c 间反向电流	U_{DRM}	二极管最高反向电压
I_{CEO}	基极开路时，c-e 间反向电流	$U_{GS(off)}$	耗尽型场效应管的夹断电压
I_{CM}	集电极最大允许电流	$U_{GS(th)}$	增强型场效应管的开启电压
I_D	二极管的平均电流	U_T	温度的电压当量
I_{DSS}	结型场效应管、耗尽型场效应管 $U_{GS}=0$时的漏极电流	U_{th}、U_{on}	二极管开启电压
		U_O	输出直流电压
I_{FM}	二极管的最大整流平均电流	$U_{o\gamma P-P}$	纹波电压峰-峰值
I_O	输出直流电流	$U_{o\gamma}$	输出谐波电压总有效值
I_S、I_R	二极管的反向饱和电流	U_Z	稳压二极管稳定电压
I_Z	稳压电流	U_o	电压有效值表示形式
I_{ZM}	稳压二极管最大工作电流	V	电源电压
I_i	电流有效值表示形式	VD	二极管
i_D	二极管的总电流	VT	三极管、场效应管
k	整流器件的阴极	β、$\bar{\beta}$	三极管共射交流放大倍数、直流放大倍数
K_{CMR}	共模抑制比		
K_γ	纹波系数	τ_d	放电时间常数
L	电感	η	效率
M	互感	φ	相角
N	绕组匝数、半导体类型	ω	角频率
P	功率、半导体类型		

目　录

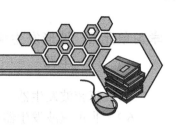

半导体二极管及应用电路

教学导航

单元任务	直流稳压电源制作
建议学时	24 学时
完成单元任务所需知识	1. N 型半导体和 P 型半导体。 2. 掌握二极管的伏安特性，理解二极管的形成、单向导电性及二极管等效模型。 3. 单相桥式整流电容滤波电路，稳压二极管和发光二极管的特性及应用
知识重点	PN 形成与单向导电性
知识难点	PN 结形成与单相桥式整流滤波电路
职业技能训练	1. 会正确判断二极管的好坏和极性，会测试二极管的伏安特性曲线。 2. 会查阅二极管参数，并选择合适的二极管。 3. 单相桥式整流电容滤波电路的焊接、检测、调试，并学会故障分析与排除
推荐教学方法	任务驱动——教、学、做一体教学方法：从单元任务出发，通过课程听讲、教师引导、小组学习讨论、实际电路测试，掌握完成单元任务所需知识点和相应的技能

1.1 PN 结

半导体二极管又称晶体二极管或二极管（Diode），由 PN 结外加引线封装构成，具有重量轻、体积小、寿命长等优点。二极管给我们的科学、文化、生活带来了很大进步。了解半导体器件、掌握它的特性和工作原理，对学习模拟电子技术非常重要。本单元通过对二极管的检测和使用来探讨它的基本原理。

物质按其导电能力的不同，可分为导体（如金、银、铝、铜）、绝缘体（如塑料、橡胶、陶瓷等）和导电能力介于导体和绝缘体之间的半导体。半导体材料很多，常用的有硅（Si）、锗（Ge）和砷化镓（GaAs）等。

1. 本征半导体

硅、锗等半导体材料内部原子排列是有规律的晶体结构。本征半导体是一种完全纯净的、结构完整的半导体晶体。图 1-1（a）所示为本征半导体结构图，它的价电子是以共价键的形式结合在一起，共价键有较强的束缚力。在常温下，本征半导体导电能力很弱。但是随着温度的升高或光线的照射增强后，价电子获得足够能量，就能摆脱共价键的束缚成为自由电子，同时在共价键上留下一个空位称为空穴。在外电场或其他能量的作用下，临近的价电子填补到这个空穴，这个电子原来的位置又留下空穴，其他电子再次移动到新的空位，再留下空穴，就把这种失去一个电子留下的空穴看成是参与导电的、带正电的载流子。这种现象叫作本征激发，形成成对的自由电子和空穴，如图 1-1（b）所示。

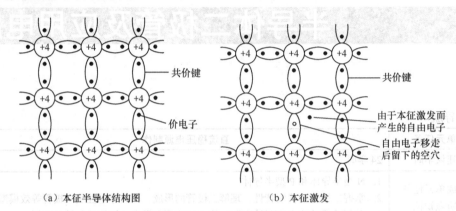

（a）本征半导体结构图　　　　　（b）本征激发

图 1-1　本征半导体

由此可见，在本征半导体中存在着两种载流子参与导电：带负电的自由电子和带正电的空穴，它们是成对产生的，故它们的浓度是相等的。自由电子和空穴在运动中相遇时会重新结合而成对消失，这种现象称为复合。温度一定时，自由电子和空穴的产生与复合将达到动态平衡，这时自由电子和空穴的浓度一定。在常温下，自由电子-空穴对的数量很少，故本征半导体导电能力差。本征半导体的导电性会随外界条件的不同发生明显的变化。如温度升高或光照的增强，自由电子-空穴对增加，导电能力提高。

（1）光敏特性

对半导体施加光线照射时，通常光照越强，载流子越多，导电能力越强。

光敏检测元件如光敏电阻、光敏二极管、光敏三极管和太阳能电池等，就是利用半导体的光敏特性。

（2）热敏特性

半导体的导电能力受温度影响很大。当环境温度升高时，导电能力显著增强。例如，锗温度每升高 $10\,^{\circ}\mathrm{C}$，它的电阻率将减少到原来的一半左右，即导电能力增加一倍左右。

利用热敏特性，可以制成自动控制中常用的热敏电阻及其他热敏元件。

（3）掺杂特性

加入杂质元素可以增加本征半导体的导电能力。在纯净的半导体中掺杂微量的三价或五价元素（如硼、磷），它的导电能力将大大增加。例如，在纯硅中掺入一亿分之一的硼元素，其导电能力可以增加两万倍以上。

利用掺杂特性可以制造出晶体二极管、晶闸管、晶体三极管、场效应管等半导体器件。

2. 杂质半导体

在本征半导体中掺入某种微量的杂质元素就变成杂质半导体。按照掺杂元素的不同，可分为 N 型和 P 型两种掺杂半导体，控制掺杂元素的浓度可以控制杂质半导体的导电能力。

（1）N 型（电子型）半导体

在本征半导体中，掺杂五价元素（磷（P）、砷（As）、锑（Sb）等）就形成了 N 型半导体。

如在纯净的硅中掺入微量的五价元素磷（P）。掺入的磷原子取代了硅原子的位置，它同相邻的 4 个硅原子组成共价键时，多出的一个电子受共价键的束缚很弱。在常温下，多出的一个电子所获得的热能量就能摆脱原子核的束缚成为可以导电的自由电子。磷原子因为失去一个电子称为正离子，如图 1-2（a）所示。由于释放电子又称为施主原子，因在晶格上失去电子，杂质原子成为不能移动带正电的离子，这种释放过程称为电离，杂质原子电离后产生一个自由电子和一个正离子。

一般情况下，掺入杂质原子越多，产生的自由电子和正离子也越多。此外，有少量由于本征激发产生的自由电子-空穴存在，受温度影响很大。大量自由电子的存在增加了空穴复合的概率。N 型半导体自由电子数量远大于空穴数量，空穴成为少数载流子（简称少子），自由电子成为多数载流子（简称多子）。

（2）P 型（空穴型）半导体

同理，在本征半导体中，掺杂三价元素（硼（B）、镓（Ga）、铟（In）等）就形成了 P 型半导体。例如，在本征半导体硅中掺微量的三价元素硼（B），掺入的硼原子取代了硅原子的位置，它同相邻的 4 个硅原子所组成的共价键中，因缺少一个电子而形成一个空穴。在室温下，价电子由于热运动将填补空穴，杂质原子吸收自由电子带负电，由于受到晶格束缚，变成不能移动的负离子。由于杂质原子的空穴吸收自由电子，又称为受主原子，如图 1-2（b）所示。

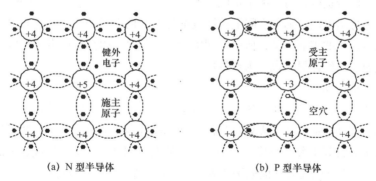

(a) N 型半导体　　　　　　　　　　(b) P 型半导体

图 1-2　掺杂半导体结构示意图

在 P 型半导体中，同样存在本征激发，因此空穴为多子，而自由电子为少子。P 型半导体以空穴导电为主。

杂质半导体在常温下已经电离，载流子浓度大为增强，导电能力也显著提高。需要指出的是，虽然 N 型半导体与 P 型半导体中含有不同类型的载流子，但是整个半导体中正、负电荷量总是相等的，仍然呈电中性。图 1-3 所示为 N 型半导体和 P 型半导体载流子和杂质离子的示意图。

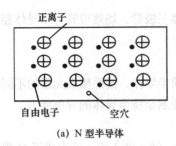

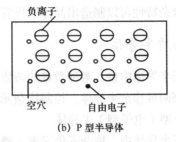

(a) N 型半导体　　　　　　　　　　　　　(b) P 型半导体

图 1-3　掺杂半导体符号示意图

综上所述，在杂质半导体中，多子浓度主要取决于杂质的浓度；少子的浓度主要与本征激发有关，温度或者光照对它影响很大。

3. PN 结的形成

采用特定的半导体制造工艺，如合金法或平面扩散法在本征半导体晶片上掺入杂质，分别形成 P 型和 N 型半导体，并在两种半导体的交界处形成了 PN 结。

（1）多子的扩散运动

当 N 型和 P 型半导体结合在一起时，在交界处，两种载流子浓度相差很大，P 区的多子空穴必然向 N 区扩散，N 区的多子自由电子也会向 P 区扩散，这种载流子由浓度差产生的运动称为多子的扩散运动。扩散到 P 区的自由电子与空穴复合，扩散到 N 区的空穴与电子复合，在交界附近，载流子由于大量复合，浓度降低。P 区出现不能移动的负离子区，N 区出现不能移动的正离子区，称为空间电荷区，如图 1-4 所示。

（2）内电场的形成

空间电荷区一侧带负电，另一侧带正电，形

图 1-4　平衡状态的 PN 结

成内电场，也称为势垒电压。随着空间电荷区逐渐加宽，内电场增强，其方向由 N 区指向 P 区，内电场的方向阻碍多子的扩散运动，所以空间电荷区又称之为阻挡层或者势垒区。因空间电荷区内可以运动的载流子已经耗尽，也称为耗尽层。

（3）少子的漂移运动

在内电场的作用下，P 区的自由电子向 N 区运动，N 区的空穴向 P 区运动。载流子在内电场作用下的运动称为漂移运动。在交界处，扩散运动和漂移运动同时进行，当两者运动相等时，参与扩散运动的多子数目等于参与漂移的少子数目，从而达到动态平衡，形成稳定的空间电荷区，称为 PN 结。可见在无外电场或其他电场的激发下，PN 结没有电流流过。

4. PN 结的单向导电性

当 PN 结两边的半导体施加不同极性的电压时，其导电性能差异很大。

通常将加在 PN 结上的电压称为偏置电压。若 PN 结外加正向电压（指 P 区接高电位，N 区接低电位）称为正向偏置，简称正偏。如图 1-5（a）所示中外加正向电压 U_F，外电场和内电场方向相反，削弱内电场，空间电荷区变窄。在外加电源的作用下，扩散运动加强，形成较大的正向电流 I_F，PN 结呈低阻导通状态。PN 结正向导通时候，结电压很小，只有零点几伏。为了防止 PN

结因电流过大烧坏，回路中要串入限流电阻 R。

若 PN 结外加反向电压 U_R（指 P 区接低电位，N 区接高电位）称为反向偏置，简称反偏，如图 1-5（b）所示，此时外电场和内电场方向相同，空间电荷区变宽。此时外电场阻碍了多子的扩散运动，有利于少子漂移运动。由于少子是由本征激发形成，数量很少，所以形成反向电流 I_R 很小。当温度不变时，少子浓度基本不变，I_R 不随 U_R 变化，I_R 又称反向饱和电流 I_S，电流很小但受温度影响很大。反向偏置时，PN 结呈高阻截止状态。

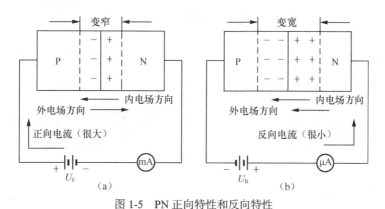

图 1-5　PN 正向特性和反向特性

由上述可知，PN 结正偏时呈导通状态，反偏时呈截止状态，相当于一个开关。这就是 PN 结的单向导电性。

当 PN 结受到外电压作用时，在近交界面两边积聚的电荷量随之变化，相当于电容充放电，称为结电容。PN 结结电容值都较小，一般为几皮法至几十皮法，对低频影响不大，但高频时，就必须考虑结电容的影响。

1.2　半导体二极管

1. 二极管的结构和种类

在 PN 结的两端，引出电极，再用外壳封装起来，就构成了半导体二极管。由 P 区引出的电极称为阳极（正极）a，由 N 区引出的电极称为阴极（负极）k，二极管符号和常用的几种二极管外形如图 1-6（a）和（b）所示；二极管的图形符号和文字符号如图 1-6 所示，文字符号用 VD 表示。

二极管的种类很多，按制造材料分，常用的有锗二极管、硅二极管和砷化镓二极管；按用途分，有整流二极管、检波二极管、稳压二极管、变容二极管和普通二极管；按结构、工艺分，常见的有点接触型、面接触型等。

点接触型二极管的结构如图 1-6（e）所示，它的 PN 结面积很小，因此结电容小，适用于高频小电流的场合，主要应用于高频的检波、变频电路中，如 2AP1 型锗管，它的最大整流电流是 16mA，最高工作频率是 150MHz。

面接触性二极管的结构如图 1-6（d）所示，它的 PN 结面积大，允许通过较大的电流（几百毫安以上），其结电容也大，只能工作在较低频率（几十千赫以下），主要应用于整流电路，如 2CZ52A 型硅管，它的最大整流电流为 100mA，最高工作频率只有 3kHz。

图 1-6（c）所示为硅工艺平面二极管的结构图，是集成电路中常见的一种形式。

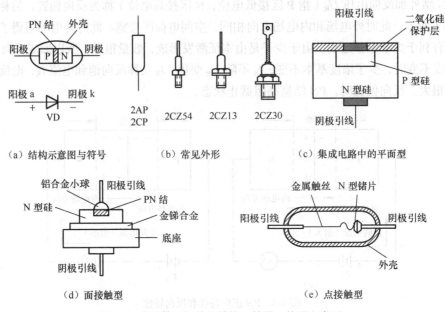

（a）结构示意图与符号　　（b）常见外形　　（c）集成电路中的平面型

（d）面接触型　　　　　　　　　（e）点接触型

图 1-6　半导体二极管的结构、符号、外形和类型

由于电子产品向微型和轻量方向发展，片状的贴片元器件发展极为迅速，此类器件为无引线或短引线微型元器件，可直接印制焊接在电路板表面，在微型收录放机、移动通信设备、高频电子仪器设备、微型计算机等领域得到广泛应用。

2. 半导体二极管的伏安特性

（1）PN 结的伏安特性方程

理论分析推导，二极管的伏安特性曲线可用 PN 结的伏安特性方程来描述，PN 结流过的电流 i_D 和两端的电压 u_D 之间的关系可用方程表示为

$$i_D = I_S \left(e^{u_D/U_T} - 1 \right)^{[1]} \qquad\qquad (1\text{-}1)$$

式中：I_S 为 PN 结的反向饱和电流；$U_T = kT/q$ 称为温度电压当量；k 为玻耳兹曼常数（1.380×10^{-23} J/K）；T 为热力学温度；q 为电子的电量（1.602×10^{-19}C）。在常温（T=300K）时，可求得 $U_T \approx$ 26 mV。u_D 和 i_D 的参考方向如图 1-7（a）所示，故正向偏置时 u_D 和 i_D 为正值，反向偏置时 u_D 和 i_D 为负值。

由式（1-1）可见，当 u_D=0 时，i_D=0；当正向偏置时，只要 $u_D > 100\text{mV}$，则 i_D 随 u_D 按指数规律变化 $i_D \approx I_S e^{u_D/U_T}$；当反偏（$u_D < 0$）时，只要 $|u_D|$ 大于 U_T 几倍，则 $i_D \approx -I_S$，与外加电压 u_D 无关，且 i_D 的实际方向与参考方向相反。

（2）二极管的伏安特性曲线

图 1-7（b）所示为实测的硅二极管的伏安特性，它与由式（1-1）描绘的伏安特性是基本相同的。下面对特性曲线分为 3 部分来说明。

---

[1] 电压、电流符号说明：I、i 电流通用符号。U、u 电压通用符号。I_B 大写字母、大写下标，表示直流量。i_B 小写字母、大写下标，表示瞬时总量。I_b 大写字母、小写下标，表示交流有效值。i_b 小写字母、小写下标，表示交流瞬时值。i_b 表示交流复数值。

①　正向特性。图 1-7（b）中曲线①段为正向特性，它是二极管外加正向电压（正偏）时，二极管两端电压 u_D 和通过二极管电流 i_D 的关系曲线。当正向电压比较小时，正向电流几乎为零，二极管也没有导通，这个区域称为"死区"。当正向电压超过某一数值后，二极管导通，正向电流随外加电压增加而迅速增大，此电压值称为导通电压，又称门槛电压或阈值电压，用 U_{th} 或 U_{on} 表示。在室温下，硅管的 U_{on} 约为 0.5V，锗管的约为 0.1V。当正向电压较大时，正向特性几乎与纵轴平行。所以当二极管导通时候，二极管两端电压基本不变，这个电压称管压降 U_D，硅管为 0.6～0.8V（通常取 0.7V），锗管为 0.2～0.4V（通常取 0.3V），砷化镓管为 1.1～1.3V（通常取 1.2V），如图 1-8 所示。

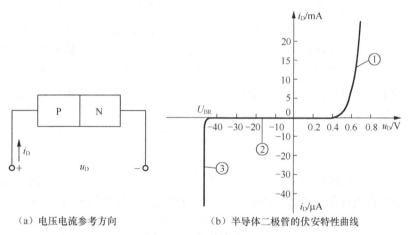

（a）电压电流参考方向　　　　（b）半导体二极管的伏安特性曲线

图 1-7　二极管特性测试

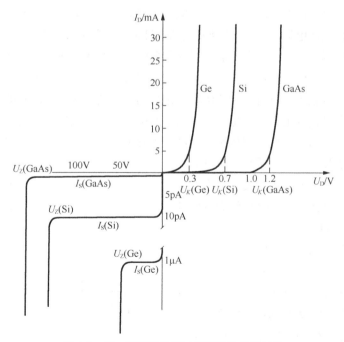

图 1-8　锗、硅和砷化镓二极管特性曲线对比

②　反向特性。图 1-7（b）中曲线②段为反向特性，它是二极管外加反向电压（反偏）时的两端电压 u_D 和流过的电流 i_D 关系曲线。在反向电压小于反向击穿电压 U_{BR} 的范围内，由少子漂

移运动形成的反向饱和电流很小，由于少子数量少，在很长一个区域，反向电流大小与反向电压的大小基本无关。在室温下，锗管的反向饱和电流比硅管的大得多，硅管又比砷化镓管的反向饱和电流大，反向饱和电流越小，二极管的单向导电性越好，如图1-8所示可见各管的反向特性。

根据二极管的伏安特性关系可以看出：二极管是非线性器件，不满足欧姆定律；二极管具有单向导电性。

③ 反向击穿特性。图1-7（b）中曲线③段为反向击穿特性。当反向电压增大到某一数值U_{BR}时，反向电流急剧增大，这种现象称为二极管的反向击穿，U_{BR}称为反向击穿电压。注意伏安特性方程不能再描述反向击穿特性。PN结击穿后电流很大，电压又很高，因此功率很大，使PN结发热超过它的耗散功率而产生热击穿。这样PN结的电流和温升之间出现恶性循环，结温升高使反向电流增大，电流增大结温升高，这种循环很快使PN结烧毁。由图1-8所示各管可见，锗管由于反向饱和电流大，对温度敏感，使用场合较少；硅管具有低成本、较小的反向饱和电流、较好的温度特性和击穿电压水平，广泛应用于电子设备中；砷化镓具有高击穿电压、良好的温度特性和低反向饱和电路，已广泛应用于光电领域、高速特性场合和超大规模集成电路中。随着砷化镓制造成本的降低，应用场合会出现大的改变。

PN结产生电击穿的原因是在强电场作用下，大大增加了自由电子和空穴的数目，引起反向电流急剧增大。这种现象是由雪崩击穿和齐纳击穿两种原因产生的。

● 雪崩击穿产生的机理是当PN结反向电压增加时，空间电荷区中的电场随着增强。空间电荷区的电子和空穴在电场作用下获得的能量增强，有可能和晶体结构中的外层电子碰撞而挣脱原子核的束缚，经过碰撞，使共价键中的电子激发形成自由电子-空穴对，此现象称碰撞电离。新产生的载流子在电场作用下获得能量后，又碰撞其他的外层电子，再产生自由电子-空穴对，这就是载流子的倍增效应。当反向电压增大到一定数值时，载流子的倍增效应就像发生雪崩一样，载流子增加很多很快，使反向电流增大，PN结发生的这种击穿，称为雪崩击穿。

● 齐纳击穿又称隧道击穿，是在外加很高反向电压时，PN结空间电荷区中存在一个强电场，把共价键中电子分离出来形成自由电子-空穴对，使载流子突然增大，形成大的反向电流。发生齐纳击穿需要的电场强度很高，只有在杂质浓度特别高的PN结中才会出现齐纳击穿，这是因为杂质浓度高，空间电荷区内部电荷密度也大，从而空间电荷区窄，电场强度高。一般整流二极管多是雪崩击穿造成的，而稳压二极管因掺杂浓度高发生齐纳击穿。

如果反向电压和反向电流的乘积超过PN结允许的耗散功率，PN结就会热击穿而烧毁。如果没有超过允许的耗散功率时，不会发生热击穿，PN结就不会损坏。因此在不超过PN结允许的耗散功率时击穿是可逆的。

（3）温度对二极管特性的影响

二极管的特性对温度的变化很敏感。当温度升高时，正向压降减小，表现为正向特性曲线向左移。而反向电流增大，表现为反向特性曲线向下移，如图1-9所示。例如，当i_D一定时，温度每升高1℃，正向压降约减少2.5mV；而温度每升高10℃，反向电流约增大一倍。为了保证二极管正常工作，为此，二极管工作时不能超过它的

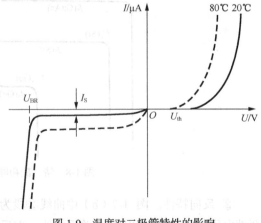

图1-9 温度对二极管特性的影响

最高工作温度，一般硅管所允许的最高结温为 200℃，锗管为 100℃，砷化镓为 200℃。

3. 半导体二极管的电路模型

在工程计算中，通常根据二极管在电路中的实际工作状态，在误差允许的条件下，把非线性的二极管电路转化为线性电路模型来求解。本节介绍二极管几种常用且较简单的电路模型。

（1）理想模型

图 1-10（a）中与坐标轴重合的折线近似代替二极管的伏安特性，很明显误差很大。理想模型在电路中相当于一个理想开关。只要二极管正向偏置时，它就导通，其管压降为零，相当于开关闭合；当反向偏置时，二极管截止，其电阻为无穷大，相当于开关断开。这样的二极管称为理想二极管。

（2）恒压降模型

不能忽略二极管的正向压降时，可采用恒压降模型来近似代替实际二极管，该模型由理想二极管与管压降 U_D 构成，如图 1-10（b）所示，U_D 不随电流而变。对于硅二极管的 U_D 通常取 0.7V，锗二极管取为 0.3V，砷化镓取为 1.2V。不过，只有当流过二极管的电流 I_D 大于等于 1mA 时才可利用。显然，这种模型较理想模型更接近实际二极管。

（3）折线模型

为了更好地描述二极管的伏安特性，在恒压降模型的基础上进行修正，产生了折线模型。它认为二极管的管压降不是恒定的，而是随二极管的电流增加而增加的。

二极管的门槛电压 U_{on} 约为 0.5V（硅管）。至于直流电阻 R_D 的值，可以这样来确定，即当二极管的导通电流为 1mA 时，管压降为 0.7V，于是 R_D 的值可计算如下：

$$R_D = \frac{0.7V - 0.5V}{1mA} = 200\Omega$$

由于二极管特性的分散性，U_{on} 和 R_D 的值是变化的。很明显这种模型更接近二极管的伏安特性曲线，如图 1-10（c）所示。

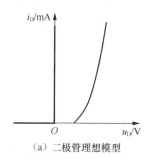
（a）二极管理想模型

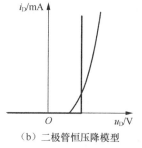
（b）二极管恒压降模型

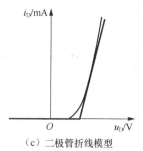
（c）二极管折线模型

图 1-10 二极管的等效模型

（4）二极管的小信号模型

当二极管两端的电压和通过它的电流固定（直流量，反应该点在图中以 Q 表示）时，在 Q 点附近做微小变化，当只研究这个变化电压量和变化电流之间的关系时，引入交流动态电阻 $r_d = \frac{\Delta u_D}{\Delta i_D}$，小信号模型如图 1-11 所示，则可把 $U-I$ 特性看成为一条直线，其斜率的倒数就是所要求的小信号模型的交流动态电阻 r_d。

$$\frac{1}{r_\mathrm{d}} = \frac{\Delta i_\mathrm{D}}{\Delta u_\mathrm{D}} \approx \frac{\mathrm{d}i_\mathrm{D}}{\mathrm{d}u_\mathrm{D}} = \frac{\mathrm{d}[I_\mathrm{S}\mathrm{e}^{\frac{u}{U_T}}(-1)]}{\mathrm{d}u_\mathrm{D}} \approx \frac{I_\mathrm{S}}{U_T}\mathrm{e}^{\frac{u}{U_T}} \approx \frac{I_\mathrm{D}}{U_T}$$

$$r_\mathrm{d} = \frac{U_T}{I_\mathrm{D}} \approx \frac{26\mathrm{mV}}{I_\mathrm{D}} \tag{1-2}$$

式（1-2）中 I_D 为 Q 点的电流。

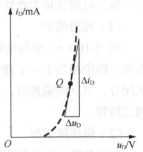

图 1-11　二极管的小信号模型

* 4. 势垒电容和扩散电容

每个电子或电气系统对频率都是敏感的，即电子设备的特性随频率改变。即便是电阻也会对频率敏感，在低频和中频区时，其阻值不变，但是在高频情况下，寄生电容和电感效应将会起作用，影响元件的整体阻抗。

对二极管来说也不例外，寄生电容的影响最大，在低频和中频区，对于小的电容来说，其电抗等级非常高，可认为是无穷大，由开路表示，可忽略。在高频区时，其电抗等级降低引起低的阻抗，从而短路。这种短路经过二极管，已影响二极管对电路的响应。

在二极管的 PN 结中，需考虑两种电容效应。两种电容效应在正偏和反偏都存在，只是两者作用大小不同。在反偏时主要考虑传导或耗尽层的势垒电容 C_T，在正偏时主要考虑扩散电容 C_D。

我们知道电容的基本公式 $C = \varepsilon A/d$，其中 ε 是间隔距离 d，面积为 A 的两极板间的电介质的介电常数。在反偏时，存在一个空间电荷区（耗尽层），表现为对等电荷之间的绝缘体，由于耗尽区的宽度 d 随反偏电压的增加而增加，从而使势垒电容降低。在多数电子系统中，电容随外加的反偏电压而确定。

正偏时，上述势垒电容效应被扩散电容效应所掩盖。扩散电容效应直接依赖于电荷从外部注入耗尽区域的比例。电流的增加量将导致一定比例的扩散电容的增加量，即电流的增加将导致相关电阻等级的降低及时间常数不太大的改变。这在二极管的高速应用场合非常重要。

1.3　二极管的应用

1. 单相桥式整流滤波电路

利用二极管的单向导电性来实现整流电路，常见的有单相半波、全波和桥式整流电路形式。

单相桥式整流电路如图 1-12（a）所示，图中 Tr 是电源变压器，二极管 VD$_1$ ~ VD$_4$ 作为整流元件，接成电桥的形式。如果二极管方向接反会造成变压器短路。图 1-12（b）所示是桥式整流电路简化画法。为分析方便，二极管采用理想模型，即当二极管正向偏置时，将其作为短路；当二极管反向偏置时，将其作为开路处理，且变压器无损耗，内部压降为 0。

（1）工作原理

电路工作原理如下，设电源变压器副边绕组的电压

$$u_2 = \sqrt{2}U_2 \sin \omega t \tag{1-3}$$

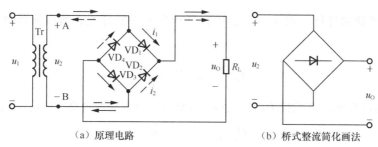

（a）原理电路　　　　　　　（b）桥式整流简化画法

图 1-12　单相桥式整流电路

它的波形如图 1-13（a）所示。当 u_2 为正半周时，此时电路中 A 点电位高于 B 点电位，即有二极管 VD$_1$ 和 VD$_3$ 处于正偏导通，VD$_2$ 和 VD$_4$ 处于反偏截止，电流 i_1 的流向如图 1-12（a）中实线箭头所示，这时负载 R_L 上电压 u_O 与 u_2 正半波波形相同，如图 1-13（d）中的 $0 \sim \pi$ 段所示。电流 i_1 的波形如图 1-13（b）所示。当 u_2 的波形为负半周时，B 点的电位高于 A 点电位，二极管 VD$_2$ 和 VD$_4$ 正偏导通，VD$_1$ 和 VD$_3$ 处于反偏截止，电流 i_2 的流向如图中虚线箭头所示，该电流在 R_L 上得到电压极性依然是上正下负的电压 u_2，如图 1-13（d）中的 $\pi \sim 2\pi$ 段所示。电流 i_2 的波形如图 1-13（c）所示。

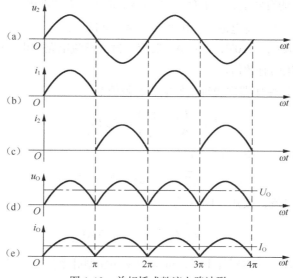

图 1-13　单相桥式整流电路波形

由上述分析可见，在交流电压 u_2 变化一个周期，VD$_1$、VD$_3$ 和 VD$_2$、VD$_4$ 各分别在前半周和后半周导通，并且在负载 R_L 上得到一个一致的全波脉动电压 u_O 和电流 i_O，如图 1-13（d）、（e）所示。

（2）参数计算

① 负载上直流电压 U_O 和直流电流 I_O 的计算。直流电压是指一个周期内脉动电压的平均值。对于桥式整流电路输出电压 U_O 为

$$U_O = \frac{2}{2\pi}\int_0^\pi \sqrt{2}U_2 \sin \omega t\,\mathrm{d}(\omega t) = \frac{1}{\pi}\int_0^\pi \sqrt{2}U_2 \sin \omega t\,\mathrm{d}(\omega t) = \frac{2\sqrt{2}}{\pi}U_2 = 0.9U_2 \tag{1-4}$$

故负载上的直流电流

$$I_O = \frac{U_O}{R_L} = 0.9\frac{U_2}{R_L} \tag{1-5}$$

② 二极管参数的计算。由于每个二极管只在半个周期导通，所以流经每个管子的平均电流为

$$I_D = \frac{1}{2}I_O = 0.45\frac{U_2}{R_L} \tag{1-6}$$

从图 1-13 可以看出，u_2 的最大值是二极管在截止时所承受的最高反向电压 U_{DRM}，即

$$U_{DRM} = U_{2m} = \sqrt{2}U_2 \tag{1-7}$$

平均电流 I_D 与最高反向电压 U_{DRM} 是选择整流二极管的主要依据。实际使用中为了安全起见，选择二极管时应留有一定的裕量，二极管的额定电流大于 $2I_D$；二极管的最高反向电压大于 $2U_{DRM}$。

整流输出电压波形采用傅里叶级数分解，除含有直流分量外，还含有 2，4，6…偶次谐波分量，这些谐波分量统称为纹波。常用纹波系数 K_γ 来表示纹波的大小，定义为在额定负载电流下，输出谐波电压总有效值 $U_{o\gamma}$ 与输出直流电压 U_O 的比值，即

$$K_\gamma = \frac{U_{o\gamma}}{U_o} = \frac{\sqrt{U_o^2 - U_O^2}}{U_o} = \frac{\sqrt{U_2^2 - U_O^2}}{U_o}$$

式中 U_o 为输出电压的有效值，等于 U_2。实际测量常用最大纹波电压表示，即峰-峰值 $U_{o\gamma P-P}$。为了得到平滑的直流电压或直流电流，需用滤波电路来滤除纹波。

【例 1-1】某直流负载 U_L=110V，I_L=3A，要求用桥式整流电路供电，试选择整流二极管的型号和电源变压器次级电压的有效值。

解： 由式（1-4）确定变压器次级绕组的电压有效值为

$$U_2 = \frac{U_L}{0.9} = \frac{110}{0.9} \approx 122(V)$$

二极管的最大反向电压，按式（1-7）为

$$U_{DRM} = \sqrt{2}U_2 = \sqrt{2} \times 122 \approx 172(V)$$

二极管的最大整流电流，按式（1-6）为

$$I_D = \frac{1}{2}I_O = \frac{1}{2} \times 3 = 1.5(A)$$

根据这两个参数，查半导体器件手册，可选 2CZ56G 型硅整流二极管 4 只，其最大整流电流为 3A，其最高反向工作电压为 500V，满足计算要求。

（3）滤波电路

上面讨论的单相桥式整流电路输出的是脉动直流电，有较大纹波系数。这种脉动直流电可以驱动小电容直流电动机，给电瓶充电等，但不能直接作为稳定电源来使用。因为脉动的直流电含有较大的交流成分，不适用于大部分电子设备。为此需要将脉动直流电中的交流成分尽可能滤除掉，保留其中的直流成分，这一过程称为滤波。

滤波电路一般由电抗元件组成，利用电容、电感元件的储能作用，当整流后的单向脉动电流、电压大时，将部分能量储存；反之则放出能量，达到降低纹波，使输出电流、电压平滑的目的。滤波电路又称为滤波器，常用的有电容滤波电路、电感滤波电路和复式滤波电路，其中电容滤波电路是最常见最简单的滤波形式之一。

① 电容滤波电路。电容滤波所采用的电容容量一般较大，选用电解电容，利用电容的充

放电使得负载电压波形平滑，故电容应与负载并联。以下针对空载和负载两种情况进行分析。图 1-14（a）所示为单相桥式整流电容滤波电路。

电容的特点是能够存储电荷，电容器两端的电压不能突变。若无负载 R_L，当电源接通后，u_2 正半周时，VD_1、VD_3 正偏导通，对电容 C 充电，u_2 负半周时，VD_2、VD_4 正偏导通，对电容 C 充电。由于变压器副边绕组的直流电阻和二极管的正向电阻均很小，故充电时间常数很小，充电速度很快，可认为 u_C 按 u_2 的正弦规律上升（即 $u_C = u_2$），迅速被充到 u_2 峰值 $u_C = \sqrt{2}U_2$。当 u_2 过峰值后开始下降，电容电压仍为 $\sqrt{2}U_2$，二极管承受反压截止，电容 C 无放电回路，输出电压恒为 $\sqrt{2}U_2$，输出波形如图 1-14（b）所示。

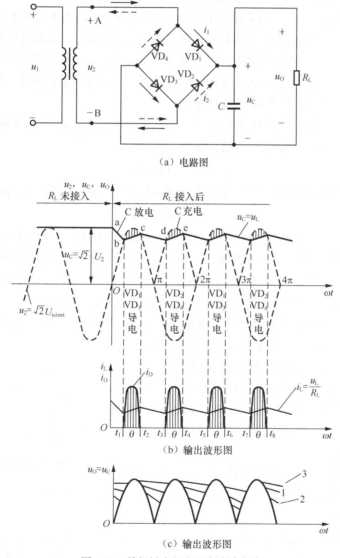

（a）电路图

（b）输出波形图

（c）输出波形图

图 1-14　单相桥式整流电容滤波电路

若带负载电阻 R_L，输出波形如图 1-14（b）所示，$t_1 \sim t_2$ 时段 u_2 逐渐增大，二极管 VD_1、VD_3 导通，电源通过 VD_1、VD_3 向负载 R_L 供电。由于充电时间常数很小，充电速度很快，直到 $u_C = \sqrt{2}U_2$。这就是图 1-14（b）中 $t_1 \sim t_2$ 时段对应的 u_O 曲线。t_2 时刻后，u_O 开始下降，电容 C 则开始向 R_L 放

电，其放电时间常数（$\tau_{\mathrm{d}} = R_{\mathrm{L}}C$）较大，$u_{\mathrm{C}}$按指数规律缓慢下降。在处于$u_2 < u_{\mathrm{C}}$期间，4个二极管均反偏截止，此时$R_{\mathrm{L}}$两端电压$u_{\mathrm{O}}$靠$C$的放电来维持，当电容放电到$t_3$时刻（$u_{\mathrm{C}} = |u_2|$），$u_2$的负半周使$\mathrm{VD}_2$、$\mathrm{VD}_4$导通，电容又充电，重复上述充电过程。如此周而复始地进行充、放电，得到图1-14（b）所示的u_{C}（即输出电压u_{O}）波形（实线）。显然该波形比没有滤波电容时平滑很多。但整流二极管要承受较大的电流冲击，因为电容电压不能突变，在小段时间内导通时，如$t_1 \sim t_2$段流过二极管的电流只能由内阻来限制，内阻越小或电容容量越大，则峰值电流也越大，如图1-14（b）中i_{D}波形。此外，在接通电源后的短时间内，电容充电需要一定过程，如C大，则u_{C}建立缓慢，二极管冲击电流持续时间加长，会影响二极管的使用寿命。图1-14（c）所示为忽略二极管内阻时的输出波形，读者可自行分析并比较1～3波形的不同。

电容滤波电路结构较简单，整流输出电压的波形比较平直，输出平均电压U_{O}较高，且随负载R_{L}的大小而变化。当负载电阻R_{L}的阻值很大时，放电时间常数大，电容放电慢，故u_{O}的波形更为平直，U_{O}也随之增大。若R_{L}的阻值减小，负载电流增大。此时放电时间常数τ减小，电容放电快，因而输出电压u_{O}的波形变差，其平均值U_{O}降低。因此电容滤波电路一般只适用于输出电压较高，负载电流较小，即负载R_{L}较大的场合。

滤波电容C的大小取决于放电回路的时间常数，$R_{\mathrm{L}}C$越大，输出电压脉动就越小，通常取$R_{\mathrm{L}}C$为脉动电压中最低次谐波周期的3～5倍，即

$$\tau_{\mathrm{d}} = R_{\mathrm{L}}C \leqslant (3 \sim 5)T/2 \tag{1-8}$$

式中：T为输入交流电源的周期。满足上述要求的滤波电路，工程上认为输出电压U_{O}为

$$U_{\mathrm{O}} = 1.2U_2 \tag{1-9}$$

流过每个二极管的电流同样按负载电流（$I_{\mathrm{O}} = U_{\mathrm{O}}/2$）的一半计算，但选择二极管的最大整流电流$I_{\mathrm{FM}}$时，应留有足够的裕量，一般选取（2～3）$I_{\mathrm{O}}$。纹波峰-峰值电压计算如下：对于全波整流$U_{\mathrm{oyP-P}} = I_{\mathrm{O}}/2fC$（学习单元8式（8-11）），半波整流$U_{\mathrm{oyP-P}} = I_{\mathrm{O}}/fC$。$f$交流电压频率，$C$滤波电容。此时流过变压器二次侧的电流也不再是标准正弦波，而是非正弦波，其有效值$I_2 = (1.5 \sim 2)I_{\mathrm{O}}$。

② 输出特性。输出特性为输出电压和输出电流之间的关系曲线。其输出特性如图1-15所示，输出电压随输出电流的增大而明显下降，带负载能力变差。因此该电路用于负载电流小且波动不大的场合。

③ 电感滤波电路。电感滤波主要是利用电感中的电流不能突变的特点，使输出电流波形比较平滑，从而使输出电压的波形也比较平滑，故电感应与负载串联。图1-16所示为桥式整流电感滤波电路。

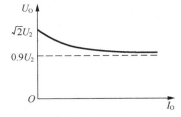

图1-15 桥式整流滤波电路的输出特性

电感滤波原理为：当负载电流变化时，电感线圈中将产生自感电动势，它将阻止电流的变化，同时进行磁场能量的存储与释放，使输出电压和电流的脉动程度减小，波形平直。

一般来说，L越大，滤波效果越好。但L越大，线圈的体积及质量均增加，而且也不经济。电感滤波适用于负载电流较大，其变化也较大，但对输出电压脉动程度要求不太高的场合。

④ 复式滤波电路。前述用单一电容或电感构成的滤波电路，其滤波效果往往不够理想，在要求输出电压脉动更小的场合，常采用复式滤波电路，如LC滤波、RC滤波、π型LC滤波和π型RC滤波电路等，如图1-17所示。

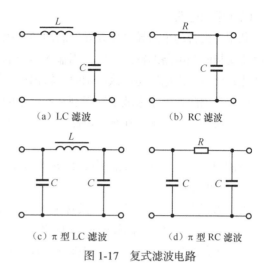

（a）LC 滤波　　　　　　（b）RC 滤波

（c）π 型 LC 滤波　　　　（d）π 型 RC 滤波

图 1-17　复式滤波电路

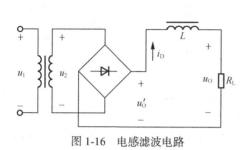

图 1-16　电感滤波电路

2. 整流组合管

为了使用方便，桥式整流已有组合器件称为整流组合管，一般由硅材料组成。其实物图如图 1-18 所示。引脚标有 AC 或 ~ 为交流电源输入端，标有+、-为负载端。表 1-1 所示为部分器件的型号和参数。

图 1-18　常见的整流组合管

表 1-1　　　　　　　　　　　　　几种整流组合管的主要参数

型号 \ 参数	I_{FM}/A	U_{DRM}/V	$I_R/\mu A$	U_F/V
QL2	0.05			
QL2	0.2	25 ~ 1000	≤10	≤1.2
QL3	0.5			
QL4	5		≤20	

3. 二极管其他应用举例

（1）门电路

利用二极管正向导通压降很低的特点，可组成或门电路。在图 1-19 所示电路中，输入端 U_A=5V，U_B=0V，故二极管 VD$_1$ 两端的电位差较大而优先导通。二极管（硅管）的正向导通压降 U_D 为 0.7V，则输出电压 U_O=（5-0.7）V=4.3V，则 VD$_2$ 的阳极电位为 0V，阴极电位为 4.3V，VD$_2$ 反偏截止。在这里 VD$_1$ 起钳位作用，把 U_O 钳制在 4.3V，VD$_2$ 起隔离作用，把输入端 B 和输出端隔离开来，实现或门电路。

（2）限幅电路

利用二极管的单向导电性和导通后两端电压基本不变的特点，可组成限幅（削波）电路。限幅电路是指限制电路的输出幅值。当输入信号电压在一定范围内变化时，输出电压随输入电压相应变化；而当输入电压超出该范围时，输出电压保持不变。在模拟电路中，常用限幅电路来减小和限制某些信号的幅值，以适用电路的要求，或做保护措施。在脉冲电路中，常用限幅电路来处理信号波形。

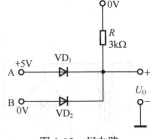

图 1-19　门电路

在图 1-20（a）所示电路中，设 u_i 为幅值大于直流电源电压 $E_1(=-E_2)$ 值的正弦波。

当 u_i 为正半周，若 $u_i<E_1$，二极管 VD_1、VD_2 均截止，输出电压 $u_o=u_i$；若 $u_i>E_1$，VD_1 正偏导通，VD_2 仍截止，$u_o=E_1$。

当 u_i 为负半周，若 $|u_i|<E_2$，二极管 VD_1、VD_2 均截止，输出电压 $u_o=u_i$；若 $|u_i|>E_2$，VD_2 正偏导通，VD_1 仍截止，$u_o=E_2$。

u_o 的波形如图 1-20（b）所示。可见，输出电压正、负半波的幅度同时受到了限制，该电路称之为双向限幅电路。若去掉 VD_2 和 E_2，则输出电压正半波的幅度受到限制，其电路称正向限幅电路；反之，若去掉 VD_1 和 E_1，则构成负向限幅电路。

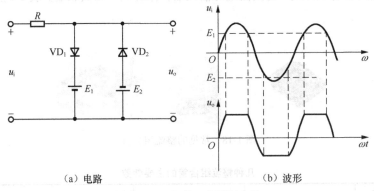

（a）电路　　　　　　　　　（b）波形

图 1-20　二极管双向限幅电路

（3）倍压整流电路

① 倍压整流的工作原理。倍压电路常用于静电喷漆、静电喷塑、静电除尘等设备的静电场电源中，也用于示波器、电蚊拍等电器设备中。图 1-21 所示为二倍压整流电路，其中 R_LC 数值较大，在 u_2 的正半周，二极管 VD_1 导通，VD_2 截止，电容 C_1 被充电到 $\sqrt{2}U_2$。在 u_2 的负半周，二极管 VD_1 截止，VD_2 导通，u_2 与电容 C_1 的电压相加经 VD_2 向 C_2 充电到 $2\sqrt{2}U_2$。这样 u_o 等于两倍 u_2 的峰值电压，所以称为二倍压整流电路。每个二极管承受的最大反向电压为 $2\sqrt{2}U_2$，C_1 承受的最大反向电压为 $\sqrt{2}U_2$，C_2 承受的最大反向电压为 $2\sqrt{2}U_2$。

图 1-22 为 n 倍压整流电路。其原理同二倍压整流电路。每个二极管所承受的最大反向电压为 $2\sqrt{2}U_2$，C_1 承受的最大反向电压为 $\sqrt{2}U_2$，C_2，…，C_n 承受的最大反向电压为 $2\sqrt{2}U_2$。

② 硅高压整流堆。硅高压整流堆就是将多个高压硅整流二极管串联起来，封装在一起的一种耐高压整流器件。它的最高反向工作电压可达数十千伏，但是工作电流较小，仅为几毫安，可满足承受反向电压高的特殊场合。常见的硅高压整流堆外形如图 1-23 所示，其型号和参数见表 1-2。

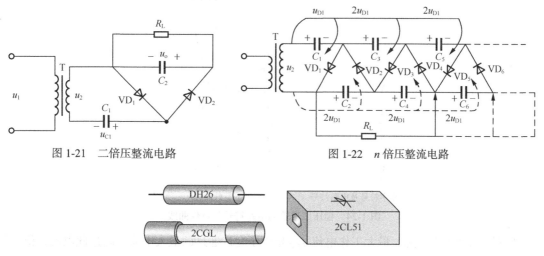

图 1-21　二倍压整流电路　　　　　　图 1-22　n 倍压整流电路

图 1-23　硅高压整流堆外形图

表 1-2　　　　　　　　　　几种硅高压整流堆的参数

参数 型号	I_{FM}/mA	U_{RM}/V	U_{RM}/kV	I_R/μA	T_{jM}/℃
2CG10 ~ 20	2	10 ~ 20	≤20 ~ 40	≤2	100
2DGL1A	5	12 ~ 30	≤20 ~ 50	10	125

1.4　其他特殊二极管

1. 硅稳压二极管

稳压二极管是用硅材料制成的面接触型特殊二极管，由于它在电路中能起稳定电压的作用，故称为稳压管。它的电路符号及文字符号如图 1-24（a）所示。伏安特性曲线如图 1-24（b）所示。由伏安特性图可知，稳压管的正向特性曲线与普通硅二极管相似。但是，它的反向击穿特性曲线较陡，且反向击穿电压 U_{BR} 比普通二极管要低很多。一般的普通二极管反向击穿电压为几百伏或几千伏，硅稳压管只有几伏至几十伏。稳压管是面接触型二极管，允许通过的电流比较大。利用反向击穿特性曲线较陡的特性，稳压管工作在反向击穿区时，电流变化时其两端电压变化很小，所以稳压管稳压要工作在反向击穿区。只要控制反向电流不超过允许值，稳压管就不会发生击穿而损坏。为了保证稳压管在额定功耗范围内工作，稳压管需串联一个适当的限流电阻。

稳压管的主要参数如下。

① 稳定电压 U_Z。指稳压管在规定电流时，稳压管两端的电压值。由于制造工艺的原因，同一型号管子的稳定电压有一定的分散性。例如，2CW58 稳压范围：9.2 ~ 10.5V，2CW56 稳压范围：7.0 ~ 8.8V。

② 稳压电流 I_Z。指稳压管的工作电压等于稳定电压时通过管子的所需最小电流。低于稳压电流，稳压管失去稳压作用。

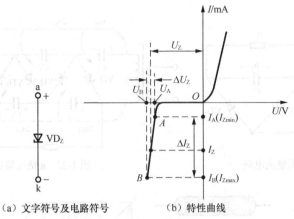

（a）文字符号及电路符号　　　（b）特性曲线

图 1-24　稳压二极管的电路符号与特性曲线

③ 最大工作电流 I_{ZM}。最大工作电流 I_{ZM} 指管子允许通过的最大电流。超过此电流，稳压管可能因为过热而损坏。所以稳压管需要在大于稳压电流 I_Z、小于最大工作电流 I_{ZM} 区间内工作。

④ 动态电阻 r_Z 指稳压管电压变化量与相应电流变化量的比值，即

$$r_Z = \frac{\Delta U_Z}{\Delta I_Z} \qquad （1-10）$$

通过图 1-24 可知，稳压管的反向特性曲线越陡，则动态电阻越小，击穿曲线越陡，稳压性能越好。

⑤ 最大耗散功率 P_{ZM}。最大耗散功率 P_{ZM} 等于最大工作电流 I_{ZM} 和它对应的稳压电压 U_Z 的乘积。I_{ZM} 和 P_{ZM} 是为了保证管子不发生热击穿而规定的极限参数。

⑥ 电压温度系数 C_{TV}。是表征稳定电压 U_Z 受温度影响的参数，常用温度每增加 1℃时 U_Z 改变的百分数来表示，即

$$C_{TV} = \frac{\Delta U_Z/U}{\Delta t} \times 100\%/℃ \qquad （1-11）$$

式中：Δt 为温度变化量。在稳定性能要求很高时，需使用具有温度补偿的稳压管，如 2DW7A、2DW7W、2DW7C 等。2DW 系列它由一个正向连接的硅稳压二极管（负温度系数）和一个反向连接的硅稳压二极管（正温度系数）串联在一起，它具有 3 个引脚，使用时，引脚 3 空着不用，只用阴阳两极。

综上所述，可以知道稳压管稳压需工作在反向击穿区，它正向偏置的时候相当于一个普通的二极管；稳压管工作时的电流在 I_Z 和 I_{ZM} 之间；电路中必须串联限流电阻；稳压管可以串联使用，串联后稳压值为各串联稳压管之和，由于各个稳压管稳压值有分散性，就算同一型号的稳压管也不能并联使用，以免因稳压管稳压值的差异造成各管电流分配不均匀，导致管子过流损坏。

【例 1-2】稳压管 VD_{Z1} 的稳定电压 $U_{Z1}=6V$，VD_{Z2} 的稳定电压 $U_{Z2}=8V$，试问串联起来可以构成几种稳压值。

解： 利用稳压管的反向击穿区特性来实现稳压。反向击穿时候稳压管两端电压等于稳压值 U_Z。正向特性与普通硅二极管一样，稳定电压为 0.7V 左右。因此可以得到 4 种稳压值 8.7V、6.7V、1.4V、14V，如图 1-25 所示。

2. 变容二极管

变容二极管是利用 PN 结具有电容特性的原理制成的特殊二极管，它的电路符号及电容与外

加反向电压 U 的关系曲线如图 1-26 所示。由图可知，变容二极管的特点是结电容随反偏电压大小变化，变容二极管往往用于电视机、录像机、收录机的调谐电路和自动微调电路中。

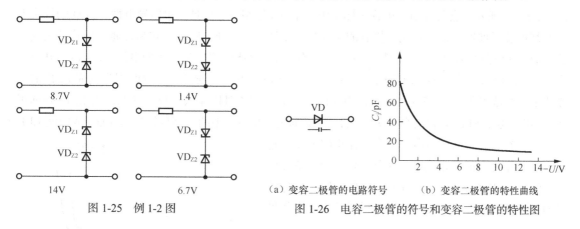

图 1-25　例 1-2 图

（a）变容二极管的电路符号　　（b）变容二极管的特性曲线

图 1-26　电容二极管的符号和变容二极管的特性图

3. 光电二极管和发光二极管

（1）光电二极管

随着科学技术的发展，在信号传输和存储等环节中，越来越多地应用光信号。采用光电子系统的突出优点是抗干扰能力较强，传送信息量大，传输耗损小，且工作可靠。光电二极管是光电子系统的电子器件，一般作为光电检测器件，将光信号转变成电信号，这类器件应用非常广泛。如应用于光的测量、光电自动控制、光纤通信的光接收机等。

光电二极管又叫光敏二极管，其结构与 PN 结二极管类似，管壳上的一个玻璃窗口能接收外部的光照，为增加受光面积，PN 结的面积做得比较大。光电二极管工作在反向偏置下，它的反向电流随光照强度的增加而上升。图 1.27（a）所示是光电二极管的代表符号，图 1-27（b）所示是它的等效电路，而图 1-27（c）所示则是它的特性曲线。光电二极管的主要特点是，没有光照时，反向电流很小（一般小于 0.1μA），该电流称为暗电流。当有光照时，携带能量的光子进入 PN 结后把能量传给共价键上的价电子，使得价电子得到能量，产生电子-空穴对，称为光生载流子；在反向电压作用下，光生载流子参与导电，形成比无光照时大得多的反向电流，该反向电流称为光电流，它的反向电流与光照强度成正比，其灵敏度的典型值为 0.1mA/lx 数量级。如果外电路接上负载，负载上就获得了电信号，而且这个电信号随着光照强度的变化而相应变化。所以，光电二极管又叫光敏二极管。

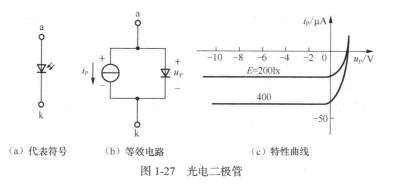

（a）代表符号　　　（b）等效电路　　　（c）特性曲线

图 1-27　光电二极管

（2）发光二极管

发光二极管（Light Emitting Diode，LED）是把电能转换成光能的特殊二极管，它的符号如图 1-28（a）所示。它与普通二极管一样是由一个 PN 结组成，也具有单向导电性。LED 的管头上一般都加装了玻璃透镜。发光二极管的伏安特性如图 1-28（b）所示。它和普通二极管的伏安特性相似，只是在开启电压和正向特性的上升速率上略有差异。当所施加正向电压 U_F 未达到开启电压时，正向电流几乎为零，但电压一旦超过开启电压时，电流急剧上升。这时因为制成 LED 的半导体中掺杂浓度很高，LED 外加反向电压时，少数载流子难以注入，故不发光，当 LED 外加正向电压时，电子和空穴在空间电荷区复合时释放能量，并将其中的大部分转换为光能，从而使 LED 发光。发光二极管的开启电压通常称作正向电压，它取决于制作材料的禁带宽度。例如，GaAsP（磷砷化镓）红色 LED 约为 1.7 V，而 GaP（磷化镓）绿色的 LED 则约为 2.3V。几种常见的发光材料的主要参数见表 1-3。

LED 的反向击穿电压一般大于 5V，但为使器件长时间稳定而可靠的工作，安全使用电压选择在 5 V 以下。由于 LED 的允许工作电流小，使用时应串联限流电阻。

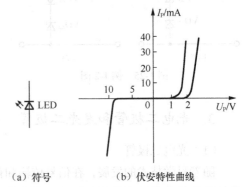

（a）符号　　　　（b）伏安特性曲线

图 1-28　发光二极管符号和伏安特性曲线

LED 具有体积小，工作电压低，工作电流小，发光均匀稳定且亮度比较高，响应速度快及寿命长等优点。发光二极管常作为指示灯、显示板。随着技术的不断进步，发光二极管已被广泛应用于显示器、电视机采光装饰和照明。

表 1-3　　　　　　　　　　　　　发光二极管的主要参数

颜色	波长/nm	基本材料	正向电压（10 mA 时）/V	光强（10mA 时，张角±45°）/mcd	光功率/μW
红外	900	GaAs	1.3～1.5		100～500
红	655	GaAsP	1.6～1.8	0.4～1	1～2
鲜红	635	GaAsP	2.0～2.2	2～4	5～10
黄	583	GaAsP	2.0～1.2	1～3	3～8
绿	565	GaP	2.2～2.4	0.5～3	1.5～8

发光二极管常用作电源通断指示。图 1-29 所示为发光二极管作为电源通断指示的电路。发光

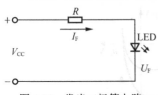

图 1-29　发光二极管电路

二极管的供电电源既可以是直流电源也可以是交流电源，但必须注意的是，发光二极管是一种电流控制器件，只要保证发光二极管的正向工作电流 I_F 在所规定的范围之内，它就可正常发光。具体的工作电流可查阅有关资料，$R = (V_{CC} - U_F)/I_F$，U_F 为发光二极管导通时的正向压降。另外，发光二极管也可制作数码管，作为显示器件，也用于照明使用。

4. 激光二极管

半导体激光器——以半导体材料为工作物质来产生激光的激光器，波长范围为 532～950nm。

激光二极管本质上是一个半导体二极管，激光二极管宜作为大容量、远距离光纤通信的光源；激光二极管在小功率光电设备中也得到广泛应用，如计算机上的光盘驱动器，激光打印机中的打印头等。

单元任务1 直流稳压电源制作

1. 知识目标

① 正确理解二极管的单向导电性；理解单相桥式电路的原理；掌握单相桥式整流电路参数计算。

② 理解并掌握二极管的单向导电性；掌握二极管的伏安关系特性曲线。

③ 掌握单相桥式整流电容滤波电路的原理；了解二极管的参数选取及其注意事项。

④ 掌握稳压二极管的稳压原理；了解稳压二极管的特性、参数、注意事项及其应用；熟练计算单相桥式整流滤波稳压电路参数。

2. 能力目标

① 根据电路的要求选择合适的二极管；焊接单相桥式整流电路；会测试单相桥式整流电路整流波形。

② 掌握二极管的参数特性；测量二极管的伏安特性。

③ 根据电路的特点能选择合适的二极管；完整焊接单相桥式整流电容滤波电路；会测试单相桥式整流滤波电路的输出波形；会分析单相桥式整流电容滤波电路的故障。

④ 根据电路的特点选择合适的稳压二极管；完整焊接单相桥式整流电容滤波稳压电源电路；会测试稳压电源的波形；若电路出现故障，应会分析电路中的故障。

3. 素质目标

① 锻炼自主学习的能力和认真的学习态度。

② 培养严谨的思维习惯和规范的操作安全意识。

③ 培养分析问题和解决问题的能力，培养团队精神。

④ 能用所学的知识和技能解决实训中遇到的实际问题。

⑤ 具有一定的创新意识，可以用各种工具获取学习中所需要的信息。

单元任务1.1 单相半波整流与桥式整流电路的制作

1. 信息

（1）直流稳压电源的总框图

大部分电子设备都需要直流电源供电。有些利用干电池供电，但大多数利用直流稳压电源供电，直流稳压电源就是把交流电（市电）转变为直流电源。

一个直流稳压电源由4部分组成：电源变压器、整流、滤波和稳压电路。其原理框图如图1-30所示。电网供给的交流电压 U_1(220V, 50Hz)经电源变压器后，得到电路所需要的交流电压 U_2，然后经过整流电路变换成直流脉动电压 U_3，再利用滤波器滤去其交流分量，就可得到比较平直的直流电压 U_4。但这样的直流输出电压不稳定，会随交流电网电压的波动或负载的变动而变化。为了使得电源稳定，再使用稳压电路，稳压电路输出直流电压 U_O。

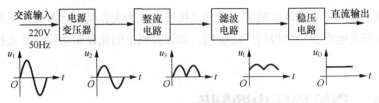

图 1-30　直流稳压电源框图

（2）单相桥式半波整流电路

图 1-31 所示为单相半波整流电路，直流电压 U_O 平均值由公式 $U_O = 0.45U_2$ 计算求得，其中交流电 U_2 为有效值。

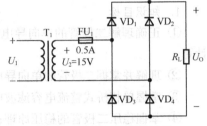

图 1-31　单相半波整流电路

2. 决策

（1）用示波器观察电路输入 U_2 的波形和输出 U_O 的波形。

（2）用万用表测量 U_2 和 U_O 数值大小（注意：U_2 用交流电压挡，U_O 用直流电压挡）。

3. 计划

（1）所需要的仪表：万用表、示波器。

（2）所需要的元器件：二极管 1N4007—1 只，变压器 220V/15V—1 台，0.5A 熔断器—1 只。

4. 实施

（1）按图 1-31 所示电路图焊接电路。

（2）电源电压 220V，注意安全。

5. 检查

对测量结果进行分析，总结本次实验中出现的问题，便于下次改进。

6. 评价

在完成实训之后，学习 1.1 节，撰写实训报告，并在小组内进行自我评价和组员评价，最后由教师给出评价，3 个评价变成工作任务的综合评价。

单元任务 1.2　二极管的识别检测及伏安关系特性测试

1. 信息

（1）二极管的测量方法

二极管电极看器件标识也能识别。管壳上印有二极管的极性标识。1N 系列的塑料、玻璃封装的二极管，靠近色环的引脚为阴极。对于发光二极管，引脚引线较长的一端为阳极。

二极管具有单向导电性，正向偏置的时候，等效电阻很小，反向偏置的时候，等效电阻很大。利用这个特性，可用万用表的电阻挡来判断二极管的极性。

若使用的是指针式万用表，黑表笔（插"−"孔）接的是表内电池的正极，红表笔（插"+"孔）接的是表内电池的负极。测量二极管正、反向的电阻时，把指针式万用表置于欧姆挡的 R×100 或者 R×1k。当万用表欧姆挡偏转较大时，此时等效电阻较小，测得是正向电阻。此时黑表笔连接的是二极管正极，性能良好的二极管一般在几十到几百欧姆。当万用表欧姆挡偏转较小时，此时等效电阻较大，测得是反向电阻，一般在几百千欧以上，此时红表笔连接的是二极管的正极。

若使用的是数字式万用表，选择二极管档位进行测量。红表笔（插入 V/Ω）是正极，黑表笔（插入 COM 孔）是负极，测量判断同上。

（2）二极管的主要参数

二极管有几个重要的参数，往往根据这些参数来选择合适的二极管。器件的参数可以通过查询器件手册来获得。在实际应用中，二极管常用的参数有 4 个。

① 最大整流电流 I_{FM}。最大整流电流是指在规定的环境温度和散热条件下，二极管长期运行时所允许通过的最大正向平均电流。如果通过二极管的实际工作电流太大，超过了 I_{FM}，可能会导致二极管因过热而损坏。不同管型有不同的允许温度。锗管的为 75℃～125℃（塑封管）或 125℃～200℃（金属封装管）。

② 最高反向工作电压 U_{RM}。最高反向工作电压通常称耐压或额定工作电压，是指为了保证二极管工作安全，不至于反向击穿最高反向电压的峰值。为了确保二极管安全工作，晶体管手册给出的最高反向电压 U_{RM} 约为反向击穿电压的 2/3 或者是一半。在实际运用时，二极管所承受的最大反向电压不应该超过 U_{RM}。

③ 反向电流 I_S（或 I_R）。反向电流又称反向饱和电流，它指常温下二极管承受反向电压时管子的反向电流，其值越小则管子的单向导电性越好。反向电流受温度的影响很大，温度升高，反向饱和电流将增大，所以使用二极管要注意温度的影响。

④ 最高工作频率 f_M。二极管的 PN 结存在结电容，结电容越大，最高工作频率 f_M 越低。f_M 是保持管子单向导电特性的最高频率。当工作频率更高时，即失去了单向导电性。一般小电流二极管的 f_M 高达几百兆赫兹，而大电流的整流管可达几千赫兹。

（3）二极管的型号

国家标准规定，国产半导体器件的型号由 5 部分组成：

第一部分	第二部分	第三部分	第四部分	第五部分
用阿拉伯数字表示器件电极数目	用汉语拼音字母表示器件材料和极性	用汉语拼音字母表示器件的类型	用阿拉伯数字表示序号	用汉语拼音字母表示规格号

对于组成型号的各部分的符号及其意义，见表 1-4。

表 1-4　　　　　　　　　半导体器件型号组成部分的符号及其意义

第一部分		第二部分		第三部分				第四部分	第五部分
用数字表示器件的电极数目		用汉语拼音字母表示器件材料的极性		用汉语拼音字母表示器件的类型				用数字表示器件序号	用汉语拼音字母表示规格号
符号	意义	符号	意义	符号	意义	符号	意义		
2	二极管	A B C	N 型，锗材料 P 型，锗材料 N 型，硅材料	P V W	普通管 微波管 稳压管	D	低频大功率管（$f_a<3MHz$，$P_c≥1W$）		

（续表）

第一部分		第二部分		第三部分				第四部分	第五部分
用数字表示器件的电极数目		用汉语拼音字母表示器件材料的极性		用汉语拼音字母表示器件的类型				用数字表示器件序号	用汉语拼音字母表示规格号
符号	意义	符号	意义	符号	意义	符号	意义		
2	二极管	D	P型，硅材料	C	参量管	A	高频大功率管 $(f_a<3MHz,\ P_c\geqslant 1W)$		
3	三极管	A	PNP型，锗材料	Z	整流管				
		B	NPN型，锗材料	L	整流堆	T	半导体闸流管（可控整流管）		
		C	PNP，硅材料	S	隧道管	Y	体效应器件		
		D	NPN型，硅材料	N	阻尼管	B	雪崩管		
		E	化合物材料	U	光电器件	J	阶跃恢复管		
				K	开关管	CS	场效应管		
				X	低频小功率管 $(f_a<3MHz,\ P_c<1W)$	BT	半导体特殊器件		
						FH	复合管		
				G	高频小功率 $(f_a\geqslant 3MHz,\ P_c<1W)$	PIN	PIN型管		
						JG	激光器件		

（4）二极管的伏安特性验证

二极管的伏安关系特性曲线指的是二极管两端的电压与电流之间的关系。二极管有它的正向特性和反向特性。测试电路如图 1-32 所示。注意：测试时电压表和电流表的正负方向。

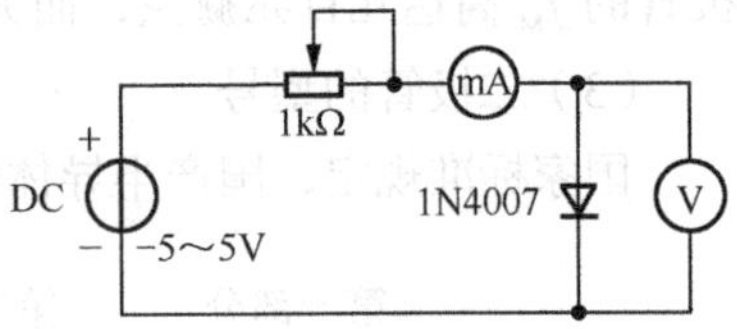

2. 决策

（1）用万用表测量 1N4007，2AP9 的正负极，记录正向电阻和反向电阻，判别其好坏。

（2）用逐点测量法测量 1N4007 的伏安特性，填入表 1-6 和表 1-7。

图 1-32　伏安特性测试电路图

3. 计划

（1）所需要的仪表：万用表，电压源，毫安表。

（2）所需要的元器件：电阻 300Ω—2 只；滑动变阻器 1kΩ—1 只；滑动变阻器 10kΩ—1 只；二极管 1N4007—2 只。

4. 实施

（1）用万用表的欧姆挡位测试二极管

用万用表的欧姆挡位，调整到 100 挡位或 1k 挡位。选择好合适的挡位之后，将红黑表笔分别去接触二极管的两端，记录此时的电阻值，若电阻值较小，则是正向电阻，二极管黑表笔接的那一端是二极管的阳极，红表笔接的是二极管的阴极。若电阻值较大，则是反向电阻，二极管黑表笔接的一端是二极管的阴极，红表笔接的是二极管的阳极。再将两个笔头对调，看看指针偏转情况，来判断二极管的好坏，二极管的正向电阻很小，反向电阻很大，满足这一单向导电性的二极管就是好的二极管，不满足则说明此二极管是次品。记录在表 1-5 中。

表 1-5   二极管测试结果

二极管型号	正向电阻	反向电阻	质量好坏

（2）二极管的伏安特性测试

焊接好上图测量其正向特性。用实验箱上电源模块或者直流电源提供输入的电压，接通电源，调节 U_i 的值，按表 1-6 所列的数据逐渐增大二极管两端的电压。测出对应的流过二极管的正向电流 I_D 填入表中，并在直角坐标系上逐点描出二极管的正向特性曲线。

指针式万用表测量电压后，应去除万用表才可读电流值。

表 1-6   二极管伏安特性测试结果

正向电压/V		0	0.1	0.2	0.3	0.4	0.5	0.6	0.65
正向电压/mA	1N4007								

测试二极管的反向特性如下。

① 按上图原理图焊接好电路。

② 接通电源，调节滑动变阻器。按每 2V 间隔依次提高加在二极管两端的反向电压，记录反向漏电流，并将其记入表 1-7 中。

③ 按表中记录数据，在同一个直角坐标系上描出二极管的反向特性曲线。

表 1-7   二极管反向特性测试结果

反向电压/V		0	2	4	6	8
反向电流/μA	1N4007					

5．检查

检查测试结果的正确性，判断二极管的好坏，并验证二极管的伏安关系特性曲线。分析实验中出现的问题，并讨论分析解决方案。

6．评价

在完成实训之后，学习 1.2 节，撰写实训报告，并在小组内进行自我评价和组员评价，最后由教师给出评价，3 个评价变成工作任务的综合评价。

单元任务 1.3　单相桥式整流电容滤波电路的制作

1.3.1　单相桥式整流电路

1．信息

图 1-33 所示为单相桥式整流电路，测量输入、输出电压。输出电压 U_O 平均值由公式 $U_O = 0.9U_2$ 计算求得，其中交流电 U_2 为有效值。

2. 决策

（1）用示波器观察电路图 1-33 输入 U_2 的波形和输出 U_0 的波形。

（2）用万用表测量 U_2 和 U_0 数值大小（注意：U_2 用交流电压挡，U_0 用直流电压挡）。

3. 计划

（1）所需要的仪表：万用表、示波器。

（2）所需要的元器件：二极管 1N4007—4 只，变压器 220V/15V—1 台，0.5A 熔断器—1 只。

4. 实施

（1）按图 1-33 所示电路图焊接电路。

（2）电源电压 220V，注意安全。

5. 评价

在完成上述实验的基础上，撰写实训报告，并在小组内进行自我评价、组员评价，最后由教师给出评价，三个评价相结合作为本次工作任务完成情况的综合评价。

1.3.2 单向桥式整流电容滤波电路的测试

1. 信息

根据图 1-34 所示单相桥式整流电路，用示波器来观察滤波后的波形。

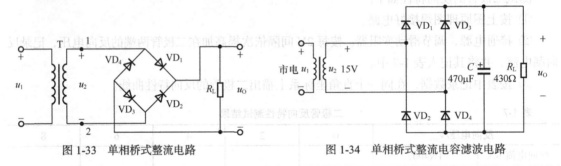

图 1-33 单相桥式整流电路　　　　　图 1-34 单相桥式整流电容滤波电路

2. 决策

（1）用示波器观察单向桥式整流电容滤波电路的波形。

（2）根据测量结果验证电路的理论分析和实际测量是否吻合。

（3）若电路不能正常工作进行故障排除。

3. 计划

所需仪表：示波器，万用表。

所需元器件：电阻 430Ω—1 只，5.1kΩ—1 只；电容 470μF—1 只。

4. 实施

按图 1-34 单相桥式整流滤波电路连接电路。分别根据负载电阻 R_L 的不同观察输出电压的波形 U_o。

（1）取 R_L=10kΩ，用示波器观察直流电压 U_o 及纹波电压峰峰值 U_{p-p}，记入表 1-8 中。

（2）取 R_L=100kΩ，用示波器观察直流电压 U_o 及纹波电压峰峰值 U_{p-p}，记入表 1-8 中。

5. 检查

（1）对所测结果进行全面分析，总结桥式整流、电容滤波电路的特点。

（2）分析讨论实验中出现的故障及其排除方法。

6. 评价

在完成实训之后，学习本单元 1.3 节，撰写实训报告，并在小组内进行自我评价和组员评价，最后由教师给出评价。

表 1-8

电路形式	U_O 波形
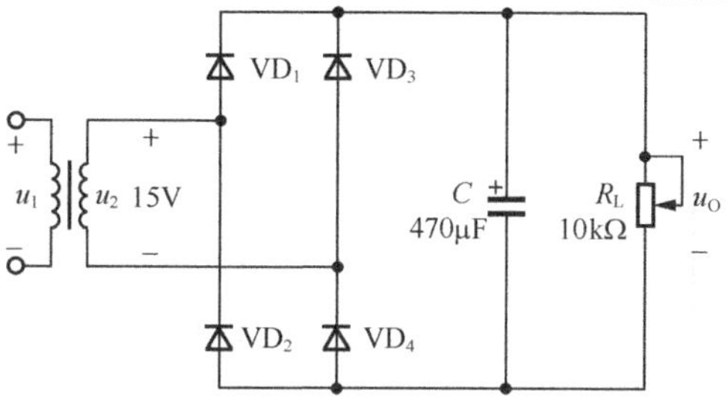	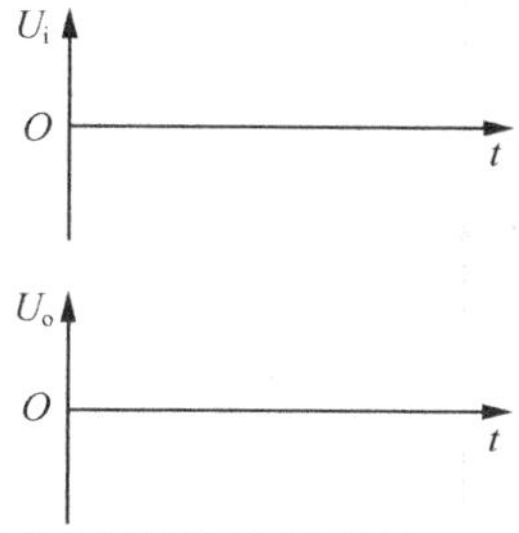
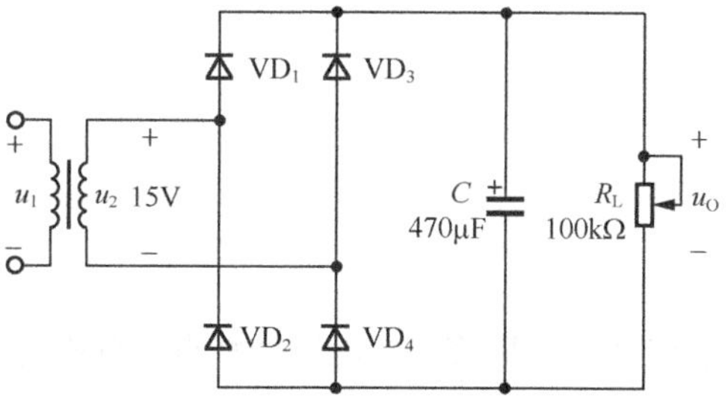	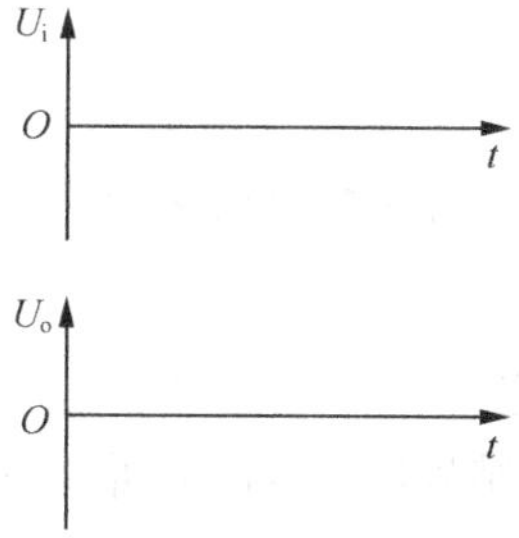

VD1 VD3 VD2 VD4
u_1 u_2 15V
C 470μF
R_L 10kΩ
u_O

U_i O t
U_o O t

VD1 VD3 VD2 VD4
u_1 u_2 15V
C 470μF
R_L 100kΩ
u_O

U_i O t
U_o O t

注意　每次改焊电路时，必须切断交流电源。

单元任务 1.4　稳压二极管构成的稳压电源制作

1. 信息

稳压二极管构成的稳压电源的测试，用示波器来观察如图 1-35 所示稳压二极管构成的稳压电源的波形。

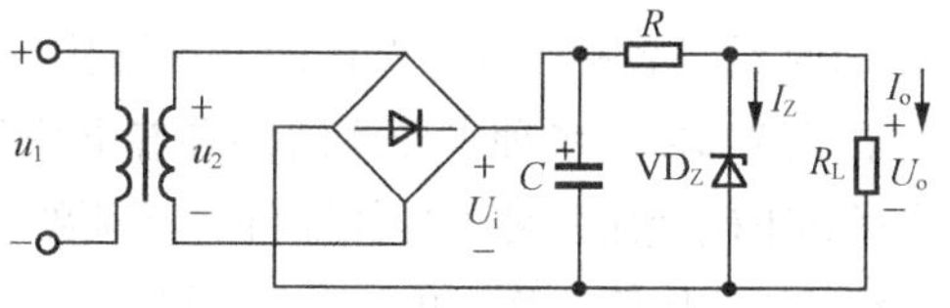

u_1 u_2
C U_i
R
I_Z I_o
VD_Z
R_L U_o

图 1-35　稳压二极管构成的稳压电源电路

2. 决策

（1）用示波器观察稳压电路各部分的波形。

（2）验证测量数据的正确性。

（3）若电路不能正常工作，独立进行故障排除。

3. 计划

所需仪表：万用表、示波器、电烙铁等。

所需元器件：电阻 430Ω—1 只，稳压二极管 9.1V—1 只。

4. 实施

（1）按图 1-35 焊接电路。

（2）用示波器测量输出电压波形和大小。再改用万用表测量输出电压大小。学会使用两种仪

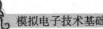

表，并比较测量结果。测量波形记录在表 1-9 中。

表 1-9   测量波形

示波器测量波形	万用表测量参数
U_i O t U_o O t	

注意   *每次改焊电路时，必须切断工频电源。*

5. 检查

对所测结果进行全面分析，总结桥式整流、电容滤波、二极管稳压电路的特点。分析讨论实验中出现的故障及其排除方法。

6. 评价

在完成实训之后，学习 1.1 节，撰写实训报告，并在小组内进行自我评价和组员评价，最后由教师给出评价，3 个评价变成工作任务的综合评价。

单元小结

半导体中有两种载流子为电子和空穴。载流子有两种运动方式，分别称为扩散运动和漂移运动。本征激发使半导体中产生电子-空穴对，但它们的数目很少，并受温度影响。在纯净半导体中掺入不同的杂质，可分别形成 P 型和 N 型两种杂质半导体。它们是构成各种半导体器件的基本材料。

PN 结是各种半导体器件的基本结构形式，如二极管由 PN 结组成。因此，掌握 PN 结的特性对于了解和使用各种半导体器件有着十分重要的意义。PN 结的重要特性是单向导电性。为合理选择和正确使用各种半导体器件，必须熟悉它们的参数。这些参数大致可分为两类，一类是性能参数，如稳压管的稳定电压 U_Z、稳定电流 I_Z、温度系数等；另一类是极限参数，如二极管的最大整流电流、最高反向工作电压等。必须结合 PN 结特性及应用电路，逐步领会这些参数的意义。

二极管的伏安特性是非线性的，所以它是非线性器件。为分析计算电路方便，在特定条件下，常把二极管的非线性伏安特性进行分段线性化处理，从而得到几种简化的模型，如理想模型、恒压降模型和小信号模型。在实际应用中，应根据工作条件选择适当的模型。对二极管伏安特性曲线中不同区段的利用，可以构成各种不同的应用电路。组成各种应用电路时，关键是外电路（包括外电源、电阻等元件）必须为器件的应用提供必要的工作条件和安全保证。

整流电路是将交流电变换为单向脉动直流电的电路。单相桥式整流电路的直流输出电压较高，输出波形的脉动较小，变压器利用率较高，因此应用比较广泛，常用作小功率直流电源。为了滤去整流后输出中的交流分量，通常在整流电路后接滤波电路。常用有电容滤波、电感滤波及复式滤波电路，电容滤波适用于负载电流小的场合，电感滤波适用于负载电流大的场合，在使用中常使用复式滤波。也可构成钳位、门电路和限幅等应用电路。

稳压二极管作为一种特殊二极管，利用其反向击穿特性，工作在反向击穿区。要选取合适的限流电阻，稳压二极管的正向特性与普通二极管相近。变容二极管和光电二极管必须工作在反向偏置，发光二极管和激光二极管必须正向偏置，且发光二极管必须接入限流电阻。

自测题

一、填空

1. 本征半导体掺入微量的_____元素，则形成 P 型半导体，其多子为_____，少子为_____。

2. 在 N 型半导体中，多子是_____，少子是_____。

3. 二极管具有_____；当_____时，二极管呈_____状态；当_____时，二极管呈_____状态。

4. 在工程估算中，硅二极管的正向导通电压取_____V，锗二极管的正向导通电压取_____V。硅二极管的正向导通压降比锗二极管的_____。

5. 在桥式整流电路中，未接入滤波电容时，输出电压的平均值为变压器次级电压有效值的_____倍；接入滤波电容后，输出电压的平均值为变压器次级电压有效值的_____倍。

6. 稳压管通常工作在_____，当其正向导通时，相当于_____。

7. 发光二极管工作在_____偏置条件下；导通电压的范围为_____V。光电二极管工作在_____偏置条件下；变容二极管工作在_____偏置条件下。

8. 如果将 10V 的直流电压源的正、负端直接接在发光二极管的正、负两极，则将使发光二极管_____。

二、选择题

1. 杂质半导体中多数载流子的浓度主要取决于_____。
   A. 温度　　　　　　B. 掺杂工艺　　　　C. 掺杂浓度　　　　D. 晶体缺陷

2. PN 结不加外部电压时，扩散电流_____漂移电流。
   A. 大于　　　　　　B. 小于　　　　　　C. 等于　　　　　　D. 大于等于

3. 加在 PN 结上的反向电压数值增大时，空间电荷区_____。
   A. 基本不变　　　　B. 变宽　　　　　　C. 变窄　　　　　　D. 不确定

4. 在整流电路中，二极管之所以能实现整流，是因为它具有_____。
   A. 电流放大特性　　B. 单向导电的特性　C. 反向击穿的性能

5. 光电二极管工作在_____条件下。
   A. 正向偏置　　　　B. 反向偏置　　　　C. 反向击穿　　　　D. 正向电流很大

三、判断题

1. 在 P 型半导体中，掺入高浓度的五价杂质，可以改型为 N 型半导体。　　　　（　　　）

2. 根据 PN 结的伏安特性方程可描述出 PN 结的全部特性曲线。　　　　　　　（　　　）

习题

1.1 用万用表的 R×100 挡和 R×1k 挡分别测量同一只二极管的正向电阻，试分析两次测量结果是否相同。若不同，说明测量值的大小，分析原因（R×1k 挡表内阻约为 R×100 挡时表内等效电阻的 10 倍）。

1.2 已知二极管的反向饱和电流 $I_{\mathrm{S}} = 10^{-15}\,\mathrm{A}$，试求二极管导通电压 $U_{\mathrm{D}} = 0.6\mathrm{V}$ 时的直流电阻 R_{D} 和交流电阻 r_{d}。

1.3 电路如图 1-36 所示，设二极管的正向电压降为 0.7V，求 U_{I} 分别为+5V、−5V、0V 时，U_{O} 的值。

1.4 电路如图 1-37 所示，已知 $u_{\mathrm{i}} = 10\sin\omega t$（V），试画出 u_{i} 与 u_{o} 的波形。二极管的正向导通压降可忽略不计。

1.5 设图 1-38 所示电路中的二极管性能均为理想。试判断各电路中的二极管是导通还是截止，并求出 A、B 两点之间的电压 U_{AB} 值和流过二极管的电流 I_{D}。

1.6 单相桥式整流电路中若有一个二极管被断路、短路、反接，电路会出现什么情况？

1.7 电容滤波有什么特点？对负载有什么要求？电容怎么选择？

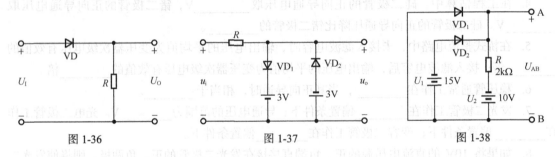

图 1-36　　　　　　　　　　　图 1-37　　　　　　　　　　　图 1-38

1.8 指出图 1-39 中的错误并加以改正。

1.9 现有两只稳压管，它们的稳定电压分别为 4V 和 8V，正向导通电压为 0.7V，试问：若将它们串联相接，则可得到几种稳压值。

1.10 稳压管电路如图 1-40 所示，已知电阻 $R=1\mathrm{k}\Omega$，稳压二极管的稳定电压 $U_{\mathrm{Z}} = 10\mathrm{V}$，试求：

（1）当 $U = 8\mathrm{V}$ 时，I_{R}、U_{O} 各为多少；

（2）当 $U = 15\mathrm{V}$ 时，I_{R}、U_{O} 各为多少。

1.11 设计一稳压管稳压电路，要求输出电压 $U_{\mathrm{O}} = 6\mathrm{V}$，输出电流 $I_{\mathrm{O}} = 20\mathrm{mA}$，若输入直流电压 $U_{\mathrm{I}} = 9\mathrm{V}$，试选用稳压管型号和合适的限流电阻值，并检验额定功率。

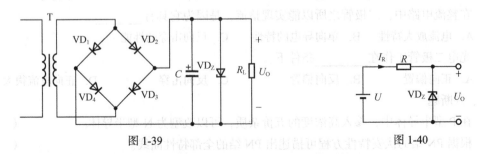

图 1-39　　　　　　　　　　　　　　　图 1-40

学习单元 2
放大电路基础

单元任务	实用扩音器制作
建议学时	36 学时
完成单元任务所需知识	1. 熟练掌握三极管的结构，放大原理，特性曲线，使用时的注意事项。 2. 掌握共发射极放大电路的静态分析，确定合适的静态工作点，会用小信号模型法计算放大电路的动态参数。 3. 掌握共集电极、共基极放大电路的静态、动态分析。 4. 理解三极管的三个工作区域及放大电路的非线性失真。 5. 理解场效应管的分类、特性曲线和参数。 6. 理解多级放大电路的参数和阻容耦合放大电路频率特性分析
知识重点	1. 三极管的工作原理和特性曲线。 2. 三极管构成放大电路静态工作点的确定和动态交流小信号等效模型分析。 3. 放大电路的频率特性
知识难点	三极管动态性能分析、放大电路的频率特性
职业技能训练	1. 会用万用表测量三极管的极性，理解三极管的特性曲线。 2. 会分析共射极放大电路，能选择合适的静态工作点。 3. 能理论计算出共射极放大电路的动态特性，并会实测放大电路的电压增益。 4. 了解多级放大电路的特点，会测量多级放大电路的频率特性
推荐教学方法	任务驱动——教、学、做一体教学方法：从单元任务出发，通过课程听讲、教师引导、小组学习讨论、实际电路测试，掌握完成单元任务所需知识点和相应的技能

2.1 三极管

1. 三极管的类型和结构

（1）三极管的分类

双极型三极管又称为双极型晶体管（Bipolar Junction Transistor，BJT）；通常称为半导体三极管，三极管，晶体管等。之所以称为双极性，是由于它有空穴和电子两种载流子参与导电。三极管的种类很多，按不同方式分类如下。

① 按所用的半导体材料不同，分为硅管和锗管。硅管受温度影响小，工作较稳定。

② 按三极管内部结构分为 NPN 型和 PNP 型两类。

③ 按使用功率分，有大功率管（P_c>1W），中功率（P_c 在 0.5~1W），小功率（P_c<0.5W）。

④ 按照工作频率分，有高频管（$f \geqslant 3MHz$）和低频管（$f \leqslant 3MHz$）。

⑤ 按用途不同，分为普通放大三极管和开关三极管。

⑥ 按封装形式不同，分为金属壳封装管、塑料封装管和陶瓷环氧封装管。

图 2-1 所示为几种晶体管的外形及引脚排列，但是，一般大功率管管壳兼作电极；而工作频率较高的小功率管，除了电极外，管壳还是引线，用 d 表示，供屏蔽接地用。

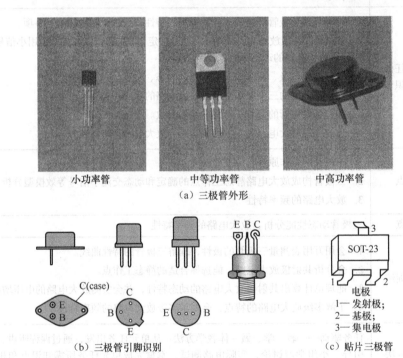

（a）三极管外形

（b）三极管引脚识别　　（c）贴片三极管

图 2-1　几种三极管的外形和引脚

（2）三极管结构

晶体管的结构示意如图 2-2 所示。其中图 2-2（a）所示是 NPN 型管，图 2-2（b）所示是 PNP 型管。由图可见，它们有 3 个区，分别称为发射区、基区和集电区。图 2-2（c）所示为 NPN 型管芯剖面图。

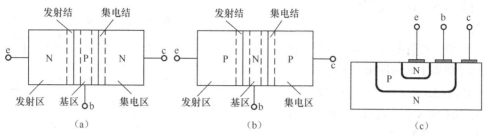

图 2-2 三极管的结构图

由 3 个区引出电极，分别称为发射极 e（Emitter），基极 b（Base），集电极 c（Collector）；发射区和基区之间的 PN 结称为发射结，集电区和基区的 PN 结称为集电结。晶体管制造工艺的特点是：发射区的掺杂浓度高，基区掺杂浓度低且很薄，集电结的面积大，这些特点是保证三极管具有电流放大作用的内部条件。

晶体管的电路符号和文字符号如图 2-3 所示，图中箭头方向表示发射结正偏，是发射极电流的实际方向，箭头向外的是 NPN 型管，箭头向里的是 PNP 型管。

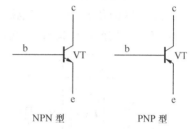

图 2-3 半导体三极管的电路符号和文字符号

2. 三极管的电流分配与放大原理

（1）三极管的放大原理

为了使三极管具有放大作用，要求外加电压要保证发射结正向偏置，集电结反向偏置。因此，对于 NPN 管来说，要求 $U_C > U_B > U_E$；对于 PNP 管来说，要求 $U_C < U_B < U_E$。

【例 2-1】 在放大电路中测得 4 个三极管各引脚的电位如图 2-4 所示，试判断这 4 个三极管的引脚（e、b、c），它们是 NPN 型还是 PNP 型？是硅管还是锗管？

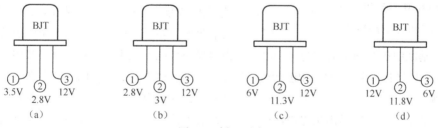

图 2-4 例 2-1 图

解：放大电路中三极管的各电极电位如图 2-4 所示。

（a）$U_3 > U_1 > U_2$，$U_{12} = (3.5 - 2.8)V = 0.7V$，③脚为 c，①脚为 b，②脚为 e；是 NPN 型小功率硅管。

（b）$U_3 > U_2 > U_1$，$U_{21} = (3 - 2.8)V = 0.2V$，③脚为 c，②脚为 b，①脚为 e；是 NPN 型小功率锗管。

（c）$U_1 < U_2 < U_3$，$U_{23} = (11.3 - 12)V = -0.7V$；①脚为 c，②脚为 b，③脚为 e；是 PNP 型小功率硅管。

（d）$U_1 > U_2 > U_3$，$U_{21} = (11.8 - 12)V = -0.2V$；①脚为 e，②脚为 b，③脚为 c；是 PNP 型的小功率锗管。

（2）三极管内部载流子运动规律

用三极管组成电路时，信号从一个电极输入，另一个电极输出，第三个电极作为公共端。因此三极管组成的电路有共发射极、共集电极和共基极三种不同的组态，如图 2-5 所示。这里以共发射极组态为例，讨论电路的输入和输出特性曲线。

为了分析三极管的放大原理，首先研究它的内部载流子运动规律，不论哪种连接方式，其内部载流子的传输过程相同。共发射极接法的 NPN 管内部载流子的运动和电流分配关系如图 2-6 所示。

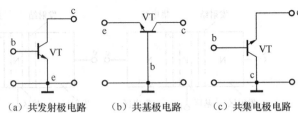

（a）共发射极电路　　（b）共基极电路　　（c）共集电极电路

图 2-5　三极管电路的三种连接方式

① 发射区向基区注入电子的情况。由于发射结正偏，外电场和内电场的方向相反，它的内电场被削弱，因此发射区的多子——电子就源源不断地越过发射结扩散到基区，形成电子扩散电流。与此同时，基区的多子——空穴也扩散到发射区，但由于基区掺杂浓度低，所以空穴的数量很少，故可忽略不计。因此近似认为，发射极电流 I_E 是由发射区扩散到基区的电子形成的，其方向与电子流动方向相反，如图 2-6 所示。由于发射区向基区注入电子，发射区的电子浓度下降，为了保持平衡，电源的负端将不断地向发射区补充电子，形成发射极电流 I_E。

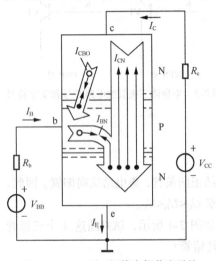

② 电子注入基区后的扩散与复合。由发射区发射到基区的电子，由于浓度差还要向集电结方向扩散。在扩散的过程中，有一部分的电子与基区中的空穴复合而消失，形成基区复合电流 I_{BN}，其方向是由基极流向基区的。由于基区很薄，空穴数量很少，所以被复合的电子数量很少，大部分都扩散到集电结的边缘。同时，由于外电源 V_{BB} 的作用，它不断从基区拉走电子，相当于不断供给基区空穴，以维持基区空穴浓度的不变，于是形成了基极电流 I_B，如图 2-6 所示。

图 2-6　NPN 型三极管内部载流子的运动和电流分配关系

③ 集电区收集电子的情况。由于集电结反偏，该电场阻碍集电结两侧的多子的扩散，有利于集电极两侧少子的漂移运动。基区中扩散到集电结边缘的电子将很容易被该电场吸引，迅速漂移过集电结而到集电区，形成由发射区传输到集电区的电子电流 I_{CN}，其方向是由集电区流向基区。另外，由于集电结反偏，两侧的少子（基区中的电子，集电区的空穴）也在外电场的作用下进行漂移运动，形成反向饱和电流 I_{CBO}，其方向是由集电极流向基极。I_{CBO} 数值很小，受温度影响大，会使管子工作不稳定。此外，为了使集电区的电子浓度基本维持不变，外电源 V_{CC} 正端不断从集电区拉走电子，这就形成了集电极电流 I_C，如图 2-6 所示。

综上所述，三极管内部有两种载流子参与导电，故称为双极性三极管，其中发射区发射到基区的电子只有一小部分与基区的空穴复合形成基区电流 I_{BN}，而绝大部分都被集电区所收集而形成电流 I_{CN}。

以上分析的是 NPN 型三极管的电流放大原理。对于 PNP 型晶体管，其工作原理相同，不同的是两种载流子的运动过程正好相反。

（3）三极管的电流分配关系

根据上述分析，可知三极管中各电流之间的关系为

$$I_E=I_{CN}+I_{BN} \qquad\qquad (2\text{-}1)$$

$$I_B=I_{BN}-I_{CBO} \qquad\qquad (2\text{-}2)$$

$$I_C=I_{CN}+I_{CBO} \qquad\qquad (2\text{-}3)$$

将式（2-1）及式（2-2）代入式（2-3），得

$$I_E=(I_C-I_{CBO})+(I_B+I_{CBO})=I_B+I_C \qquad\qquad (2\text{-}4)$$

式（2-4）说明：发射极电流 I_E 等于基极电流 I_B 和集电极电流 I_C 之和。

以上分析可知，$I_C \gg I_B$，故 3 个电极电流中 I_B 最小，一般为几十毫安，I_E 最大。此外，由于 I_B 很小，故常可忽略不计，所以有 $I_C \approx I_E$。

当管子制成后，发射区传输到集电区的电流 I_{CN}、基区复合电流 I_{BN} 和发射极电流 I_E 之间保持一定的比例关系，定义

$$\bar{\beta}(h_{FE})=\frac{I_{CN}}{I_{BN}}=\frac{I_C-I_{CBO}}{I_B+I_{CBO}}\approx\frac{I_C}{I_B} \qquad\qquad (2\text{-}5)$$

式中：$\bar{\beta}$ 为共发射极直流电流放大系数，它反映发射区发射的电子中被集电区收集的部分与到基区的电子与空穴复合的部分的比值。对于一个制作好的三极管来说，在很大范围内这个比值 $\bar{\beta}$ 基本上是一个常数。一般来说 $\bar{\beta}$ 值通常在 20～200，太大可能会使性能不够稳定，太小则放大能力不强。

PNP 型管各电极电流方向与 NPN 管相反，但电流分配关系相同。

（4）三极管的放大作用

三极管可以将微弱的电信号放大。若在共发射极放大电路基极输入端接入一个小的输入信号电压 ΔU_I。在 ΔU_I 的作用下，使基极电流产生一个随 ΔU_I 规律变化的 ΔI_B，集电极电流受到基区电流 ΔI_B 的控制也将产生相应的变化量 ΔI_C。由三极管电流分配规律可知，ΔI_B 很小，必有 $\Delta I_C \gg \Delta I_B$。这种以较小的输入电流变化控制较大的输出电流变化就是三极管的电流放大作用，所以说三极管是一个电流控制型元件。ΔI_C 与 ΔI_B 的比值又称为三极管共射极交流电流放大倍数 β。

$$\beta=\frac{\Delta I_C}{\Delta I_B} \qquad\qquad (2\text{-}6)$$

它是表征三极管电流放大能力的参数。相应地有

$$\Delta I_C=\beta\Delta I_B \qquad\qquad (2\text{-}7)$$

$$\Delta I_E=\Delta I_C+\Delta I_B=(1+\beta)\Delta I_B \qquad\qquad (2\text{-}8)$$

在分析中，一般情况 $\bar{\beta}\approx\beta$，主要取决于基区、集电区和发射区的杂质浓度及器件的几何结构。

3.　三极管的特性曲线

三极管的特性曲线表示的是三极管各电极电压与电流的关系，它是内部载流子运动的外部表现，在分析三极管放大电路时要使用特性曲线。三极管的特性曲线分为输入特性和输出特性曲线。以共发射极接法为例讨论电路的输入和输出特性曲线。

（1）共发射极输入特性曲线

输入特性曲线是指三极管集电极与发射极之间电压 u_{CE} 为某一定值时，输入的基极电流 i_B 与基极、发射极之间电压 u_{BE} 的关系曲线，即

$$i_B=f(u_{BE})|u_{CE}=\text{常数}$$

当 $u_{CE}=0$（c、e 极短接），基极与发射结和集电结相当于两个正向偏置的二极管并联，这时得

到的特性曲线和二极管的正向伏安曲线很相似，如图 2-7（a）所示。当 $u_{CE}>0$ 时，曲线将向右移。这是因为集电结加反向电压后，集电结吸引电子的能力增强，使得从发射区进入基区的电子更多地被集电区收集，所以在相同的 u_{BE} 下 i_B 要减小，曲线也就相应地向右移动了。$U_{CE} \geqslant 1V$ 以后，所有的特性曲线几乎是重合的。这是因为 $U_{CE} \geqslant 1V$ 后，集电结的反向电压已将发射区注入基区的电子基本上收集到集电极，U_{CE} 再增加，i_B 也不会再明显增加。

从输入特性曲线可以看出，只有当发射结电压 u_{BE} 大于开启电压（或称阈值电压，用 U_{th} 表示）时，输入回路才会产生电流 i_B，通常硅管开启电压为 0.5V，锗管为 0.1V。当三极管导通后，其发射结电压与二极管的管压降相同，硅管电压为 0.6 ~ 0.8V，锗管为 0.2 ~ 0.4V。

（2）共发射极输出特性曲线

输出特性曲线是指在基极电流 I_B 一定的情况下集电极电流 I_C 与集电极、发射极之间电压 U_{CE} 之间的关系，即

$$I_C = f(U_{CE})|_{I_B = 常数}$$

固定 I_B 值，每改变一个 U_{CE} 值得到对应的 I_C 值，由此绘出一条输出特性曲线。I_B 值不同，特性曲线也不同，所以特性曲线如图 2-7（b）所示。

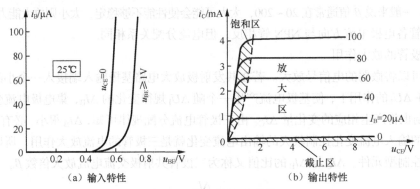

（a）输入特性　　　　　（b）输出特性

图 2-7　三极管的特性曲线

输出特性曲线可能划分为放大区、饱和区和截止区。

① 放大区：发射结电压正向偏置且大于开启电压，集电结反向偏置，I_C 完全受 I_B 控制，与 U_{CE} 无关。I_B 增大（或减小），I_C 也按照比例增大（或减小），三极管具有电流放大作用，所以称这个区域为放大区。

② 截止区：$I_B=0$ 的特性曲线与横轴之间的区域称为截止区。其特点是三极管的发射结电压小于开启电压或反向偏置，基极电流 $I_B=0$，集电极电流 I_C 等于一个很小的穿透电流 I_{CEO}。在截止区，三极管是不导通的。

③ 饱和区：发射结和集电结都处于正向偏置，I_C 不受 I_B 影响的控制，三极管失去电流放大作用。理想状态下，$U_{CE}=0$。

【例 2-2】 测得电路中三极管各电极的电位如下所示，判断其工作状态。

（1）NPN 型管 1V、0.3V、3V。

（2）PNP 型管 -0.2V、0V、0V。

解： 多数 NPN 型三极管由硅材料制成，PN 结的导通压降为 0.6 ~ 0.7V；而多数 PNP 型三极管由锗材料制成，PN 结的导通压降为 0.2 ~ 0.3V，由此可以判断：题（1）的三极管处于放大状态，题（2）的三极管处于饱和状态。

4. 三极管的主要参数

三极管的参数是用来表征其性能和适用范围的，了解这些参数是合理选用三极管的前提。三极管的主要参数有以下几类。

（1）电流放大系数

共发射极放大电路交流电流放大系数：

$$\beta = \frac{\Delta I_C}{\Delta I_B} \qquad (2-9)$$

直流电流放大系数：

$$\overline{\beta} = \frac{I_C}{I_B} \qquad (2-10)$$

它是集电极电流与基极电流之比，反映了三极管的电流放大能力。通常有交流电流放大系数和直流电流放大系数之分。由于它们在数值上比较接近，为了使用方便，常认为两者相等。β 值可以用仪器测量，也可以直接从输出特性曲线上求取。

共基极放大电路电流放大系数为 $\overline{\alpha} = I_C/I_E$ 和 $\alpha = \Delta I_C/\Delta I_E$，可求得 $\alpha = \beta/(1+\beta)$，通过 $\overline{\beta}$ 和 β 分别求得 $\overline{\alpha}$ 和 α。

（2）极间反向电流

① 集电极-基极反向饱和电流 I_{CBO}：指发射极开路时，集电结加反向电压时形成的反向电流。I_{CBO} 越小，管子性能越好。I_{CBO} 受温度影响较大，使用时必须注意。

② 集电极-发射极反向电流又称穿透电流 I_{CEO}：指基极开路，集电极-发射极加上一定电压时的集电极电流。I_{CEO} 对放大不起作用，消耗无用功率，引起管子工作不稳定，因此，I_{CEO} 是衡量三极管质量好坏的一个重要标准。I_{CEO} 与 I_{CBO} 关系如下：$I_{CEO}=(1+\overline{\beta})I_{CBO}$。所以受温度影响也很大。

（3）极限参数

① 集电极最大允许电流 I_{CM}：指晶体管的参数变化不超过允许值时，集电极允许通过的最大电流。I_C 过大，β 值下降，当管子的集电极电流超过 I_{CM} 时，管子性能显著下降，甚至可能烧坏器件。

② 集电极最大允许损耗 P_{CM}：指三极管长期工作时最大允许损耗的功率。

由于 $P_{CM}=u_{CE}i_C$，三极管工作时，大部功率消耗在集电结上，引起集电结温度升高。过高的结温将损坏三极管，P_{CM} 就是根据最高允许结温定出的，使用中三极管的实际功率损耗 P_C 不应超过 P_{CM}。需要指出的是，P_{CM} 与管子的散热条件和环境温度有关，通过散热片改善散热条件或降低环境温度均可以提高 P_{CM}。

③ 极间反向击穿电压：三极管各电极间的反向电压超过一定值，都会引起管子击穿。最常用的三极管的反向击穿电压是 $U_{(BR)CEO}$ 和 $U_{(BR)CBO}$。$U_{(BR)CBO}$ 是指当发射极开路时，集电极与基极之间的反向击穿电压。$U_{(BR)CEO}$ 是指基极开路时，集电极与发射极之间的反向击穿电压。$U_{(BR)CEO}$ 和 $U_{(BR)CBO}$ 均可在手册中查到。

I_{CM}、P_{CM}、$U_{(BR)CEO}$ 三个极限参数决定了三极管的安全工作区，如图 2-8 所示。在使用管子时，不能超过上述三个极限数值，也不允许其中两个参数同时达到极

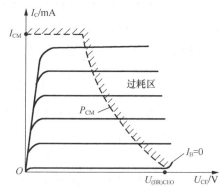

图 2-8　三极管的安全工作区

限值。表 2-1 列出了常用三极管的主要参数。

表 2-1   常用小功率三极管的参数

主要技术参数 型号	P_{CM} /mW	$U_{(BR)CEO}$ /V	$U_{(BR)CBO}$ /V	$U_{(BR)EBO}$ /V	I_{CM} /mA	β	U_{CES}	f_T /MHz	类型
9012	500	≥25	≥30	≥5	500	120	≤0.6	100	PNP
9013	500	≥25	≥30	≥5	500	120	≤0.6	100	NPN
9014	400	≥45	≥50	≥5	100	200	≤0.3	150	NPN
9015	400	≥45	≥50	≥5	100	200	≤0.3	150	PNP
9018	300	≥05	≥30	≥5	30	80	≤0.5	1100	NPN
8050	1000	≥25	≥40	≥6	1500	120	≤0.6	100	NPN
8055	1000	≥25	≥40	≥6	1500	120	≤0.6	100	PNP
C1815	400	≥50	≥60	≥6	150	100	≤0.3	100	NPN
A1015	400	≥50	≥60	≥6	150	100	≤0.3	100	PNP
2N5551	625	≥160	≥180	≥6	600	80	≤0.2	100	NPN
2N5401	625	≥160	≥180	≥6	600	80	≤0.2	100	PNP

（4）温度对三极管的影响

需要指出的是，温度对三极管的所有参数都有影响，尤其对 I_{CBO}，U_{BE} 和 β 三个参数。具体影响如下。

① I_{CBO} 随温度升高而急剧增加。当温度升高时，基区和集电区产生的电子-空穴对增多，导致 I_{CBO} 上升，硅管的 I_{CBO} 受温度影响比锗管大，但硅管的 I_{CBO} 在数值上较小，因此硅管比锗管工作稳定。

② U_{BEO} 随温度升高而减小（PNP 管为 U_{EBO}）。当温度升高时，使共发射极电路输入特性曲线左移，U_{BEO} 减小。U_{BEO} 的温度系数为 $dU_{BEO}/dT = -2.5 \sim -2.0\text{mV}/℃$。

③ β 随温度升高而增大。温度每升高 1℃，β 要增加 0.5% ~ 1.0%，即 $\dfrac{\Delta\beta}{\beta}\dfrac{1}{\Delta T}$=0.5%~1.0%℃$^{-1}$。

2.2   共射极放大电路

工业生产和日常生活中需要将微弱变化的电信号不失真放大到所需要的幅值去驱动相应的负载，对生产设备进行测量、控制或调节。完成这一任务的电路称为放大电路，简称放大器。三极管是一个电流型控制元件，利用这点可以构成放大电路。本节所讨论的电路性能是输入信号为几毫伏到几十毫伏、频率在 20Hz 到 200kHz 时的特性。

1. 三极管放大器的组成元件

图 2-9 所示为共发射极基本放大电路。当输入端加入微弱的交流电压信号 u_i 时，输出端就得到一个放大的输出电压 u_o。由于放大器的输出功率比输入功率大，而输出功率的能量主要是通过直流电源转换获得，所以放大器必须加上直流电源才能工作。从这一点来说，放大器实质上是能量转换器，它把直流电能转换成交流电能。放大器主要是由三极管、电阻、电容和直流电源等元器件组成。各元件作用如下所述。

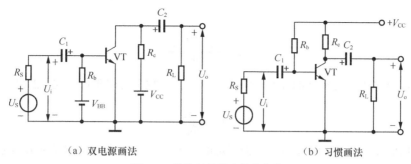

（a）双电源画法　　　　　　　　　　（b）习惯画法

图 2-9　共发射极基本放大电路

（1）三极管 VT 起电流放大作用，是整个放大电路的核心元件。

（2）基极电阻 R_b 为三极管提供一个合适的基极电流，又称偏流，它使三极管处于放大状态。R_b 的阻值一般取在几十千欧至几百千欧之间。

（3）集电极电阻 R_c 是负载电阻，能将集电极电流 I_c 的变化转换成电压变化，实现电压放大作用。R_c 的阻值一般为几千欧至几十千欧。

（4）耦合电容 C_1 和 C_2 的作用是隔直流、通交流。它既可以将信号源与放大电路、放大电路与负载之间的直流通路隔开，使得直流电源不加到信号源和负载上，又能让交流信号顺利通过。C_1、C_2 一般采用容量较大的电解电容器，所以连接时注意极性。

（5）供电电源 V_{CC} 除为放大电路提供电能之外，还通过 R_b、R_c 给三极管提供偏置电压，使三极管处于放大状态。

2. 共发射极电路的静态分析

对于共发射极放大电路，我们分两个方面去分析：静态工作情况和动态工作情况。前者主要是确定静态工作点，以判断电路能否正常放大，由图解法和估算法两种方法可以求得；动态工作情况主要是研究放大电路的性能指标，包括图解法和微变等效电路法。图解法可以分析放大电路中电流、电压的对应变化情况，失真，输出幅值及电路参数对电流、电压波形的影响等。微变等效电路法可用来估算放大电路的性能指标，如电压放大倍数 A_u、输入电阻 R_i 和输出电阻 R_o。

在放大电路中，未加输入信号时（$u_i=0$），只有直流电源作用于电路，电路的工作状态称为静止工作状态，简称静态，对应的电路称为直流通路。静态时，放大电路只有直流电源作用，电路中各处的电压、电流都是固定不变的直流。这时三极管各极电流和各极之间的电压分别用 I_B、I_C 和 U_{BE}、U_{CE} 表示，根据它们的值确定了三极管输入和输出特性曲线上的唯一一个点，称为静态工作点（Quiescent Point），常用 Q 表示。静态工作点一定要取得合适，静态工作点过高过低都会造成放大电路的失真情况。

（1）用估算法求解静态工作点

要分析静态工作的情况，要先画出直流通路，如图 2-10（a）所示。此时放大电路各支路的电压和电流都是直流量。利用放大器的直流通路可分析其静态值。

由图 2-10 可知，由于在小信号放大电路中，u_{BE} 变化不大，故可近似认为硅管的|U_{BE}|=0.6～0.8V，通常取 0.7V；锗管的|U_{BE}|=0.1～0.3V，通常取 0.2V。

由图 2-10（a）的输入回路（$+V_{CC} \rightarrow R_B \rightarrow$ b 极 $\rightarrow$ e 极 $\rightarrow$ 地）可知

$$V_{CC}=I_{BQ}R_B+U_{BE} \tag{2-11}$$

则

$$I_{BQ} = \frac{V_{CC} - U_{BE}}{R_B} \qquad (2\text{-}12)$$

式中：U_{BE} 是三极管发射结的导通压降，$U_{BE} << V_{CC}$，故常忽略不计，式（2-12）可近似为

$$I_{BQ} \approx \frac{V_{CC}}{R_B} \qquad (2\text{-}13)$$

若 V_{CC} 和 R_B 选定后，I_{BQ}（偏流）即为固定值，所以图 2-10 所示电路又称为固定偏流式共射放大电路。

在忽略 I_{CBO} 的情况下，根据三极管的电流分配关系可得

$$I_{CQ} = \beta I_{BQ} \qquad (2\text{-}14)$$

最后由图 2-10（a）输出回路（$+V_{CC} \rightarrow R_C \rightarrow c$ 极 $\rightarrow e$ 极 $\rightarrow$ 地）可知

$$U_{CE} = V_{CC} - I_{CQ}R_C \qquad (2\text{-}15)$$

至此，根据式（2-11）~ 式（2-15）就可以估算出放大电路的静态工作点，在输入、输出特性曲线上表示出来，如图 2-10（b）所示。

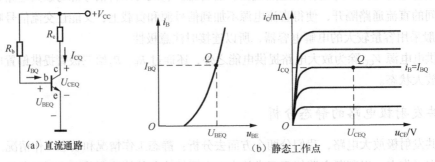

（a）直流通路　　　　　　　　　　　　　　　（b）静态工作点

图 2-10　共发射极放大电路的直流通路和静态工作点

【例 2-3】　如图 2-9（b）所示共射极基本放大器中，$V_{CC}=12V$，$R_b=300k\Omega$，$R_c=3k\Omega$，三极管的 $\beta=50$，忽略发射结压降，试用近似估算法求该电路的静态工作点。

解：基极电流为

$$I_{BQ} = \frac{V_{CC} - U_{BEQ}}{R_b} \approx \frac{V_{CC}}{R_b} = \frac{12}{300} = 40(\mu A)$$

集电极电流：$I_{CQ} = \beta I_{BQ} = 50 \times 40 = 2000(\mu A) = 2mA$

集电极电压：$U_{CEQ} = V_{CC} - I_{CQ}R_c = 12 - 2 \times 3 = 6(V)$

通过求出的 I_{BQ}、I_{CQ}、I_{CEQ} 值，可在特性曲线上找出静态工作点 Q，如图 2-11 所示。

（2）用图解法求解静态工作点

图解法是分析非线性电路的一种方法。在三极管的特性曲线上用作图的方法来观察放大电路的工作情况。图解法不仅可以用于静态分析，也可以用于动态分析。用图解法确定放大电路的静态工作点的步骤如下。

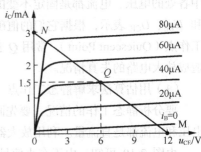

图 2-11　静态工作点在特性曲线对应点

从图 2-9（a）电路图中可以看出，它由两部分组成：左边的非线性部分——三极管和确定其偏流的电源 V_{BB} 和电阻 R_b，右边的线性部分——V_{CC} 和 R_c 组成的外部电路。

由于本电路的基极电流已经由 $I_B = V_{BB}/R_b$ 确定，$u_{CE}=V_{CC}-i_CR_c$。直流负载线是线性的一条直线，可用截距法在输出特性曲线的坐标平面内作出这条直线，即在图 2-11 中，令 $i_C=0$，则 $u_{CE}=V_{CC}$，在横轴上得到 M 点（V_{CC}，0）；又令 $u_{CE}=0$，则 $i_C=V_{CC}/R_c$，在纵轴上得到 N 点（0，V_{CC}/R_c）。连接 M、N 两点，便得到了外部电路的伏安特性曲线，如图 2-11 所示。由于该直线由直流通路定出，其斜率为 $\tan\alpha = -\tan(180° - \alpha) = \dfrac{-V_{CC}/R_c}{V_{CC}} = -\dfrac{1}{R_c}$，由集电极负载电阻 R_c 决定，故称为输出回路的直流负载线。从图 2-11 中可以看出直流负载线和对应的 I_B 相交于一点，这一点便是静态工作点 Q。

3. 共射极基本放大电路的动态分析——图解法

当放大电路输入端接入输入信号 u_i 后，即 $u_i\neq0$，电路处于交流状态或动态工作状态，简称动态。在电路处于动态时，放大电路在输入电压 u_i 和直流电源 V_{CC} 共同作用下工作，这时电路中既有直流分量，又有交流分量，形成了交流直流共存同一电路之中的情况，各极的电流和各极之间电压都在静态值的基础上叠加了一个随输入信号 u_i 做相应变化的交流分量。

（1）交流通路

交流通路是指在信号源 u_i 的作用下（$u_i\neq0$），只有交流电所流过的路径。在交流通路中，电容的容抗很小可看成短路，而直流电源内阻很小，对交流变化量几乎不起作用，故视为短路处理（其电压变化量为零），恒定的电流源可看成开路。

根据上述原则，图 2-12 中的耦合电容 C_1、C_2 可看成短路，而直流电源 V_{CC} 可看成交流短接地，因此画出共射极基本放大电路的交流通路，如图 2-13 所示。注意，在交流通路中各极的电流和各极之间电压都是交流量。

（2）用图解法分析动态工作情况

放大电路的动态分析，主要采用图解法和小信号模型法。在本节中，利用图解法分析放大电路中输入和输出电压、电流的波形，从而可得到输出电压 u_o 和输入电压 u_i 之间的大小和相位关系。

① 根据 u_i 波形在输入特性曲线上求 i_B 波形。设图 2-14 共射极放大电路的输入信号

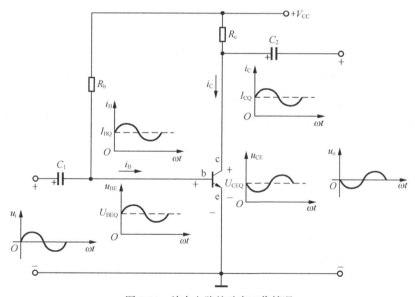

图 2-12　放大电路的动态工作情况

$u_i=U_{im}\sin\omega t$，当它加到放大电路的输入端后，三极管的 b 和 e 之间的电压在原直流电压 U_{BE} 的基础上叠加了一个交流量 u_i（u_{be}），即 $u_{BE}=U_{BE}+u_{be}=U_{BE}+u_i=U_{BE}+U_{im}\sin\omega t$，如图 2-14 中波形所示，$u_{BE}$ 在 U_{BE} 的基础上按正弦规律变化。

根据三极管的输入特性曲线，由 u_{BE} 可画出对应的 i_B 波形，如图 2-14 中波形②所示。由图可见，根据 u_{BE} 的波形，三极管工作的 $A\sim B$ 段在输入特性曲线的线性段，因此 i_B 在 I_B 的基础上也按正弦规律变化，即

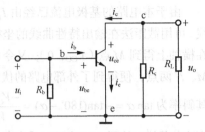

图 2-13　共射极基本放大电路的交流通路

$$i_B = I_B + i_b = I_B + I_{bm}\sin\omega t \tag{2-16}$$

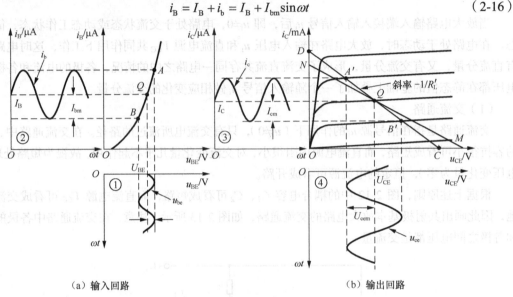

（a）输入回路　　　　　　　　　　　　　　　（b）输出回路

图 2-14　用图解法分析放大电路的动态工作情况

② 作交流负载线。类似于静态时的图解分析过程，同样在动态时，放大电路输出回路的 i_C 和 u_{CE} 既要满足三极管的伏安特性——输出特性 $i_C=f(u_{CE})|_{i_B=常数}$，又要满足外部电路的伏安关系。由于放大电路在动态时，三极管各极电流和各极之间的电压都是在直流的静态值的基础上叠加了一个交流分量，故有

$$i_C = I_C + i_c \tag{2-17}$$

$$u_{CE} = U_{CE} - u_{ce} \tag{2-18}$$

由图 2-13 所示的交流通路可得

$$u_{ce} = -i_c(R_c \parallel R_L) = -i_c R_L' = -(i_C - I_C)R_L' \tag{2-19}$$

式中：$R_L'=R_c//R_L$，称为放大电路的交流负载电阻。

将式（2-19）代入式（2-18），则有

$$u_{CE} = U_{CE} - (i_C - I_C)R_L' = U_{CE} + I_C R_L' - i_C R_L' \tag{2-20}$$

式（2-20）便是共射极放大电路在输出端接有负载的情况下，动态时输出回路外部电压 u_{CE} 和电流 i_C 的关系式。在直流工作点确定的情况下，$U_{CE}+I_C R_L'$ 是常量，可见式（2-20）与式（2-15）直流负载线式是相似的，也是线性直线方程，其斜率为 $-1/R_L'$，由交流负载电阻 R_L' 的大小决定，此直线的斜率受到负载的影响，又称为交流负载线，式（2-20）也称为交流负载线方程。

交流负载线的做法：根据式（2-20），先令 $i_C = 0$，所以 $u_{CE} = U_{CE} + I_C R'_L$，然后在图 2-14（b）中确定点 C，可以知道 C 点的坐标为（$U_{CE} + I_C R'_L$，0）。将 C 点与静态工作点 Q 相连，确定出唯一的一条交流负载线，与纵轴相交于 D 点。由于交流负载线的斜率为 $-1/R'_L$，而直流负载线的斜率为 $-1/R_c$，由于 $R'_L = R_c \| R_L$，所以 $R_c > R'_L$，故交流负载线 CD 比直流负载线 MN 陡一些，如图 2-14（b）所示。

（3）由输出特性曲线和交流负载线求 i_C 和 u_{CE} 的波形

根据前面的分析已知，i_B 在直流电 I_B 上按正弦规律变化，所以交流负载线与输出特性曲线的交点，即动态工作点也在一定范围内变化，如图 2-14（b）所示。从 Q 点→A'点→Q 点→B'点→Q 点，i_C 和 u_{CE} 的波形可以根据工作点移动轨迹画出，如图 2-14（b）曲线③、④所示。由于三极管工作的 $A' \sim B'$ 段在输出特性曲线的线性段，则 i_C 和 u_{CE} 在静态量 I_C 和 U_{CE} 的基础上也按正弦规律变化，即

$$i_C = I_C + i_c = I_C + I_{cm}\sin\omega t \tag{2-21}$$

$$u_{CE} = U_{CE} + u_{ce} = U_{CE} + U_{cem}\sin(\omega t - 180°) \tag{2-22}$$

由图 2-12 可知，放大电路的输出电压

$$u_o = u_{ce} = U_{cem}\sin(\omega t - 180°) \tag{2-23}$$

需要注意以下几点。

① 当输入信号 u_i 为正弦波的时候，电路中的 i_b、i_c、u_{be} 和 u_i 同相，而 u_{ce}、u_o 和 u_i 反相，如图 2-14 所示。可见输入电压和输出电压相位相反，这种现象称为"反相"，共射极放大电路实现的就是反向放大。因而，共发射极放大电路又叫反相电压放大器。

② 输出电压 u_o 和输入电压 u_i，不仅相位相反，而且 u_o 的幅度比 u_i 的幅度放大很多，u_i 经共射极放大电路被线性放大。并且，只有输出信号的交流分量才能反映输入信号的变化，所以我们所说的放大作用，只是输出的交流分量和输入信号的关系，不包含直流分量。因此，放大电路的电压放大倍数是指输出电压 u_o 和输入电压 u_i 之比，也就是输入电压的幅值 U_{im} 和输出电压的幅值 U_{om} 之比，即

$$A_u = \frac{u_o}{u_i} = \frac{U_{om}}{U_{im}} \tag{2-24}$$

4. 三极管的 3 个工作区域及放大电路的非线性失真

之前已经分析了三极管共射极放大电路的静态和动态工作情况，知道了输出信号能够放大输入信号。下面将通过图解法说明三极管在 3 个工作区域的工作情况。

（1）三极管的 3 个工作区域

图 2-15 所示是三极管的共射电路的输出特性曲线。三极管有 3 个工作状态：饱和、放大和截止。根据这 3 种工作状态，将输出特性曲线分为：饱和区、放大区和截止区 3 个区域，如图 2-15 所示。

① 截止区。输出特性 $i_B = 0$ 的曲线以下的区域称为截止区。此时 $i_B \approx 0$ 时，$i_C \approx I_{CEO} \approx 0$（$I_{CEO}$ 称为穿

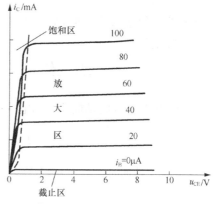

图 2-15　三极管的 3 个工作区域

透电流），三极管的集电极和发射极之间接近断路，相当于开关的断开状态。由于电流为 0，此时三极管工作在截止状态，无放大作用。对于 NPN 型硅管而言，当 $u_{BE} < 0.5V$（开启电压），即已进入截止状态，但为了使三极管可靠截止，常使 $u_{BE} \le 0$。三极管处于截止状态时，其发射结和集电结都是反偏；三极管失去电流放大作用，e、c 极之间近似看成开关断开。

② 放大区。$i_B = 0$ 的特性曲线上方，放大区内各输出特性曲线近似水平，三极管工作在放大状态，这时 $i_C = \beta i_B$（i_B 的变化会引起 i_C 的变化），符合三极管的电流分配规律。其特点如下。

- 在 i_B 值一定时，三极管具有近似恒流源的特性，$i_C = \beta i_B$。u_{CE} 在 1V 以上时，i_C 基本不随 u_{CE} 变化。
- i_C 基本上只受 i_B 控制，i_B 增大，i_C 也随之增大，i_C 与 i_B 之间具有线性（正比）关系。
- 在不同的 i_B 值下，各输出特性近似平行。
- 三极管工作在放大状态时，其发射结正偏，集电结反偏。

③ 饱和区。输出特性曲线近似直线上升（包括弯曲处）的区域称为饱和区，三极管工作在饱和导通状态。这时，三极管的 u_{CE} 值很小（小功率硅管约为 0.3V），小于发射结的正向压降 u_{BE}（0.6～0.7V），即 $u_{CE} < u_{BE}$。此时发射结、集电结均正偏。一定的 u_{CE} 对应一定的 i_C。i_C 基本上不随 i_B 变化而变化，三极管失去电流放大作用。三极管饱和时的 u_{CE} 值称为饱和压降，用 U_{CES} 表示。因 U_{CES} 值很小，三极管呈现低阻导通态，三极管 e、c 极之间相当于短路，相当于是一个闭合的开关。

综上所述，三极管工作在放大区，具有电流放大作用，常用来构成各种放大电路；三极管工作在截止区和饱和区相当于开关的断开和闭合，常用于数字电路中。

在实际工作中，通常通过测量三极管各极之间的电压来判断它的工作状态。对于 NPN 型硅管，当三极管处于饱和状态，发射结和集电结均为正偏，$U_{BE} = 0.7V$，$U_{CE} = 0.3V$；当三极管处于放大工作状态，发射结正偏、集电结反偏时，$U_{BE} = 0.7V$；当三极管处于截止状态，发射结反偏、集电结也反偏，只要当 $U_{BE} < 0.5V$ 时，即已进入截止状态。对于 PNP 型三极管，其电压的符号应当相反。也可以通过已知条件计算电路中的基极或集电极电流和临界饱和（饱和状态与放大状态之间）时的基极或集电极电流进行比较，以判断放大电路的工作状态。

【例 2-4】电路如图 2-16 所示，设三极管的 $\beta = 80$，$U_{BE} = 0.7V$，I_{CEO}、U_{CES}（U_{CES} 为临界饱和时，集电极和发射极之间的饱和压降）可以忽略不计，试分析当开关 S 分别接通 A、B、C 三个位置时，三极管各工作在其输出特性曲线的哪个区域，并求出相应的集电极电流 I_C。

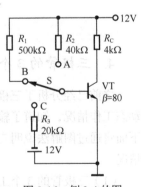

图 2-16 例 2-4 的图

解：当临界饱和时，因 U_{CES} 忽略不计，即 $U_{CES} \approx 0$，所以临界饱和时集电极电流

$$I_{CS} = \frac{V_{CC} - U_{CES}}{R_C} = \frac{12V}{4k\Omega} = 3mA$$

三极管临界饱和时基极注入的电流

$$I_{BS} = \frac{I_{CS}}{\beta} = \frac{3mA}{80} = 0.0375mA$$

当 S 与 A 接通时，

$$I_{B1} = \frac{V_{CC} - U_{BE}}{R_1} = \frac{12V - 0.7V}{40k\Omega} = 0.2825mA$$

由于 $I_{B1} > I_{BS}$，所以此时放大电路工作在饱和区，$I_{C1} \approx I_{CS}$。

当 S 与 B 接通时，

$$I_{B2} = \frac{V_{CC} - U_{BE}}{R_1} = \frac{12V - 0.7V}{500k\Omega} = 0.0226mA$$

由于 $I_{B2} < I_{BS}$，所以此时放大电路工作在放大区，

$$I_{C2} = \beta I_{B2} = 80 \times 0.0226mA = 1.808mA$$

当 S 与 C 接通时，由于三极管发射结反向偏置，所以此时放大电路工作在截止区，$I_{C3} \approx 0$。

（2）放大电路的非线性失真

当静态工作点选择合适时，输入信号 u_i 能被三极管放大电路线性放大，否则输出信号的波形将会产生失真。所谓失真，是指输出信号不是线性放大的输入信号的波形。非线性失真是由于三极管的非线性特性引起的。当静态工作点选择不当或者输入信号幅值过大时，都会使放大电路陷入三极管的非线性区域，使得输入信号失真。非线性失真包括截止失真和饱和失真。

① 截止失真。当静态工作点 Q 选择过低接近截止区，而输入信号电压 u_i 的幅度相对又较大时，出现 u_i 的负半周的部分时间内出现 u_{BE} 小于发射结的导通电压的时段，此时 $i_B = 0$，三极管处于截止区，使 i_b 的负半周出现了"平顶"，如图 2-17（a）所示。对应到图 2-17（b），工作点沿交流负载线进入 QB' 点后的一段时间内，i_c 的负半周出现了"平顶"，u_{ce} 的正半周出现了"平顶"，即输出电压 u_o 的正半周出现了"平顶"。这种由于静态工作点 Q 偏低使三极管在部分时间内进入截止区而引起的失真称为截止失真。

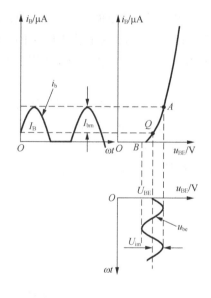

（a）从输入特性分析截止失真　　　　　　　（b）从输出特性分析截止失真

图 2-17　截止失真

② 饱和失真。若静态工作点 Q 选择得过高，三极管工作接近饱和区，而输入的信号电压 u_i 的幅度相对又较大时，在 u_i 的正半周的部分时间内，三极管进入饱和区工作，这时 i_b 可以不失真，但是 $i_c = \beta i_b$ 的关系已经不复存在，$u_{CE} \approx U_{CES} \approx 0$，$i_c = I_{CS} \approx V_{CC}/R_c$，$i_c$ 的正半周和 u_{ce} 的负半周出现了"平顶"，相应地 u_o 的负半周出现了"平顶"，如图 2-18 所示。这种由于静态工作点 Q 偏高使三极管在部分时间内进入饱和区而引起的失真称为饱和失真。

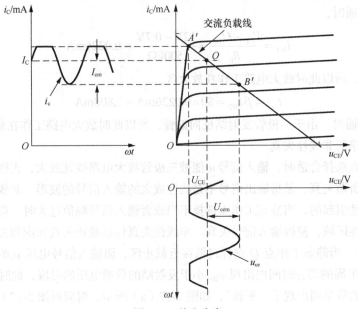

图 2-18　饱和失真

有时候虽然静态工作点选择恰当，但输入信号 u_i 的幅度过大，仍有可能能同时出现截止失真和饱和失真。

截止失真和饱和失真又统称为平顶失真。虽然三极管是非线性的，失真的产生不可避免，通常认为只要不出现平顶失真也可算是基本不失真。在实验室可以用示波器观察输出电压 u_o 的波形来判断是否产生失真及失真的类型（NPN 或 PNP）。对于 NPN 型来说，当输出波形正半周出现了平顶是截止失真，当负半周出现了平顶是饱和失真。

因此，为了减小和避免非线性失真，需要合理地设置静态工作点 Q 的位置，另外，还要限制输入信号的幅度。一般情况下，静态工作点 Q 设置在交流负载线的中点附近，目的是达到最大不失真。若出现了截止失真时，可通过增加基极电流 I_B 提高静态工作点 Q，来消除截止失真；若出现了饱和失真，可通过将基极电流 I_B 减小，使得静态工作点 Q 降低。修改 I_B 的阻值只是其中的一种方法，还有很多其他的方法，大家可以讨论。

5. 放大电路的动态分析——小信号模型分析法

（1）小信号模型

① BJT 的小信号建模思路。

在小信号输入时，已知含有 BJT 非线性器件的放大电路对电路理论的公式和定律不能直接运用。如果在一定条件下，能建立 BJT 的线性化模型，那么，放大电路的分析问题就可迎刃而解。在输入信号很小时，只要 Q 点位置选得合适，这时晶体管各极电流、电压之间就有相应的线性关系，因而可以用线性等效电路来取代。将 BJT 用双端口有源器件网络代替，如图 2-19（a）用图 2-19（b）所示代替，通过电压 u_1、u_o 及电流 i_1、i_2 来研究网络的特性。相对应于图 2-19（a）中 u_B、u_{CE} 及 i_B、i_C 这 4 个参数，选择其中两个作为自变量，另外两个作为因变量，就可得到不同的网络参数。等效电路形式有多种，这里讨论 H 参数低频（几百 kHz 以下）小信号微变等效电路。

② BJT 的 H 参数的引出。双端口网络的输入回路和输出回路电压、电流的关系可分别表示为

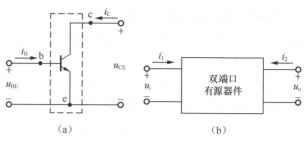

$$u_{BE} = f_1(i_B, u_{CE})$$
$$i_C = f_2(i_B, u_{CE})$$

图 2-19　双端口网络

假设 BJT 是在小信号下工作，考虑电压、电流之间的微变关系，对上式全微分可得到

$$\mathrm{d}u_{BE} = \frac{\partial u_{BE}}{\partial i_B}\mathrm{d}i_B + \frac{\partial u_{BE}}{\partial u_{CE}}\mathrm{d}u_{CE} \tag{2-25}$$

$$\mathrm{d}i_C = \frac{\partial i_C}{\partial i_B}\mathrm{d}i_B + \frac{\partial i_C}{\partial u_{CE}}\mathrm{d}u_{CE} \tag{2-26}$$

式中：$\mathrm{d}u_{BE}$、$\mathrm{d}u_{CE}$、$\mathrm{d}i_B$ 及 $\mathrm{d}i_C$ 表示无限小的信号增量。已知是在小信号作用下，即电压、电流的变化没有超过特性曲线的线性范围，无限小的信号增量就可以用有限的增量来代替，也就是可以用电压、电流的交流分量来代替。于是有

$$u_{be} = h_{ie}i_b + h_{re}u_{ce} \text{ 或 } \dot{U}_{be} = h_{ie}\dot{I}_b + h_{re}\dot{U}_{ce} \tag{2-27}$$

$$i_c = h_{fe}i_b + h_{oe}u_{ce} \text{ 或 } \dot{I}_c = h_{fe}\dot{I}_b + h_{oe}\dot{U}_{ce} \tag{2-28}$$

式中：h_{ie}，h_{re}，h_{fe}，h_{oe} 称为 BJT 在共射极接法下的 H 参数，其中：

$h_{ie} = \left.\dfrac{\partial u_{BE}}{\partial i_B}\right|_{U_{CE}}$ 输出端交流短路时的输入电阻，单位为欧姆（Ω）；低频时，h_{ie} 即 r_{be} 为 300~3kΩ；

$h_{fe} = \left.\dfrac{\partial i_C}{\partial i_B}\right|_{U_{CE}}$ 输出端交流短路时的正向电流传输比或电流放大系数（无量纲）；低频时为 20~200；

$h_{re} = \left.\dfrac{\partial u_{BE}}{\partial u_{CE}}\right|_{I_B}$ 输入端交流开路时的反向电压传输比（无量纲）；低频时为 $10^{-4} \sim 10^{-3}$；

$h_{oe} = \left.\dfrac{\partial i_C}{\partial u_{CE}}\right|_{I_B}$ 输入端交流开路时的输出电导，单位为西门子（S）；低频时为 5~100μS。

③ BJT 的 H 参数小信号模型。在小信号条件下，对视为线性双端口网络的 BJT 求 H 参数后便得到式（2-27）和式（2-28）的表示方式。式（2-27）表示 BJT 输入回路方程，它表明输入电压 u_{be} 是由两个电压相加构成的，其中一个是 $h_{ie}i_b$，表示输入电流 i_b 在 h_{ie} 上的电压降；另一个是 $h_{re}u_{ce}$，表示输出电压 u_{ce} 对输入回路的反作用，用一个电压源来代表。于是利用戴维南定律可得图 2-20 左边的输入等效电路。

式（2-28）表示输出回路方程，它表示输出电流 i_c 由两个并联支路的电流相加而成，一个是由基极电流 i_b 引起的 $h_{fe}i_b$，用电流源表示；另一个是由输出电压加在输出电阻 $1/h_{oe}$ 上引起的电流，即 $u_{ce}/\dfrac{1}{h_{oe}} = h_{oe}u_{ce}$。从而得到图 2-20 右边的输出端等

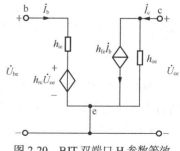

图 2-20　BJT 双端口 H 参数等效电路

效电路。利用了诺顿定律的电路形式。4 个参数纲量不同，为混合（Hybrid）参数，称 H 参数。

由此得到将 BJT 线性化后的线性模型。在分析计算时，可以利用这个模型来代替 BJT，从而可以把 BJT 电路当作线性电路来处理，使复杂电路的计算大为简化。H 参数的小信号线性模型在电子电路分析中应用很广泛。

④ BJT 的 H 参数小信号模型的简化。如图 2-20 所示的等效模型也为共射极接法的 BJT 的小信号模型，H 参数的数量级一般为

$$[h]_{\mathrm{e}} = \begin{bmatrix} h_{\mathrm{ie}} & h_{\mathrm{re}} \\ h_{\mathrm{fe}} & h_{\mathrm{oe}} \end{bmatrix} = \begin{bmatrix} r_{\mathrm{be}} & \mu_{\mathrm{r}} \\ \beta & \dfrac{1}{r_{\mathrm{ce}}} \end{bmatrix} = \begin{bmatrix} 10^3\,\Omega & 10^{-4} \sim 10^{-3} \\ 10^2 & 10^{-5}\,\mathrm{S} \end{bmatrix}$$

例如，高频小功率硅管 3DG6，在 $I_{\mathrm{C}}=1\mathrm{mA}$，$I_{\mathrm{B}}=3\mu\mathrm{A}$，$U_{\mathrm{CE}}=5\mathrm{V}$ 时的 H 参数，通过实验测得

$$[h]_{\mathrm{e}} = \begin{bmatrix} h_{\mathrm{ie}} & h_{\mathrm{re}} \\ h_{\mathrm{fe}} & h_{\mathrm{oe}} \end{bmatrix} = \begin{bmatrix} 1.4\mathrm{k}\Omega & 2.5\times10^{-4} \\ 40 & 4\times10^{-5}\,\mathrm{S} \end{bmatrix}$$

由这些具体数字可见，h_{oe} 和 h_{re} 相对而言是很小的，对于低频放大电路，输入回路中 $h_{\mathrm{re}}u_{\mathrm{ce}}$ 比 u_{be} 小得多，而输出回路中负载电阻 R_{c}（或 R_{L}）比 BJT 输出电阻 $1/h_{\mathrm{oe}}$ 小得多，所以在模型中常常可以把 h_{re} 和 h_{oe} 忽略掉，这在工程计算上不会带来显著的误差。同时采用习惯符号，用 r_{be} 代替 h_{ie}，β 代替 h_{fe}，则 H 参数等效简化成图 2-21 所示的形式，称为小信号等效模型或微变等效模型。当负载电阻 R_{c}（或 R_{L}）较小，满足 R_{c}（或 R_{L}）$<0.1r_{\mathrm{ce}}$ 的条件时，利用这个简化模型来分析低频放大电路，所得放大电路的各主要指标，如电压增益、电流增益、放大电路的输入电阻 R_{i} 及输出电阻 R_{o} 等，其误差不会超过 10%。

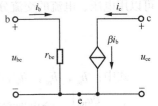

图 2-21 简化模型

⑤ BJT 的 H 参数确定。由于 BJT 本身参数具分散性且会随 Q 点变化而改变，因此在应用 H 参数等效电路来分析放大电路时，首先得到 BJT 在 Q 点处的 H 参数。可采用 H 参数测试仪，或利用 BJT 特性图示仪测量 β 和 r_{be}。也可以借助公式进行估算 r_{be}：

$$r_{\mathrm{be}} = r_{\mathrm{bb'}} + (1+\beta)r_{\mathrm{e}} \tag{2-29}$$

式中：$r_{\mathrm{bb'}}$ 为基区体电阻，可用仪器测得。对于低频小功率管的 $r_{\mathrm{bb'}}$ 为 300Ω 左右。r_{e} 为发射结电阻。$(1+\beta)r_{\mathrm{e}}$ 是 r_{e} 折算到基极回路的等效电阻，根据 PN 结的伏安特性表达式，可以导出 r_{e} 的值为 $U_T(\mathrm{mV})/I_{\mathrm{E}}(\mathrm{mA})$。这样，式（2-29）可改写为

$$r_{\mathrm{be}} \approx 300\Omega + (1+\beta)\frac{U_T(\mathrm{mV})}{I_{\mathrm{E}}(\mathrm{mA})} \tag{2-30}$$

式中：U_T 为温度的电压当量，在常温（300K）时，其值为 26mV。

 式（2-30）的适用范围为 0.1mA$<I_{\mathrm{E}}<$5mA，实验表明，超出此范围，将带来较大的误差。

*⑥ 关于 BJT 的 H 参数小信号模型的讨论。为正确使用小信号模型来分析电路，我们对 BJT 的 H 参数小信号模型做如下讨论。

● 模型中电流源的性质。在 BJT 的小信号模型中，引入的等效电流源 $h_{\mathrm{fe}}i_{\mathrm{b}}$ 是从电路分析的角度虚拟出来的，它只是代表 BJT 的电流控制作用，当 $i_{\mathrm{b}}=0$（即 $u_{\mathrm{be}}=0$）时，等效电流源就不存在了，故称它为受控电流源，也就是说，它是受输入电流的控制。

● 电流源的流向。BJT 的 H 参数小信号模型中，电流源 $h_{fe}i_b$ 的流向是在假定正向的原则下定出的，那就是：电压以共同端为负端，电流以流向电极的方向为正方向，根据 BJT 工作的物理实质和 h_{fe} 的定义，当 i_b 的流向与假定的正方向相同时，i_c 的流向也必然与假定的正方向相同，是由集电极流向发射极，所以等效电流源 $h_{fe}i_b$ 的流向是由 i_b（也就是 u_{be}）来决定的，不能随意假定，否则就会得出错误的结果。

同理，模型中反映输出电压变化量对输入回路影响的等效电压源 $h_{re}u_{ce}$ 也是一个受控电源，也具有从属性，它在电路中的极性根据 h_{re} 的定义不能随意假定。

● 模型的对象是变化量。放大电路工作时，放大的对象是变化量，所以小信号模型中所涉及的电压、电流都是变化量。因此，不能利用小信号模型来求静态工作点，或者利用它来计算某一时刻的电压和电流总值。

● BJT 的 H 参数与静态工作点有关。小信号模型虽然没有反映直流量，但小信号参数是根据 Q 点的电压、电流值求出的，所以它们实际上与 I_B、I_C、U_{CE} 等静态值是有关系的。它计算出来的结果反映了 Q 点附近的工作情况。

（2）共射放大电路的微变等效电路分析

① 画出微变等效电路。首先根据共射极基本放大电路的交流通路（图 2-12）画出微变等效电路，然后计算三极管等效电路中的参数 r_{be} 和 β。如图 2-22 所示，电路中的电压、电流方向均为参考方向。值得注意的是，电路中的电流和电压均为交流分量。

画出微变等效电路后，就可以根据分析线性电路的方法，列写出电路方程求解 A_u、R_i 和 R_o。

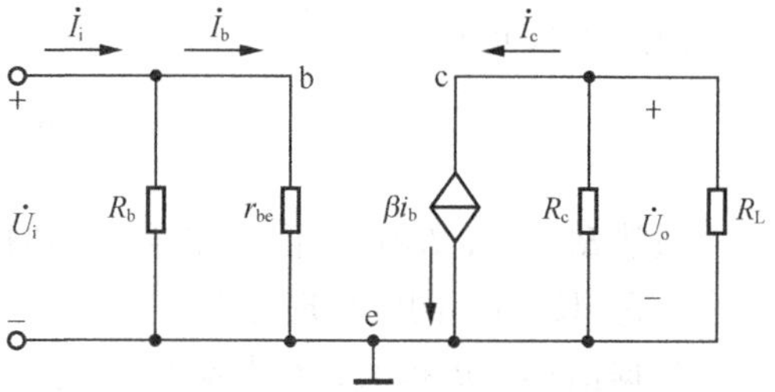

图 2-22 共射放大电路的微变等效电路

② 电压放大倍数 A_u。根据前述，电压放大倍数是放大电路的基本性能参数，它是输出电压与输入电压的变化量之比（一般用向量表示），即

$$\dot{A}_u = \frac{\dot{U}_o}{\dot{U}_i} \tag{2-31}$$

由图 2-22 可知

$$\dot{U}_i = \dot{I}_b r_{be}$$

$$\dot{U}_o = -\dot{I}_c R_L' = -\beta \dot{I}_b R_L'$$

式中：$R_L' = R_c \mathbin{//} R_L = \dfrac{R_c R_L}{R_c + R_L}$。

所以

$$\dot{A}_u = \frac{\dot{U}_o}{\dot{U}_i} = \frac{-\beta \dot{I}_b R_L'}{\dot{I}_b r_{be}} = -\beta \frac{R_L'}{r_{be}} \tag{2-32}$$

如果输出端未接负载，即 $R_L = \infty$，则

$$\dot{A}_u = \frac{\dot{U}_o}{\dot{U}_i} = -\beta \frac{R_c}{r_{be}} \tag{2-33}$$

式中的负号表示 u_i 与 u_o 反相。因 $R_L' < R_c$，故放大电路接负载 R_L 后，其电压放大倍数下降。

根据 A_u 的计算公式看出，A_u 与 R_c、R_L 有关，放大电路的负载电阻 R_L 往往是确定的，不能

任意选用。适当增大 R_c 可以提高 A_u 值。但 R_c 也不能太大,因 R_c 太大,电路易产生饱和失真。在低频小信号放大电路中,R_c 通常为几千欧至几十千欧。

A_u 还和 β、r_{be} 有关。选择 β 值较大的三极管似乎可以提高 A_u 值,但由式(2-30),当 I_E 为一定值的条件下,r_{be} 将随 β 的增大而增大,故选用 β 大的管子并不能有效地提高本级放大电路的电压放大倍数。

共射放大电路的输入电阻 $r_i \approx r_{be}$,β 增大,r_i 增大,可改善前级放大电路或信号源的工作性能。一般选用三极管的 β 值不宜超过 100 为宜。在对放大电路输入电阻 r_i 要求不高的场合,在 β 一定时,常采用适当增大 I_E,以降低 r_{be} 的有效方法,能使 A_u 在一定范围内得到明显提高。但是 I_E 也不能无限制地增大,I_E 太大,三极管工作点上移,电路易产生饱和失真,且电路的噪声和损耗增大。一般低频小信号放大电路中 I_E 约为几毫安。通常共射放大电路的电压放大倍数为几十倍至几百倍。

③ 输入电阻 R_i。对于信号源来说,放大电路相当于一个负载电阻。放大电路的输入电阻是从输入端看进去的等效电阻,定义为输入电压与输入电流的比值,用符号 R_i 表示,即

$$R_i = \frac{\dot{U}_i}{\dot{I}_i} \tag{2-34}$$

由图 2-22 可知

$$R_i = \frac{\dot{U}_i}{\dot{I}_i} = R_b /\!/ r_{be} \tag{2-35}$$

通常 $R_i \gg r_{be}$,$R_i \approx r_{be}$。但应注意,不要把放大电路的输入电阻 R_i 和三极管的输入电阻 r_{be} 混同起来,它们具有不同的物理意义。

根据前述,R_i 越大,I_i 就越小,u_i 就越接近于 u_s,则放大电路对信号源(电压源)的影响越小。因此,希望 R_i 大一些好。对于共发射极低频放大电路,r_{be} 为 1kΩ 左右,其输入电阻是不高的。

④ 输出电阻 R_o。对于负载(或后级放大电路),放大电路相当于一个电压的信号源 U',具有内阻 R_o。R_o 称为放大电路的输出电阻,是从放大电路输出端看进去的等效电阻。可以用加压求流法去求,将信号源短路($u_s = 0$),加入输出电压的条件下求得。由图 2-23 知,当 $u_s = 0$ 时,i_b 和 βi_b 也等于 0,相当于 βi_b 这条支路短路。所以放大电路的输出电阻为

$$R_o = R_c \tag{2-36}$$

R_o 一般为几千欧,因此共发射极放大电路的输出电阻是较高的。由于输出电阻 R_o 越小,由负载的变化而引起 u_o 的变化就越

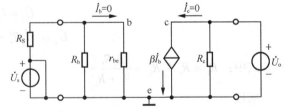

图 2-23 共射放大电路的微变等效电路

小,放大电路带负载的能力越强,对于放大电路的输出级,为使输出电压平稳,有较强的带负载能力,应使其输出电阻低一些。

【例 2-5】 电路如图 2-9 所示,已知三极管 $\beta = 100$,$V_{CC} = 12V$,$R_b = 470\text{kΩ}$,$R_c = 2\text{kΩ}$,$R_L = 2\text{kΩ}$。设 $U_i = \frac{20}{\sqrt{2}} \text{mV}$。求:

(1)静态工作点;

(2)接入 R_L 和不接 R_L 时的电压放大倍数及输出电压;

（3）输入电阻 R_i 和输出电阻 R_o。

解：（1）静态工作点

$$I_B = \frac{V_{CC} - U_{BE}}{R_B} = \frac{12 - 0.7}{470} = 24(\mu A)$$

$$I_C = \beta I_B = 100 \times 24 = 2400(\mu A) = 2.4mA$$

$$U_{CE} = V_{CC} - I_C \times R_C = 12 - 2.4 \times 2 = 7.2(V)$$

$$I_E \approx I_C = 2.4mA$$

（2）A_u、u_o

$$r_{be} = 300 + (1+\beta)\frac{26}{I_E} = 300 + 101 \times \frac{26}{2.4} = 1394.2(\Omega) \approx 1.4k\Omega$$

接 R_L 时，$A_u = -\beta\frac{R_L'}{r_{be}} = -100 \times \frac{1}{1.4} = -71.4$

式中：$R_L' = R_c // R_L = 1k\Omega$。

$$u_o = A_u u_i = (-71.4) \times \frac{0.02}{\sqrt{2}} = -1(V)$$

如不接 R_L，$A_u = -\beta\frac{R_c}{r_{be}} = -100 \times \frac{2}{1.4} = -142.8$

$$u_o = A_u u_i = (-142.8) \times \frac{0.02}{\sqrt{2}} = -2(V)$$

（3）R_i、R_o

$$R_i \approx r_{be} = 1.4k\Omega$$

$$R_o = R_c = 2k\Omega$$

6. 稳定静态工作点的方法

Q 点位置过高或过低都可能使信号产生失真，为了防止信号失真，合理设置静态工作点是保证三极管处于正常放大的先决条件。从上文电路的计算可以看出电压放大倍数、输入电阻和输出电阻等性能指标都与静态工作点的位置密切相关。

对于固定偏置共射放大电路，即使静态工作点 Q 的位置已经确定，在外界条件发生变化时，它也会不稳定。这样，就可能使原来合适的静态工作点移动成为不合适的而产生失真。因此，静态工作点的漂移，也限制了固定偏置式的放大电路应用。下面我们着重研究温度变化对固定偏置式放大电路参数的影响，并介绍能稳定静态工作点的放大电路。

（1）温度对静态工作点的影响

① 温度变化对反向饱和电流 I_{CBO} 的影响。I_{CBO} 是集电区和基区的少子在集电结反相电压的作用下形成的漂移电流，它随温度影响很大。温度每升高 8℃，硅管的 I_{CBO} 数值约增大一倍。温度每升高 12℃，锗管的 I_{CBO} 数值约增大一倍。

由于穿透电流 $I_{CEO} = (1+\overline{\beta})I_{CBO}$，故 I_{CEO} 将随温度更显著地上升，表现为三极管的输出特性曲线整个向上移动，从而使静态工作点 Q 也上移，对应地使集电极电流 I_C 增大。

② 温度变化对电流放大倍数 β 的影响。由于温度的升高，加快了注入基区的载流子的运动速度，减少了与基区中空穴复合的机会，故 β 增大。实践证明，温度每升高 1℃，β 值增加 0.5% ~ 1%，甚至有的时候可增加到 2%。相反温度下降时，β 值将减小。β 的增大在输出特性表现为曲线

间隔的增大，同样 β 的增大也会使静态工作点 Q 上移，集电极电流 I_C 增大。

③ 温度变化对发射结电压 U_{BE} 的影响。温度升高后，载流子运动加剧，U_{BE} 将减小。U_{BE} 随温度变化的规律和二极管正向压降随温度变化的规律一样，温度每升高 1℃，U_{BE} 约减小 2.5mV。在固定偏置式的共射放大电路中，由式 $I_B = \dfrac{V_{CC} - U_{BE}}{R_b}$ 可知，U_{BE} 的减小意味着 I_B 增大，即静态工作点 Q 上移，也就是说 I_C 将增大，三极管的输入特性曲线平行向左移动。

综上所述，当温度增加时，三极管的 I_{CBO}、β 和 U_{BE} 等参数改变的结果都将使 I_C 增大，工作点 Q 上移，可能导致三极管产生饱和失真；反之温度下降，则可能导致三极管的截止失真。因此，固定偏置式放大电路虽然结构简单，调试方便，但它本身没有自动调节 Q 点的能力，温度稳定性较差。

（2）分压式偏置共射极放大电路

分压式偏置共射极放大电路是一种稳定静态工作点的基本放大电路。它的偏置电路由电阻 R_{b1}、R_{b2}（称为分压电阻）和射极电阻 R_e 组成，常称为射极偏置电路或基极分压式偏置电路，如图 2-24 所示。

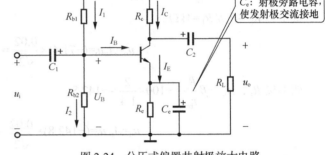

图 2-24　分压式偏置共射极放大电路

① 电路的基本特点。

• 利用 R_{b1} 和 R_{b2} 的分压作用固定基极电压 U_B。由图 2-24 可知，适当的 R_{b1} 和 R_{b2}，使

$$I_1 \gg I_B \tag{2-37}$$

则

$$I_1 = I_2 + I_B \approx I_2$$

$$U_B = I_2 R_{b2} = \frac{R_{b2}}{R_{b1} + R_{b2}} V_{CC} \tag{2-38}$$

式中：U_B 与三极管的参数无关，R_{b1}、R_{b2} 和 V_{CC} 都是固定的，不随温度变化，所以基极电压 U_B 基本上为一个固定值，且 I_2 越大于 I_B，越可认为 U_B 是固定的。

• 利用发射极电阻 R_e 产生反映 I_C 变化的电位，再引回到输入回路去控制 U_{BE}，实现 I_C 基本不变。

由图 2-24 可知，

$$U_{BE} = U_B - U_E = U_B - I_E R_e$$

又

$$I_C \approx I_E = \frac{U_B - U_{BE}}{R_e}$$

若

$$U_B \gg U_{BE} \tag{2-39}$$

可得

$$I_C \approx I_E \approx \frac{U_B}{R_e} \tag{2-40}$$

根据前述，U_B 是固定不变的，如 R_e 也不变，则 I_E 和 I_C 也能稳定不变。

由上可知，只要满足式（2-39）和式（2-40）两个条件，则 U_B、I_C 和 I_B 均与三极管的参数无关，不受温度变化的影响，保持静态工作点不变。

在估算（对于硅管）时，可取

$$I_2=(5～10)I_B$$

$$U_B=(5～10)U_{BE}$$

电路稳定静态工作点的过程是：

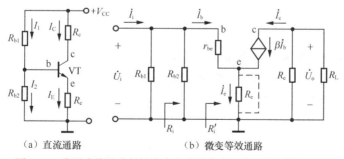

R_e 越大，稳定性能越好。但因 $U_E≈U_B$ 是固定不变的，R_e 大将使 $I_C≈I_E=\dfrac{U_E}{R_e}$ 变小，静态工作点位置下移，影响放大电路的正常工作。一般 R_e 为几百欧到几千欧。

② 静态工作点的估算。计算分压式偏置共射极放大电路的静态工作点宜从计算 U_B 入手。由图 2-25（a）所示的直流通路得出

$$U_B = \frac{R_{b2}}{R_{b1}+R_{b2}}V_{CC}$$

所以

$$I_C≈I_E=\frac{U_B-U_{BE}}{R_e}≈\frac{U_B}{R_e} \tag{2-41}$$

$$I_B=\frac{I_C}{\beta} \tag{2-42}$$

$$U_{CE}=V_{CC}-I_C R_c-I_E R_e≈V_{CC}-I_C(R_c+R_e) \tag{2-43}$$

③ 动态分析。分压式偏置共射极放大电路的微变等效电路如图 2-25（b）所示。

（a）直流通路　　　　（b）微变等效通路

图 2-25　分压式偏置共射极放大电路的直流通路和微变等效电路

- 求电压放大倍数 A_u。

由图 2-25（b）可知

$$\dot{U}_o = -\dot{I}_c(R_c /\!/ R_L) = -\dot{I}_c R_L' = -\beta \dot{I}_b R_L'$$

$$\dot{U}_i = \dot{I}_b r_{be} + \dot{I}_e R_e = \dot{I}_b r_{be} + (1+\beta)\dot{I}_b R_e$$

故

$$\dot{A}_u = \frac{\dot{U}_o}{\dot{U}_i} = \frac{-\beta \dot{I}_b R_L'}{\dot{I}_b r_{be} + (1+\beta)\dot{I}_b R_e} = -\beta \frac{R_L'}{r_{be} + (1+\beta)R_e} \qquad (2\text{-}44)$$

式（2-44）与固定偏置式共射放大电路的 A_u 计算式（2-32）相比，分母加了一项（$1+\beta$）R_e。所以，R_e 的接入虽然稳定了静态工作点，但是使电路的电压放大倍数却减小了许多。通常的补救措施就是在 R_e 两端并联一个大电容 C_e，如图 2-24 所示，该电容称为射极旁路电容。由于电容对直流通路可视为开路，所以 C_e 的接入对于静态工作点 Q 没有影响；而电容对交流可视为短路，在该电路的微变等效电路中 R_e 被短路了，如图 2-25（b）中虚线所示。C_e 的容量为几十微法至几百微法。由于 C_e 的作用，此时分压式偏置共射极放大电路的 A_u 计算公式和固定偏置电路的放大倍数完全相同，放大倍数没有减小。

● 求输入电阻 R_i。由图 2-25（b），先计算 R_i'，可得

$$R_i' = r_{be} + (1+\beta)R_e$$

故

$$R_i = R_i' \;//\; R_{b2} = [r_{be} + (1+\beta)R_e] \;//\; R_{b1} \;//\; R_{b2} \qquad (2\text{-}45)$$

由式可见，接入 R_e 后输入电阻增大了。

若并接了电容 C_e 后，则

$$R_i = r_{be} \;//\; R_{b1} \;//\; R_{b2} \qquad (2\text{-}46)$$

● 求输出电阻 R_o。根据之前对于输出电阻的定义，将图 2-25（b）电路中的 $\dot{U}_i$ 短路，得到图 2-26，则 $\dot{I}_b = 0$，$\beta \dot{I}_b = 0$，$\dot{I}_c = 0$，受控电流源开路，故

$$R_o = \frac{U}{I} = \frac{U}{I_c} = R_c \qquad (2\text{-}47)$$

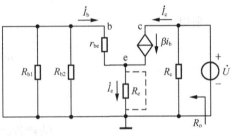

图 2-26　求射极偏置电路的输出电阻

【例 2-6】 电路如图 2-25 所示，$V_{CC}=12V$，$\beta=60$，$R_{b1}=75k\Omega$，$R_{b2}=25k\Omega$，$R_c=2k\Omega$，$R_L=2k\Omega$，$R_e=1k\Omega$，信号源内阻 $R_s=2k\Omega$，试计算：

（1）静态工作点；

（2）画出电路的微变等效电路；

（3）不考虑信号源内阻 R_s 时的电压放大倍数；

（4）考虑信号源内阻 R_s 时，输出电阻 R_o 对信号源 U_s 的电压放大倍数；

（5）输入电阻 R_i 和输出电阻 R_o。

解：（1）静态工作点

$$U_B = \frac{R_{b2}}{R_{b1}+R_{b2}}V_{CC} = \frac{25}{75+25}\times12 = 3(V)$$

$$I_C \approx I_E = \frac{U_B + U_{BE}}{R_e} = \frac{3-0.7}{1} = 2.3(mA)$$

$$U_{CE} \approx V_{CC} - I_C(R_c + R_e) = 12 - 2.3\times(2+1) = 5.1(V)$$

$$I_B = I_C/\beta = 2.3 \div 60 = 0.038(mA) = 38\mu A$$

（2）微变等效电路如图 2-27 所示。

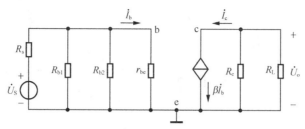

图 2-27　微变等效电路

（3）不考虑 R_s 时的电压放大倍数

$$R'_L=R_c \mathbin{/\mkern-5mu/} R_L=2 \mathbin{/\mkern-5mu/} 2=1\text{k}\Omega$$

$$r_{be}=300+(1+\beta)\frac{26}{I_E}=300+61\times\frac{26}{2.3}=989.57(\Omega)\approx 1\text{k}\Omega$$

所以

$$\dot{A}_u=-\beta\frac{R'_L}{r_{be}}=-60\times\frac{1}{1}=-60$$

（4）考虑信号源内阻 R_s 时

$$\dot{A}_{us}=\frac{\dot{U}_o}{\dot{U}_s}=\frac{R_i}{R_s+R_i}\dot{A}_u$$

将 $R_i \approx r_{be}=1\text{k}\Omega$ 代入上式，则

$$\dot{A}_{us}=\frac{\dot{U}_o}{\dot{U}_s}=A_{us}=\frac{1}{1+2}\times(-60)=-20$$

（5）输入电阻 R_i 和输出电阻 R_o

$$R_i=r_{be} \mathbin{/\mkern-5mu/} R_{b1} \mathbin{/\mkern-5mu/} R_{b2}=75 \mathbin{/\mkern-5mu/} 25 \mathbin{/\mkern-5mu/} 1=0.95\text{k}\Omega$$

$$r_{be}=R_c=2\text{k}\Omega$$

2.3　共集电极放大电路和共基极放大电路

1.　共集电极放大电路

根据前面所述，我们知道，由放大电路的交流通路中输入、输出回路的公共端与三极管三个电极连接方式的不同，放大电路有共射极、共基极和共集电极三种基本电路（组态、连接方式），前面分析了共射极电路，本节对共集电极电路予以讨论。

（1）电路结构

图 2-28（a）所示为共集电极放大电路，也是基本放大电路一种组态。交流通路如图 2-28（b）所示。从图中可以看出，基极是信号的输入端，发射极是输出端，集电极是输入、输出回路的公共端，所以是共集电极电路。这种电路结构的特点是发射极电路中接有电阻 R_e，而集电极则直接接到电源 V_{CC} 上。由于 V_{CC} 在交流通路中等效接地，输出电压从发射极（对地）取出，故又称为射极输出器。

（2）静态工作点的估算

由图 2-28（a）可知

$$V_{CC} = I_B R_b + U_{BE} + I_E R_e = I_B R_b + U_{BE} + (1+\beta) I_B R_e$$

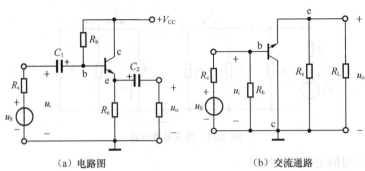

（a）电路图　　　　　　（b）交流通路

图 2-28　共集电极电路

于是

$$I_B = \frac{V_{CC} - U_{BE}}{R_b + (1+\beta)R_e} \approx \frac{V_{CC}}{R_b + (1+\beta)R_e} \qquad (2\text{-}48)$$

$$I_C = \beta I_B \approx I_E \qquad (2\text{-}49)$$

$$U_{CE} = V_{CC} - I_E R_e \approx V_{CC} - I_C R_e \qquad (2\text{-}50)$$

（3）动态分析

由图 2-28（b）所示的交流通路，画出的共集电极
电路的小信号模型电路如图 2-29 所示。

① 电压放大倍数 $\dot{A}_u$。

$$\dot{U}_i = \dot{I}_b r_{be} + \dot{I}_e R'_L = \dot{I}_b r_{be} + (1+\beta) \dot{I}_b R'_L = \dot{I}_b \left[r_{be} + (1+\beta) R'_L \right]$$

$$\dot{U}_o = \dot{I}_e R'_L = \dot{I}_b (1+\beta) R'_L \ (R'_L = R_e /\!/ R_L)\text{。}$$

故得

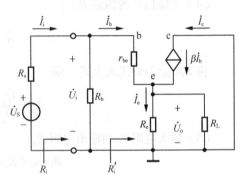

$$\dot{A}_u = \frac{\dot{U}_o}{\dot{U}_i} = \frac{\dot{I}_b (1+\beta) R'_L}{\dot{I}_b [r_{be} + (1+\beta) R'_L]} = \frac{(1+\beta) R'_L}{r_{be} + (1+\beta) R'_L}$$

图 2-29　共集电极的微变等效电路

$$\approx \frac{\beta R'_L}{r_{be} + \beta R'_L} < 1 \qquad (2\text{-}51)$$

如不接 R_L，则

$$\dot{A}_u = \frac{(1+\beta) R_e}{r_{be} + (1+\beta) R_e} \approx \frac{\beta R_e}{r_{be} + \beta R_e} < 1 \qquad (2\text{-}52)$$

通常 $(1+\beta) R_L$ 远大于 r_{be}，故 $\dot{A}_u$ 小于 1 但近似等于 1，即 $\dot{U}_o$ 略小于 $\dot{U}_i$，电路没有电压放大作用。
但因 $\dot{I}_e = (1+\beta) \dot{I}_b$，故电路有电流放大和功率放大作用。此外，因 $\dot{U}_o$ 跟随 $\dot{U}_i$ 变化，故这个电路又
称为射极跟随器。

② 输入电阻 R_i。电路的输入电阻 $R_i = R_b /\!/ R'_i$，式中：$R'_i = \dfrac{\dot{U}_i}{\dot{I}_b}$。

因 $\dot{U}_i = \dot{I}_b r_{be} + \dot{I}_e R'_L = \dot{I}_b r_{be} + (1+\beta) \dot{I}_b R'_L = \dot{I}_b \left[r_{be} + (1+\beta) R'_L \right]$，$R'_L = R_e /\!/ R_L$，故
利用 $R'_i = r_{be} + (1+\beta) R'_L$ 得

$$R_i = R_b /\!/ R'_i = R_b /\!/ \left[r_{be} + (1+\beta) R'_L \right] \qquad (2\text{-}53)$$

通常 $(1+\beta)R'_L$ 远大于 r_{be}，故

$$R_i \approx R_b // (1+\beta)R'_L \qquad (2\text{-}54)$$

如不接 R_L，则

$$R_i = R_b // \left[r_{be} + (1+\beta)R_e \right] \approx R_b // (1+\beta)R_e \qquad (2\text{-}55)$$

可见，共集电极放大电路的输入电阻要比共发射极放大电路的输入电阻大得多，可以达到几十千欧到几百千欧。

③ 输出电阻 R_o。做出计算输出电阻的电路如图 2-30 所示，由图可知

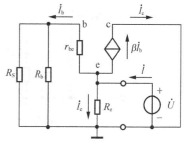

图 2-30　计算共集电极电路输出电阻

$$\dot{I} = \dot{I}_b + \dot{I}_c + \dot{I}_e = (1+\beta)\dot{I}_b + \dot{I}_e = (1+\beta)\frac{\dot{U}}{r_{be}+R'_s} + \frac{\dot{U}}{\dot{I}}$$

式中：$R'_s = R_b // R_s$。

故得

$$R_o = \frac{\dot{U}}{\dot{I}} = \frac{1}{\dfrac{1}{R_e} + 1 / \dfrac{r_{be}+R'_s}{1+\beta}} = R_e // \left(\frac{r_{be}+R'_s}{1+\beta} \right) \qquad (2\text{-}56)$$

通常 R_e 远大于 $\left(\dfrac{r_{be}+R'_s}{1+\beta} \right)$，故

$$R_e \approx \left(\frac{r_{be}+R'_s}{1+\beta} \right) = \frac{r_{be}+(R_s // R_b)}{1+\beta} \qquad (2\text{-}57)$$

一般信号源内阻 R_s 和三极管的输入电阻 r_{be} 都很小，而管子的 β 值一般较大，所以，共集电极电路的输出电阻比共发射极电路的输出电阻小很多，一般都只有几十欧左右。

（4）共集电极放大电路的特点和应用如下。

射极跟随器的输入电阻大；输出电阻小；电压放大倍数小于 1 而接近于 1；输出电压与输入电压相位相同；虽然无电压放大作用，但仍有电流和功率放大作用；这些特点使它在电子电路中获得了广泛应用。

作为多极放大电路的输入极。输入电阻大，可使输入到放大电路的信号电压基本上等于信号源电压。因此常用在测量电压的电子仪器中作为输入级。

作为多级放大电路的输出级。输出电阻小，提高了放大电路的带负载能力，故常用于负载电阻较小和负载变动较大放大电路的输出级。如在互补型功率放大电路中获得广泛应用。

作为多级放大电路的缓冲级。将射极输出器接在两级放大电路之间，利用其输入电阻大、输出电阻小的特点，可做阻抗变换用，在两级放大电路中间起缓冲作用。

2. 共基极放大电路

图 2-31 所示为共基极放大电路，R_{b1}、R_{b2} 为基极偏置电阻，R_c 为集电极电阻，合理选择 R_{b1}、R_{b2} 可以保证三极管有合适的静态工作点。由交流通路可见，输入信号 u_i 从 e、b 极输入，从 c、b 极输出，故 b 极是电路的公共端。

（1）静态工作点

将 C_1、C_2、C_b 看成开路，可画出直流通路。由直流通路得

$$U_{\mathrm{B}} = \frac{R_{\mathrm{b2}}}{R_{\mathrm{b1}} + R_{\mathrm{b2}}} V_{\mathrm{CC}} \tag{2-58}$$

$$I_{\mathrm{EQ}} = \frac{U_{\mathrm{E}}}{R_{\mathrm{e}}} = \frac{U_{\mathrm{B}} - U_{\mathrm{BE}}}{R_{\mathrm{e}}} \tag{2-59}$$

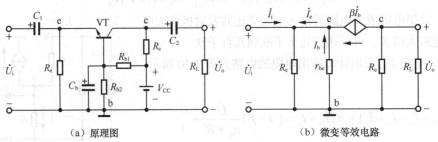

（a）原理图 　　　　　　　　（b）微变等效电路

图 2-31　共基极放大器

一般 U_{B} 远大于 U_{BE}，故

$$I_{\mathrm{CQ}} \approx I_{\mathrm{EQ}} \approx \frac{U_{\mathrm{B}}}{R_{\mathrm{e}}} \tag{2-60}$$

$$I_{\mathrm{BQ}} = \frac{I_{\mathrm{CQ}}}{\beta}$$

$$U_{\mathrm{CEQ}} = V_{\mathrm{CC}} - I_{\mathrm{CQ}} R_{\mathrm{c}} - I_{\mathrm{EQ}} R_{\mathrm{e}} = V_{\mathrm{CC}} - I_{\mathrm{CQ}}(R_{\mathrm{c}} + R_{\mathrm{e}}) \tag{2-61}$$

（2）电压放大倍数

从图 2-31 所示的微变等效电路得

$$\dot{U}_{\mathrm{o}} = -\dot{I}_{\mathrm{c}}(R_{\mathrm{c}} /\!/ R_{\mathrm{L}}) = -\dot{I}_{\mathrm{c}} R_{\mathrm{L}}'$$

$$\dot{U}_{\mathrm{i}} = -\dot{I}_{\mathrm{b}} r_{\mathrm{be}}$$

$$\dot{A}_{u} = \frac{\dot{U}_{\mathrm{o}}}{\dot{U}_{\mathrm{i}}} = \frac{-\dot{I}_{\mathrm{c}} R_{\mathrm{L}}'}{-\dot{I}_{\mathrm{b}} r_{\mathrm{be}}} = \frac{\beta R_{\mathrm{L}}'}{r_{\mathrm{be}}} \tag{2-62}$$

可见，共基极电路与共发射极电路的电压放大倍数在数值上相同，而相位也相同。

（3）输入和输出电阻

由于

$$r_{\mathrm{i}}' = \frac{\dot{U}_{\mathrm{i}}}{-\dot{I}_{\mathrm{e}}} = \frac{-\dot{I}_{\mathrm{b}} r_{\mathrm{be}}}{-(1+\beta)\dot{I}_{\mathrm{b}}} = \frac{r_{\mathrm{be}}}{1+\beta}$$

所以输入电阻

$$r_{\mathrm{i}} = R_{\mathrm{e}} /\!/ r_{\mathrm{i}}' = R_{\mathrm{e}} /\!/ \frac{r_{\mathrm{be}}}{1+\beta} \tag{2-63}$$

由上式可见，共基极电路的输入电阻比共发射极电路的输入电阻低，一般为几欧姆至十几欧姆。

输出电阻： $\qquad\qquad\qquad\qquad R_{\mathrm{o}} = R_{\mathrm{c}} \tag{2-64}$

共基极电路具有频率响应特性好的优点，它广泛用于高频电路，如无线电、通信方面。

3．三极管放大器 3 种组态比较

三极管的 3 种组态放大电路接法不同，但是三极管都是工作在放大状态：即三极管的发射结

加正向偏置电压，集电结加反向偏置电压。由于输入和输出信号的公共端不同，交流信号在放大过程中的流通途径不相同，从而导致放大电路的性能也有所不同。在组成多级放大电路或低频、高频电路时，应根据具体情况选用合适的电路。表 2-2 列出了共发射极、共集电极、共基极 3 种组态电路的各项性能和用途。

表 2-2　　　　　　　　　　　　　　　　　3 种组态电路

组态 参数	共发射极放大电路	共集电极放大电路	共基极放大电路
电路图	 		
电压放大倍数 A_u	$-\dfrac{\beta R_L'}{r_{re}}$	$\dfrac{(1+\beta)R_L'}{r_{be}+(1+\beta)R_L'}$	$\dfrac{\beta R_L'}{r_{be}}$
输入电阻 r_i	$R_b // r_{be}$	$R_b // [r_{be}+(1+\beta)R_L']$	$R_e // \dfrac{r_{be}}{1+\beta}$
输出电阻 r_o	R_c	$R_e // \left(\dfrac{r_{be}+R_b // R_s}{1+\beta}\right)$	R_c
u_o 与 u_i 的相位关系	反相	同相	同相
用途	高频特性差，低频放大和多级放大器中间级	高频特性好，多级放大电路的输入级、输出级和中间缓冲级	高频特性好，高频放大电路、宽频带电路和恒流源电路

2.4　场效应管

场效应管（Field Effect Transistor，FET）是一种利用电场效应来控制其电流大小的半导体器件，它仅靠多数载流子参与导电，因此又称为单极型晶体管。场效应管不仅具有体积小、质量轻、低功耗、寿命长等特点，而且还有输入阻抗高、热稳定性好、噪声低、抗辐射能力强和制造工艺简单等特点，所以应用范围很广泛，特别是在大规模和超大规模集成电路中得到了广泛应用。

场效应管是一种电压控制型器件。根据结构的不同，场效应管可以分为两类：结型场效应管（Junction FET，JFET）和金属-氧化物-半导体场效应管（Metal Oxide Semiconductor FET，MOSFET）。

1. 结型场效应管

（1）结型场效应管的结构

结型场效应管有 N 沟道和 P 沟道两种类型。

图 2-32（a）所示是 N 沟道结型场效应管的结构示意图，在一块 N 型半导体的两侧，各制成

一个高掺杂的 P 区，形成两个 PN 结，即耗尽层。耗尽层几乎没有载流子，不能导电。将两侧的 P 区引出两个电极并联在一起，称为栅极（g），用以控制载流子的流通数量，对应于三极管的基极。在 N 型半导体两端各引出一个电极，分别称为源极（s）和漏极（d），源极是载流子的发源处，漏极是载流子的泄漏处，分别对应于双极性三极管的发射极和集电极。所以，这种结构形式的器件称为 N 沟道型结型场效应管，其电路符号和结构示意图如图 2-32（b）所示，箭头的方向表示沟道的类型，总是由 P 区指向 N 区，故 N 沟道的箭头指向内部。

同样在一块 P 型半导体的两边各扩散一个高杂质浓度的 N 区，就可以制成一个 P 沟道的结型场效应管。图 2-33 给出了这种管子的结构示意图和电路符号。导电沟道是 P 区，栅极由 N 区引出。

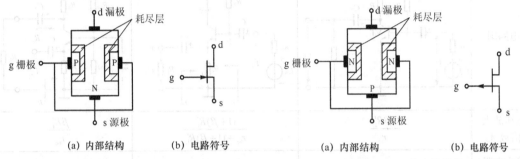

图 2-32 N 沟道结型场效应管内部结构及电路符号   图 2-33 P 沟道结型场效应管内部结构及电路符号

（2）N 沟道结型场效应管的工作原理和特性曲线

N 沟道结型场效应管在漏极 d 和源极 s 之间加正向电压，即 $u_{DS}>0$，这时 N 沟道中的多数载流子电子在电场的作用下，由源极向漏极漂移，形成漏极电流 i_D。为了控制漏极电流，在栅极 g 和源极 s 之间加反向电压，即 $u_{GS}<0$，当 u_{GS} 变化时，漏极电流 i_D 就会随之变化；由于 $u_{GS}<0$，使栅极与沟道间的两个 PN 结均反向偏置，栅极电流 $i_G \approx 0$，结型场效应管呈现高达 $10^7\Omega$ 以上的输入电阻。

分析结型场效应管的工作原理，主要是分析输入电压（u_{GS}）对输出电流（i_D）的控制作用；而输出电流 i_D 的大小主要取决于导电沟道的电阻。在一定的 u_{DS} 下，沟道电阻越大，漏极电流则越小。下面就影响输出电流的两个方面进行讨论。

① u_{GS} 对导电沟道的影响。为了便于讨论，先假设 $u_{DS}=0$，不考虑它对沟道的影响。

当 $u_{GS}=0$ 时，两个 PN 结的耗尽层（即耗尽区）均很薄，导电沟道很宽，沟道电阻小，如图 2-34（a）所示。

当 u_{GS} 由零值向负值变化时（$u_{GS}<0$），两个 PN 结的耗尽层将加宽，沟道电阻增大，如图 2-34（b）所示。

当 u_{GS} 继续向负值变化到一定值时，两侧耗尽层将在中间合拢，导电沟道消失，这种情况称为"夹断"，如图 2-34（c）所示。导电沟道刚发生夹断时的栅源电压称为"夹断电压"，记作 $U_{GS(off)}$。发生夹断后的沟道电阻为无穷大，即使加上 u_{DS}（漏源极间外接直流电源 V_{DD}），i_D 也始终为 0。

上述分析表明，结型场效应管是利用 PN 结上外加电压 u_{GS} 所产生的电场效应来改变耗尽层的宽窄，从而改变导电沟道的电阻，达到控制漏极电流的目的。这就是结型场效应管名称的由来。

② u_{DS} 对导电沟道的影响。在讨论 u_{DS} 对导电沟道（即 i_D）的影响时，同时作出结型场效应管的输出特性曲线，它是在栅源电压 u_{GS} 一定的情况下，漏极电流 i_D 与漏源电压 u_{DS} 之间的关系曲线 $i_D = f(u_{DS})|_{u_{GS}=常数}$，和三极管类似，该特性也是一簇曲线。具体分析如下。

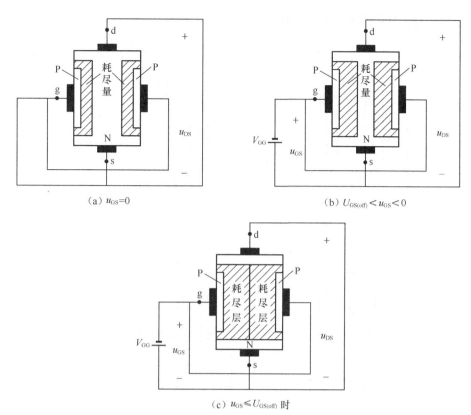

(a) $u_{GS}=0$

(b) $U_{GS(off)}<u_{GS}<0$

(c) $u_{GS} \leqslant U_{GS(off)}$ 时

图 2-34 $u_{DS}=0$ 时，栅源电压 u_{GS} 改变对导电沟道的影响

首先讨论 $u_{GS}=0$ 时的情况。

当 $i_D=0$ 时，导电沟道很宽，如图 2-35（a）所示。

当 $0<u_{DS}<|U_{GS(off)}|$ 时，有电流 i_D 沿导电沟道从漏极流至源极。由于沟道电阻的存在，将产生一个自漏极至源极方向的压降，使栅极与沟道中各点的电压不再相等，也就是说，加在 PN 结上的反向电压沿沟道方向不再相等，在漏极端处为最大，其值为 $|u_{GD}|$（$u_{GD}=u_{GS}-u_{DS}$，$u_{GS}=0$ 时，$|u_{GD}|=u_{DS}$），而在源极端处为最小，其值为 $|u_{GS}|$，这就使得耗尽层从漏极端至源极端逐渐变窄，导电沟道则是从漏极端至源极端逐渐变宽，呈楔形分布，如图 2-35（b）所示。不过，当 u_{DS} 从零值增大但数值很小时，导电沟道不等宽的情况变化不明显，沟道电阻基本为定值，因而 i_D 随 u_{DS} 几乎成正比增大，输出特性曲线呈线性上升，如图 2-36 所示中可变电阻区。

随着 u_{DS} 继续增大，则两个 PN 结的耗尽层不断加宽，当 u_{DS} 增大到 $|U_{GS(off)}|$ 值时，两边的耗尽层在漏极附近的 A 点相遇，这种情况称为预夹断，这时的称为饱和漏电流 I_{DSS}，它是 $u_{GS}=0$ 时对应沟道夹断时的漏极电流，如图 2-35（c）所示，导电沟道在 A 点预夹断后，若仍然增大 u_{DS}，夹断区将向源极方向延伸，如图 2-35（d）所示。由于夹断区的电阻比导电沟道大得多，所以 u_{DS} 大于 $|U_{GS(off)}|$ 的部分几乎全部降落在夹断区，使夹断区内有很强的电场。电子在沟道内电场的作用下从源极向漏极方向漂移，当临近夹断点时，就会被夹断区内的强电场拉过夹断区，到达漏极，所以，在预夹断后的 i_D 并不等于零。

若 u_{DS} 继续增大，过强的电场会使栅漏极间 PN 结发生击穿，致使 i_D 急剧上升，输出特性曲线如图 2-36 所示。发生击穿后的管子不能正常工作，甚至很快被烧毁，因此 u_{DS} 有一个最高限值，以免管子发生击穿，该值称为漏源击穿电压，记作 $U_{(BR)DS}$。

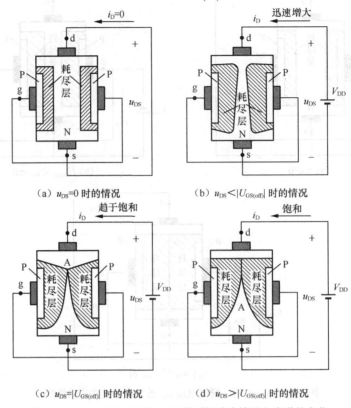

（a）$u_{DS}=0$ 时的情况   （b）$u_{DS}<|U_{GS(off)}|$ 时的情况

（c）$u_{DS}=|U_{GS(off)}|$ 时的情况   （d）$u_{DS}>|U_{GS(off)}|$ 时的情况

图 2-35 $u_{GS}=0$ 时，改变 u_{DS} 时结型场效应管导电沟道的变化

当 u_{GS} 由零值变为负值时，输出特性曲线的形状与上述 $u_{DS}=0$ 时的情况大体相同，但由于栅源电压 u_{GS} 越负，耗尽层越宽，沟道电阻将越大，在同样的 u_{DS} 作用下，i_D 将减小，即输出特性曲线将下移。u_{GS} 越小，曲线下移得越多。所以，改变栅源电压可以得到 u_{GS} 一簇输出特性曲线。

③ 输出特性曲线。根据管子的工作状态，可以将输出特性曲线分为 4 个区域，如图 2-36 所示。

● 可变电阻区。输出特性曲线中，虚线左边的区域为可变电阻区，它是 u_{DS} 较小，管子尚未预夹断时的工作区域。虚线处为不同 u_{GS} 时预夹断点的轨迹，故虚线上各点 $u_{GD}=U_{GS(off)}$，即

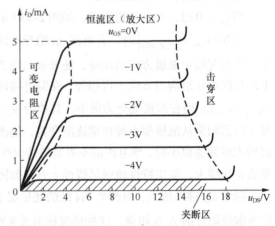

图 2-36 N 沟道 JFET 的输出特性曲线

$u_{GS}-u_{DS}=U_{GS(off)}$。该工作区 i_D 几乎与 u_{DS} 呈线性关系，管子相当于线性电阻；改变 u_{GS} 时，特性曲线斜率变化，因此管子漏极与源极之间可以看成一个由 u_{GS} 控制的线性可变电阻区，即压控电阻。u_{GS} 越小，特性曲线斜率越小，等效电阻越大。图 2-35（a）所示的结型场效应管是工作在可变电阻区。

● 恒流区。输出特性曲线中，近似水平的部分称为恒流区（也称饱和区），它是结型场效应管预夹断后所对应的工作区域。由上述可知，该工作区的特点是：i_D 基本不随 u_{DS} 变化，仅取决于 u_{GS}，故特性曲线是一簇近乎平行于 u_{DS} 轴的水平线。该区域是结型场效应管的线性放大区，结型

场效应管用于放大时工作在这个区域。图 2-35（c）、（d）所示的结型场效应管是工作在恒流区。

● 击穿区。输出特性曲线中，上翘部分称为击穿区，发生击穿的条件如前述，即 $u_{DS} > U_{(BR)DS}$，管子不允许工作在这个区域。

● 截止区。输出特性曲线中靠近横轴的部分称为截止区（也称为夹断区），它是发生在 $u_{GS} \leqslant U_{GS(off)}$ 时，管子的导电沟道完全被夹断，$i_D \approx 0$。

④ 转移特性曲线。转移特性曲线是指结型场效应管的漏源电压 u_{DS} 一定时，输出电流 i_D 与输入电压 u_{GS} 的关系曲线，即 $i_D = f(u_{GS})\big|_{u_{DS}=常数}$。

如图 2-37 所示可见 u_{GS} 对 i_D 的控制作用。当 u_{DS} 为确定值，u_{GS} 由零向负方向变化，i_D 将减小。$u_{GS} = |U_{GS(off)}|$ 时，$i_D = 0$，此电压便是夹断电压。当 $u_{GS} = 0$ 时，漏极电流最大，称为饱和漏电流，用 I_{DSS} 来表示。实验证明，在 $-U_{GS(off)} \leqslant u_{DS} \leqslant U_{(BR)DS}$，$U_{GS(off)} \leqslant u_{GS} \leqslant 0$ 的范围内，漏极电流与栅源电压的关系可用肖克利方程表示：

$$i_D = I_{DSS}\left(1 - \frac{u_{GS}}{U_{GS(off)}}\right)^2 \qquad (2\text{-}65)$$

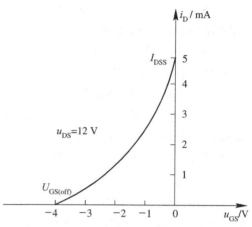

图 2-37　N 沟道 JFET 的转移特性曲线

由上式可以看出，只要知道 I_{DSS} 和 u_{GS}（器件手册上给定）便可以确定 i_D 和 u_{GS} 之间的关系。

（3）P 沟道结型场效应管的工作原理和特性曲线

P 沟道结型场效应管的电路图如图 2-38 所示，对于 P 沟道元件，沟道受限于栅极和源极之间所加负电压 U_{DS}，夹断电压 U_{GS} 为正值，除所加电压极性和电流方向不同外，其工作原理同 N 沟道结型场效应管。图 2-39 所示为 P 沟道结型场效应管特性曲线，同样分为 4 个工作区域，式（2-65）同样适用于 P 沟道结型场效应管。转移特性曲线同 N 沟道 JFET 呈镜像关系，见表 2-3。

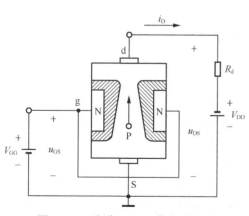

图 2-38　P 沟道 JFET 工作电路图

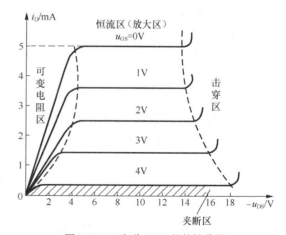

图 2-39　P 沟道 JFET 的特性曲线

2. 绝缘栅型场效应管

结型场效应管的输入电阻可高达 $10^6 \sim 10^9 \Omega$，这个电阻的实质是 PN 结的反向电阻。由于输入回路 PN 结反向偏置时总会有一些反向电流（栅极电流）存在，这就限制了输入电阻的进一步提高，而且当温度升高时，反向电流随着增大，输入电阻还要显著下降，故结型场效应管仍不能满足某些场合的要求。

与结型场效应管不同的是，金属-氧化物-半导体场效应管的栅极被绝缘层（SiO_2）隔离，故称为绝缘栅型场效应管，简称 MOSFET。所以它的输入电阻可达 $10^9\Omega$ 以上，而且具有不受温度影响、便于高密度集成等优点，更适合于制造大规模和超大规模集成电路，在数字电路中广泛应用。MOSFET 有 PMOS、NMOS 及 CMOS（互补）等多种类型，这种场效应管已成为大规模数字电路的结构基础。而我们常见的 VMOS 场效应管则是一种功率场效应管。

MOS 场效应管按照导电沟道可以分为 N 沟道和 P 沟道，其中每一类又可以分为增强型和耗尽型两种。下面首先讨论增强型 MOS 场效应管的工作原理，然后介绍耗尽型 MOS 场效应管。

（1）N 沟道增强型 MOS 场效应管

① N 沟道增强型 MOS 场效应管的结构和符号。图 2-40（a）所示为 N 沟道增强型 MOSFET（简称增强型 NMOSFET）的结构示意图，它是用一块掺杂浓度较低的 P 型硅片作为衬底，利用扩散工艺的方法在 P 型硅半导体中形成两个高掺杂的 N^+ 区，并用金属铝引出两个电极作为源极 S 和漏极 D，然后在硅片表面覆盖一层很薄的二氧化硅绝缘层，在漏源极之间的绝缘层上再制造一层金属铝作为栅极 G，另外从衬底引出衬底引线 B，衬底 B 通常在管内和源极 S 连在一起。可见，MOSFET 的栅极与源极、漏极之间均无电接触，故称为绝缘栅型场效应管。其电路符号如图 2-40（b）所示，漏极与源极间有三段短线，表示管子的原始沟道（即 $u_{GS}=0$ 时）是不存在的，为增强型管。垂直于沟道的箭头表示导电沟道的类型，箭头由 P 区指向 N 区。

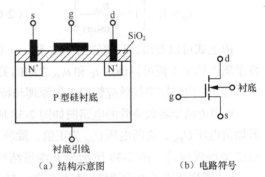

（a）结构示意图　　　　（b）电路符号

图 2-40　N 沟道增强型绝缘栅场效应管

② N 沟道增强型 MOS 场效应管的工作原理。工作时，增强型 NMOSFET 的栅源电压 u_{GS} 和漏源电压 u_{DS} 均为正向电压。

当 $u_{GS}=0$ 时，漏、源极间无原始导电沟道，是两个反向的 PN 结，故即使加上 u_{DS}，也无漏极电流（$i_D=0$）。

当 $u_{GS}>0$ 时，且 u_{GS} 较小时，在 u_{GS} 的作用下，栅极下面的二氧化硅产生了一个由栅极指向 P 型衬底的电场，由于绝缘层很薄，加上几伏的栅源电压 u_{GS}，便可产生高达 $10^5 \sim 10^6 V/cm$ 数量级的强电场。这个电场排斥栅极附近的 P 型衬底中的空穴（多子），留下不能移动的负离子，形成耗尽层；同时 P 型衬底中的电子（少子）也被吸引到衬底表面，但由于 u_{GS} 较小，吸引电子的电场不强，故在漏、源极间尚无导电沟道出现，即使 $u_{DS}>0$，仍然是 $i_D\approx0$。

若 u_{GS} 继续增大，则吸引到衬底表面的电子增多，在栅极附近的 P 型衬底表面形成一个 N 型薄层，由于它的导电类型与 P 型衬底相反，故称为反型层，它将两个区 N^+ 相连，于是在漏、源极间形成了 N 型导电沟道。这时若有 $u_{DS}>0$，就会有漏极电流 i_D 产生。开始形成导电沟道时的 u_{GS} 称为开启电压，用 $U_{GS(th)}$ 表示。

显然，u_{GS} 增加越多，吸引到 P 型硅表面的电子就越多，反型层越厚，即导电沟道越宽，沟道电阻越小，在同样的 u_{DS} 作用下，i_D 就越大，这就是 MOSFET 的控制原理。它是利用外加电压

u_{GS} 来控制半导体表面的金属-二氧化硅中的电场效应，改变反型层厚薄来控制 i_D 大小的。$u_{GS}=0$ 时没有导电沟道，$u_{GS} \geq U_{GS(th)}$ 后才有导电沟道。

导电沟道形成后，在 u_{DS} 的作用下（$u_{DS}>0$），沟道变化情况与结型场效应管类似。漏极电流沿沟道从漏极向源极产生电压降，使栅极与沟道内各点的电压不再相等。栅、漏极之间的电压 $u_{GD}=u_{GS}-u_{DS}$ 将小于栅源电压 u_{GS}，漏极附近的电场减弱，反型层变薄，使沟道变为楔形。不过当 u_{DS} 较小时，沟道不均匀性不明显，这时只要 u_{GS} 一定，沟道电阻也基本一定，所以漏极电流 i_D 随 u_{DS} 成正比变化，输出特性曲线呈上升。当 u_{DS} 进一步增加，沟道不均匀加剧，当 $u_{DS}=U_{GS(th)}$ 时，沟道在漏极附近被夹断，在漏极附近的反型层首先消失，继续增加 u_{DS}，使夹断区朝源极方向延伸。和结型场效应管一样，沟道被夹断后，i_D 不再随 u_{DS} 变化，而是趋于饱和，其输出特性如图 2-41（b）所示。

③ N 沟道增强型 MOS 场效应管的特性曲线。由图 2-41（b）所示，增强型 NMOS 场效应管的输出特性曲线与结型场效应管的输出特性曲线一样，也可分为 4 个区域：可变电阻区、恒流区、击穿区和截止区。

增强型 NMOSFET 的转移特性曲线如图 2-41（a）所示。

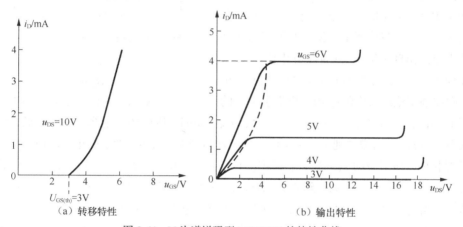

图 2-41　N 沟道增强型 MOSFET 的特性曲线

在恒流区内，增强型 NMOSFET 的转移特性可近似表示为

$$i_D=I_{DO}(u_{GS}/U_{GS(th)}-1)^2 \tag{2-66}$$

式中：I_{DO} 是可根据器件手册中特性曲线上特定点（$U_{GS(on)}$，$I_{D(on)}$）和 $U_{GS(th)}$ 确定，即 $I_{DO}=I_{D(on)}/(U_{GS(on)}/U_{GS(th)}-1)^2$。

（2）P 沟道增强型 MOS 场效应管

图 2-42 所示为 P 沟道增强型 MOSFET 的构造，正好与 N 沟道增强型 MOSFET 相反，即 N 型衬底和 P 型掺杂区与漏极和源极相连。引出电极相同，电压极性和电流方向相反。特性曲线如图 2-43（b）所示，随着 U_{GS} 不断减小，导致漏极电流增加。转移曲线如图 2-43（a）所示，同图 2-41（a）镜像，式（2-66）同样适用于 P 沟道增强型 MOSFET。

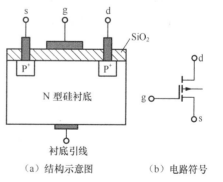

（a）结构示意图　（b）电路符号

图 2-42　P 沟道增强型 MOSFET

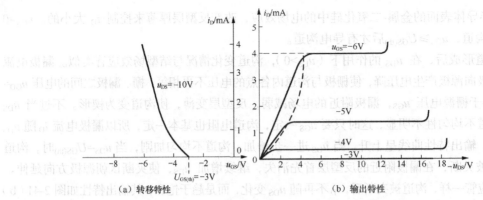

图 2-43　P 沟道增强型 MOSFET 的特性曲线

（3）N 沟道耗尽型 MOS 场效应管

N 沟道耗尽型 MOSFET 的结构示意图及电路符号如图 2-44 所示，它的结构基本上和增强型相同，主要区别在于这类管子在制造时，已经在二氧化硅绝缘层中加了大量的正离子。当 $u_{GS}=0$ 时，在这些正离子产生的电场作用下，漏、源极间的 P 型衬底表面上已经出现了反型层（N 型导电沟道），只要加上正向电压 u_{DS}，就有 i_D 产生。如果加上了正的 u_{GS}，则加强了绝缘层中的电场，将吸引更多的

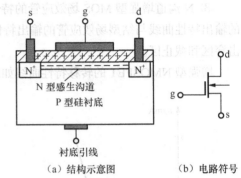

图 2-44　N 沟道耗尽型 MOSFET

电子至衬底表面，使沟道加宽，i_D 增大；反之，u_{GS} 为负时，则削弱了绝缘层中的电场，使沟道变窄，i_D 减小。当 u_{GS} 负向增加到某一数值时，导电沟道消失，$i_D \approx 0$，管子截止。这和结型场效应管的夹断情况相似，所对应的 u_{GS} 亦称为夹断电压 $U_{GS(off)}$。由上可知，这类管子在 $u_{GS}=0$ 时，导电沟道便已经形成，当 u_{GS} 由零减小到 $U_{GS(off)}$ 时，沟道逐渐变窄而夹断，故称为"耗尽层"。

增强型与耗尽型的主要区别在于 $u_{GS}=0$ 时是否有导电沟道。根据这一区别，对于一个没有型号的 MOS 场效应管，很容易通过实验判别它是属于哪种类型，显然，结型场效应管也属于"耗尽层"。但是，N 沟道结型场效应管不允许在 $u_{GS}>0$ 的情况下工作，耗尽型 NMOSFET 在 $u_{GS}<0$、$u_{GS}=0$、$u_{GS}>0$ 的情况下都可以工作，这是它们之间的区别，也是重要特点。从图 2-45 特性曲线中可以看出，除 $u_{GS}>0$ 外均与结型场效应管相同，在 $u_{GS} \geq U_{GS(off)}$ 时，i_D 与 u_{GS} 的关系由式（2-65）表示，即 $i_D = I_{DSS}(1 - u_{GS}/U_{GS(off)})^2$。

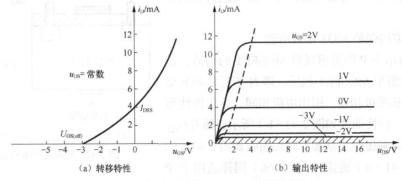

图 2-45　N 沟道耗尽 MOSFET 的特性曲线

（4）P 沟道耗尽型 MOS 场效应管

P 沟道 MOSFET 和 N 沟道 MOSFET 的主要区别在于作为衬底的半导体材料的类型不同。PMOS 场效应管是以 N 型半导体作为衬底，而漏极和源极从 P⁺区引出，形成的反型层为 P 型，相应的沟道为 P 沟道。对于耗尽型 PMOS 场效应管，在二氧化硅绝缘层中掺入的是负离子，其结构示意图及电路符号如图 2-46 所示，特性曲线如图 2-47 所示，式（2-65）同样适用。

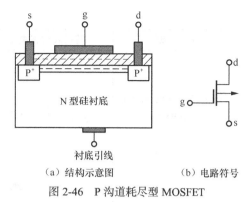

（a）结构示意图　　　（b）电路符号

图 2-46　P 沟道耗尽型 MOSFET

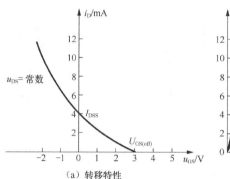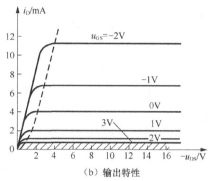

（a）转移特性　　　（b）输出特性

图 2-47　P 沟道耗尽型场效应管特性曲线

（5）总结表

为了方便查询，现将各种场效应管的符号和特性曲线在表 2-3 中列出。

表 2-3　　　　各种 FET 的符号与特性曲线

类　型	符号和偏置电压极性	转移特性	输出特性
N 沟道增强型 MOSFET（增强型 NMOS）			
P 沟道增强型 MOSFET（增强型 PMOS）			
N 沟道耗尽型 MOSFET（耗尽型 NMOS）			

（续表）

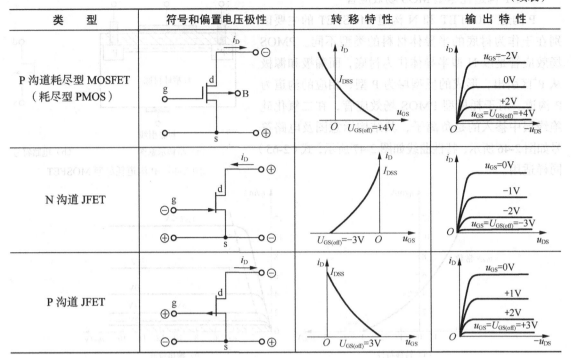

类　型	符号和偏置电压极性	转移特性	输出特性
P 沟道耗尽型 MOSFET（耗尽型 PMOS）			
N 沟道 JFET			
P 沟道 JFET			

3. 场效应管的主要参数

（1）性能参数

① 开启电压 $U_{GS(th)}$。或称阈值电压，它是增强型 MOSFET 的参数，指 u_{DS} 为某一固定值（通常为 10V），使 i_D 等于某一微小电流（如 10μA）时所需要的最小 u_{GS} 值。

② 夹断电压 $U_{GS(off)}$。或称截止电压，它是耗尽型管子（也包括结型场效应管）的参数，指 u_{DS} 为某一固定值（通常为 10V），而 i_D 减小到某一微小电流（如 1μA 或 10μA）时的 u_{GS} 值。

③ 饱和漏极电流 I_{DSS}。它是耗尽型 FET 的参数，指在 $u_{GS}=0$ 时的漏极电流。增强型管无此参数，I_{DSS} 是结型场效应管所能输出的最大电流。

④ 直流输入电阻 R_{GS}。它是漏、源极间短路的条件下，栅、源之间所加直流电压与栅极直流电流之比值。一般结型场效应管的 $R_{GS}>10^7\Omega$，而绝缘栅型场效应管的 $R_{GS}>10^9\Omega$。

⑤ 低频跨导（互导）g_m。在 u_{DS} 为某一固定值时，漏极电流 i_D 的微小变化量和引起它变化的 u_{GS} 的微小变化量之比值，即

$$g_m = \left.\frac{di_D}{du_{GS}}\right|_{U_{DS}=常数} \tag{2-67}$$

g_m 反映了栅源电压对漏极电流的控制能力，是表征结型场效应管放大能力一个重要参数，单位为西门子（S），也常用 mS（即 mA/V）或 μS（即 μA/V）表示。结型场效应管的 g_m 一般为几毫西。

g_m 也就是转移特性曲线工作点处切线的斜率，可见，它与管子的工作电流 i_D 有关，i_D 越大，g_m 就越大。当结型场效应管及耗尽型 MOS 场效应管工作在恒流区时，g_m 可由转移特性曲线方程对 u_{GS} 求导估算，得

$$g_{\mathrm{m}} = \frac{\mathrm{d}i_{\mathrm{D}}}{\mathrm{d}u_{\mathrm{GS}}} = \frac{2I_{\mathrm{DSS}}\left(1 - \dfrac{u_{\mathrm{GS}}}{U_{\mathrm{GS(off)}}}\right)}{U_{\mathrm{GS(off)}}} \tag{2-68}$$

为了确保 g_{m} 为正值，式（2-68）中的第一项 $U_{\mathrm{GS(off)}}$ 可加绝对值。一般器件参数表中 y_{fs} 即为跨导 g_{m}，其中 y 表示它是部分导纳等效电路，下标 f 表示正向转移参数，s 表示与源极相连。输出阻抗表示为 y_{os}，是导纳等效电路的一个元件，下标 o 表示输出电路参数，s 表示所接源极，即 $r_{\mathrm{d}} = 1/y_{\mathrm{os}}$，本书的等效电路中 r_{d} 均开路处理，这是因为相对于外接电阻值很大。

当增强型 MOS 场效应管工作在恒流区时，g_{m} 可由转移特性曲线方程对 u_{GS} 求导估算，得

$$g_{\mathrm{m}} = \frac{\mathrm{d}i_{\mathrm{D}}}{\mathrm{d}u_{\mathrm{GS}}} = \frac{2I_{\mathrm{DO}}\left(\dfrac{u_{\mathrm{GS}}}{U_{\mathrm{GS(th)}}} - 1\right)}{U_{\mathrm{GS(th)}}} \tag{2-69}$$

⑥ 输出电阻 r_{d}。当 u_{GS} 为常数时，漏源电压的微小变化量与漏极电流 i_{D} 的微小变化量之比为输出电阻 r_{d}，即

$$r_{\mathrm{d}} = \left.\frac{\mathrm{d}u_{\mathrm{DS}}}{\mathrm{d}i_{\mathrm{D}}}\right|_{u_{\mathrm{GS}} = \text{常数}}$$

r_{d} 反映了漏源电压 u_{DS} 对 i_{D} 的影响。在饱和区内，i_{D} 几乎不随 u_{DS} 而变化，因此，r_{d} 数值很大，一般为几十千欧到几百千欧。

⑦ 极间电容 C_{gs}、C_{gd}、C_{ds}。C_{gs} 是栅源极间存在的电容，C_{gd} 是栅漏极间存在的电容。它们的大小一般为 $1 \sim 3\mathrm{pF}$，而漏源极间的电容 C_{ds} 为 $0.1 \sim 1\mathrm{pF}$。在低频情况下，极间电容的影响可以忽略，但在高频应用时，极间电容的影响必须考虑。

（2）极限参数

① 最大漏极电流 I_{DM}。最大漏极电流是指管子工作时允许的最大漏极电流。

② 最大耗散功率 P_{DM}。最大耗散功率 $P_{\mathrm{DM}} = u_{\mathrm{DS}}i_{\mathrm{D}}$，它受管子的最高工作温度的限制，与晶体管的 P_{DM} 相似。

③ 漏源击穿电压 $U_{\mathrm{(BR)DS}}$。它是漏、源极间所能承受的最大电压，即 u_{DS} 增加到一定数值，PN 结发生雪崩击穿，使 i_{D} 开始急剧上升的 u_{DS} 值。

④ 栅源击穿电压 $U_{\mathrm{(BR)GS}}$。它是栅、源极间所能承受的最大电压。对结型场效应管，栅极与沟道间 PN 结的反向击穿电压就是 $U_{\mathrm{(BR)GS}}$；对绝缘栅型场效应管，$U_{\mathrm{(BR)GS}}$ 是使绝缘层击穿的电压，击穿会造成短路现象，使管子损坏。

（3）场效应管的主要特点及使用注意事项

① 场效应管特点及选择原则与三极管相比，场效应管具有以下主要特点。

• 场效应管是电压控制型器件，栅极基本上不取电流，输入电阻很高，而晶体管的基极总要取一定的电流量，输入电阻较低。因此对于那些只允许从信号源吸取小电流的高精度、高灵敏度的检测仪器、仪表等，宜选用场效应管作为输入级，而对于那些允许一定电流量的器件，选用晶体管则可以得到比场效应管高的电压放大倍数。

• 场效应管中，参与导电的是多子；而在晶体管中，则是两种载流子参与导电。因此场效应管不受温度、辐射等外界因素的影响，环境条件变化较大的场合适宜选用场效应管。

• 场效应管的噪声比晶体管的小，尤其是结型场效应管的噪声更小，所以对于低噪声、稳定

性要求较高的线性放大电路，宜选用结型场效应管。

- MOS 场效应管的制造工艺简单，所占用的芯片面积小（仅为双极性管的 15%），而且功耗很小，在大、中规模数字集成电路中得到了广泛应用。在集成运放及其他模拟集成电路中，MOSFET 有很大的发展。在分立器件方面，MOSFET 已进入大功率管应用领域。

- 场效应管的源极和漏极若结构对称，其源漏极可以互换使用，耗尽型 MOS 场效应管的栅源电压可以为正值、负值和零值，使用时比晶体管灵活。但应注意，对于在制造时已将源极和衬底连接在一起的 MOS 场效应管，源极和漏极不能互换。

② 使用注意事项。

- 在使用时，特别要注意切勿将结型场效应管的栅、源电压极性接反，以免 PN 结因为正偏电流过大而烧毁。电压不能超过各极限参数规定的数值。

- MOS 场效应管的衬底和源极通常连接在一起，若需分开，则衬源间的电压要保证衬源间 PN 结为反向偏置，对于 NMOS 场效应管应有衬源电压 $u_{BS}<0$，对于 PMOS 场效应管应有衬源电压 $u_{BS}>0$。

- 由于 MOS 场效应管的输入电阻很高，使得栅极的感应电荷不易泄放，易导致在栅极中产生很高的感应电荷，造成管子的击穿，为此应避免栅极悬空及减少外界感应，储存时应将管子的三个电极短路，当把管子焊到电路上或取下来时，应选用导线将各电极绕在一起。焊接管子所用的烙铁必须良好接地，最好断电利用余热焊接。

- 结型场效应管可以在栅源极开路状态下储存，可以用万用表检查管子的质量；MOS 场效应管不能用万用表来检查，必须用检测仪，而且要在接入测试仪后才能去掉各电极的短路线，取下时则应先将各电极短路。测试仪应有良好的接地。

为保护 MOS 场效应管免受过压损坏，在有些改进型的 MOS 型管中装有栅极保护电路，限制栅、源极间的电压，起到保护的作用。当然，接入保护电路后，将使 MOSFET 的输入电阻降低。

4. 场效应管放大电路的直流偏置

在双极型晶体管放大电路的分析时，使用近似特性公式 $U_{BE}=0.7V$，$I_C=\beta I_B$ 和 $I_C \approx I_E$ 可求出静态工作点 Q。对于场效应管，由肖克利方程可知输入与输出之间是非线性的关系，因此直流分析的数学方法比较复杂，而图解法虽然精度有所降低，但却快速，常使用图解法。而应用于 FET 的公式有 $I_G \approx 0A$，$I_D \approx I_S$，对于结型 FET 和耗尽型 MOSFET 利用肖克利方程 $I_D=I_{DSS}(1-U_{GS}/U_{GS(off)})^2$，对于增强型 MOSFET 可利用 $I_D=I_{DO}(U_{GS}/U_{GS(th)}-1)^2$。直流分析可选择数学方法，也可选择图解法，本节主要介绍流行的图解法。

（1）结型场效应管的直流分析

① 固定偏置电路。如图 2-48 所示电路，对于直流而言，耦合电容 C_1，C_2 相当于开路，对于交流来说相当于短路或低阻抗。由于 $I_G \approx 0A$，则 $U_{GS}=-V_{GG}$。由于 V_{GG} 是固定电源，U_{GS} 的大小也是固定的，因此称固定偏置电路。再由 $I_D=I_{DSS}(1-U_{GS}/U_{GS(off)})^2$（式（2-65））代入 U_{GS}，可求得 I_D。

图解法需要画出转移特性曲线，根据肖克利方程，$U_{GS}=U_{GS(off)}/2$ 时，$I_D=I_{DSS}/4$。再由 I_{DSS} 和 $U_{GS(off)}$ 三点可以画出曲线，如图 2-49 所示。再根据 U_{GS} 确定 I_D，即可求出静态工作点（U_{GSQ}，I_{DQ}）。

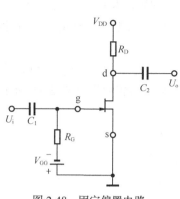

图 2-48　固定偏置电路

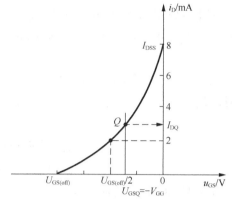

图 2-49　转移特性曲线

② 自偏压电路。图 2-50（a）所示为自偏压电路，栅极和源极之间的控制电压由电阻 R_S 确定。由 $I_G \approx 0A$，电阻 R_G 由短路替代，直流通路如图 2-50（b）所示。因 $I_S = I_D$，根据回路 1 可以推导出：

$$U_{GS} = -U_{R_S} = -I_D R_S \qquad (2\text{-}70)$$

将上式代入式（2-65），解二次方（$I_D = I_{DSS}(1 + I_D R_S / U_{GS(off)})^2$）可求得 I_D 的值。相对于数学方法，图解法先确定转移特性，如图 2-51 所示，再由式（2-70）确定一条直线与转移曲线的交点就为静态工作点。如式（2-70）经过（0，0），再选取 $I_D = I_{DSS}/2$ 时，可求得 $U_{GS} = -I_{DSS} R_S / 2$，即可确定直线，如图 2-51 所示，然后可再求出 $U_{DS} = V_{DD} - I_D(R_S + R_D)$。

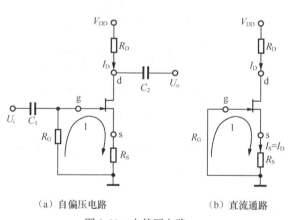

（a）自偏压电路　　　　（b）直流通路

图 2-50　自偏压电路

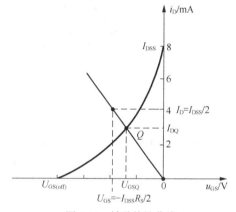

图 2-51　转移特性曲线

③ 分压偏置电路。如图 2-52 所示分压偏置电路，由 $I_G \approx 0A$，可知 $I_{R_1} = I_{R_2}$，可得

$$U_G = \frac{R_2}{R_1 + R_2} V_{DD} \qquad (2\text{-}71)$$

再根据回路可求得

$$U_{GS} = U_G - I_D R_S \qquad (2\text{-}72)$$

根据式（2-72）确定两点（U_G，0），（0，U_G / R_S）作一条直线，与转移特性曲线的交点即为静态工作点。

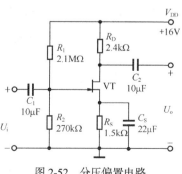

图 2-52　分压偏置电路

【例 2-7】 已知图 2-52 所示电路中 $I_{DSS}=8\text{mA}$，$U_{GS(off)}=-4\text{V}$，求 I_{DQ}，U_{GSQ}，U_{DS}。

解： $I_D = I_{DSS}/4 = 2\text{mA}$ 时，代入式（2-65）得 $U_{GS}=-2\text{V}$，根据三点确定转移特性曲线如图 2-53 所示。

根据式（2-71）可求得 $U_G=1.82\text{V}$，从而得到 $U_{GS}=U_G-I_DR_S=1.82\text{V}-I_D1.5\text{k}\Omega$，该方程当 $I_D=0$ 时，$U_{GS}=1.82\text{V}$；$U_{GS}=0$ 时，$I_D=1.21\text{mA}$。由两点确定偏置曲线如图 2-53 所示，因此可得

$$I_{DQ}=2.4\text{mA}，U_{GSQ}=-1.8\text{V}$$

$$U_{DS}=V_{DD}-I_D(R_S+R_D)=6.64\text{V}$$

（2）耗尽型 MOSFET 直流分析

上一节中我们已经知道，结型场效应管和耗尽型 MOSFET 的转移特性十分相似，所以直流分析也相同。两者不同之处在于耗尽型 MOSFET 允许 U_{GS} 为正（N 沟道为例），I_D 可超过 I_{DSS}。因此只举例进行说明。

【例 2-8】 如图 2-54 所示电路，已知 N 沟道耗尽型 MOSFET 参数的 $I_{DSS}=6\text{mA}$，$U_{GS(off)}=-3\text{V}$。（1）求静态工作点 I_{DQ}，U_{GSQ} 和 U_{DS}。（2）若 $R_S=150\Omega$，求 I_{DQ}，U_{GSQ}，U_{DS}。

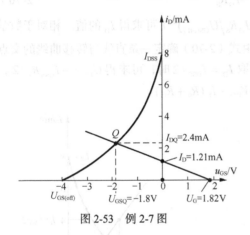

图 2-53　例 2-7 图

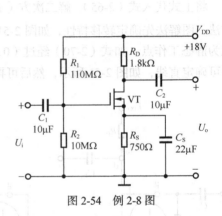

图 2-54　例 2-8 图

解： 根据肖克利公式 $I_D=I_{DSS}(1-U_{GS}/U_{GS(off)})^2$ 求特殊点，作出特性曲线。$I_D=I_{DSS}/4=1.5\text{mA}$ 时，$U_{GS}=-1.5\text{V}$；$U_{GS}=1\text{V}$ 时，$I_D=10.67\text{mA}$，曲线如图 2-55 所示。

（1）

$$U_G=\frac{R_2}{R_1+R_2}V_{DD}=1.5\text{V}$$

$$U_{GS}=U_G-I_DR_S=1.5-750I_D \tag{2-73}$$

根据式（2-73）作出偏置线如图 2-55 所示。从而得到静态工作点 $I_{DQ}=3.1\text{mA}$，$U_{GSQ}=-0.8\text{V}$。从而 $U_{DS}=V_{DD}-I_D(R_D+R_S)=18\text{V}-3.1\text{mA}\times(1.8\text{k}\Omega+750\Omega)\approx10.1\text{V}$。

（2）

$$U_{GS}=U_G-I_DR_S=1.5-150I_D$$

直流负载线经过点（1.5V，0），（0，10mA），如图 2-56 所示。根据直流负载线找到静态工作点：

$$I_{DQ}=7.6\text{mA}$$

$$U_{GSQ}=0.35\text{V}$$

$$U_{DS}=V_{DD}-I_D(R_D+R_S)=18\text{V}-7.6\text{mA}\times(1.8\text{k}\Omega+150\Omega)\approx3.18\text{V}$$

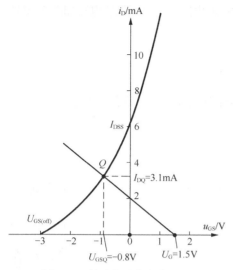

图 2-55　转移特性曲线确定 Q 点

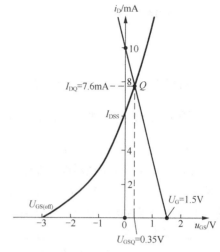

图 2-56　转移特性曲线确定 Q 点

（3）增强型 MOSFET 直流分析

由于增强型 MOSFET 转移特性曲线与结型 FET 和耗尽型 MOSFET 不同，对于 N 沟道增强型 MOSFET，当栅极与源极之间电压 U_{GS} 小于开启电压 $U_{GS(th)}$ 时，漏极电路为 0A，当大于 $U_{GS(th)}$ 时，漏极电流为 $I_D = I_{DO}(U_{GS}/U_{GS(th)} - 1)^2$。根据器件手册参数知两点（$U_{GS(th)}$, 0）和（$U_{GS(on)}$, $I_{D(on)}$），因此 $I_{DO} = I_{D(on)}/(U_{GS(on)}/U_{GS(th)} - 1)^2$，可求出 I_{DO}。再选取两点（一个在 $U_{GS(th)}$ 和 $U_{GS(on)}$ 之间；一个在 $U_{GS(on)}$ 之外）就可画出转移特性曲线。

① 反馈偏置电路。对于增强型 MOSFET 常用的偏置电路如图 2-57 所示，电阻 R_G 将电压反馈给栅极来实现导通。由于 $I_G \approx 0A$，故直流通路如图 2-58 所示，因此有 $U_D = U_G$，$U_{DS} = U_{GS}$，根据输出回路有

$$U_{GS} = U_{DS} = V_{DD} - I_D R_D \qquad (2-74)$$

确定转移特性曲线后，根据式（2-74）可以得到直流负载线，从而求出静态工作点如图 2-59 所示。

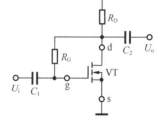

图 2-57　反馈偏置电路

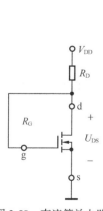

图 2-58　直流等效电路

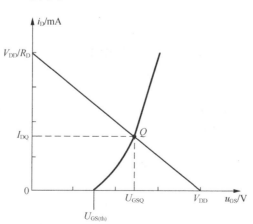

图 2-59　转移特性曲线

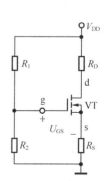

图 2-60　N 沟道增强型 MOSFET

② 分压偏置电路。对于增强型 MOSFET 另一个常用的电路就是分压偏置电路如图 2-60 所示，同样由于 $I_G \approx 0A$，故

$$U_G = \frac{R_2}{R_1 + R_2}V_{DD}$$

从而可以得到 $U_{GS} = U_G - I_D R_S (I_D = I_S)$，可作出直流负载线，求得静态工作点。

5. 场效应管放大电路的动态分析

（1）场效应管的小信号模型

场效应管是电压控制型器件，在中频小信号情况下和双极型晶体管一样，其交流分析需要小信号模型，其等效电路如图 2-61 所示。交流模型主要反映栅源极所加电压控制漏源极的电流。从输入回路来看，栅极电流 $i_G = 0$，所以输入回路简化为开路。从输出回路看，场效应管的漏极电流主要受栅源电压控制，因此可以用一个电压控制电流源 $g_m u_{GS}$ 等效，跨导 g_m 表示电压与电流

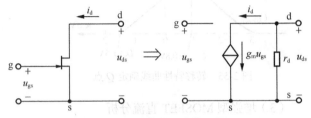

图 2-61 场效应管的小信号模型

之间的控制关系。在放大电路中，由于管子工作在恒流区，这时输出特性几乎是水平的，漏、源间的电阻 r_d 相对于外接电阻很大，故受控电流源并联的电阻 r_d 可开路而忽略，在本书的计算中均忽略不计。

跨导为转移特性曲线上静态工作点处的斜率，即

$$g_m = \frac{\Delta i_D}{\Delta u_{GS}} = \frac{di_D}{du_{GS}}(u_{DS}=常数) \qquad (2\text{-}75)$$

只要把 i_D 方程代入即可求得跨导的表达式或数值，见式（2-68）和式（2-69）。

（2）场效应管应用举例

【例 2-9】 根据图 2-50（a）所示结型场效应管自偏压放大电路，分析其交流参数。

解： 图 2-62 所示为其交流小信号模型，根据式（2-68）可求出 g_m，由于栅极和输出电路之间开路，因此可求得 R_i：

$$R_i = R_G$$

输出电阻 R_o 计算时，令 $\dot{U}_i = 0$，故 $\dot{U}_g = 0$。根据 KCL，有 $\dot{I}_o + \dot{I}_d = g_m \dot{U}_{gs}$，

$$\dot{U}_{gs} = -\dot{U}_{R_S} = -g_m \dot{U}_{gs} R_S = -(\dot{I}_o + \dot{I}_d)R_S$$

故 $\dot{U}_{gs} = -(\dot{I}_o + \dot{I}_d)R_S$，代入式 $\dot{I}_o + \dot{I}_d = g_m \dot{U}_{gs}$，有 $\dot{I}_o + \dot{I}_d = -g_m(\dot{I}_o + \dot{I}_d)R_S$，可推出 $\dot{I}_o = -\dot{I}_d$。

又有 $\dot{U}_o = -\dot{I}_d R_D = \dot{I}_o R_D$，从而输出电阻

$$R_o = \frac{\dot{U}_o}{\dot{I}_o} = R_D$$

求 $\dot{A}_u$ 时，输入回路有 $\dot{U}_i = \dot{U}_{gs} + \dot{U}_{R_S}$，故 $\dot{U}_{gs} = \dot{U}_i - \dot{U}_{R_S} = \dot{U}_i - \dot{I}_d R_S$。

输出回路有 $\dot{I}_d = g_m \dot{U}_{gs}$，上式代入本式得 $\dot{I}_d = g_m(\dot{U}_i - \dot{I}_d R_S)$，推出

$$\dot{I}_{d} = \frac{g_{m}\dot{U}_{i}}{1 + g_{m}R_{S}}$$

而 $\dot{U}_{o} = -\dot{I}_{d}R_{D} = -\dfrac{g_{m}R_{D}}{1 + g_{m}R_{S}}\dot{U}_{i}$（上式代入），从而可以得到电压放大倍数

$$\dot{A}_{u} = \frac{\dot{U}_{o}}{\dot{U}_{i}} = -\frac{g_{m}R_{D}}{1 + g_{m}R_{S}}$$

【例 2-10】 根据图 2-54 所示 N 沟道耗尽型 MOSFET 分压偏置放大电路，若 $R_{S} = 150\Omega$，计算电路参数。

解：其交流小信号模型如图 2-63 所示。根据式（2-68），结合例 2-8 已经求得 $I_{DQ} = 7.6\text{mA}$，$U_{GSQ} = 0.35\text{V}$，故可求出 g_{m} 为

$$g_{m} = \frac{2I_{DSS}}{|U_{GS(off)}|}\left(1 - \frac{U_{GS}}{U_{GS(off)}}\right) = \frac{2\cdot 6\text{mA}}{3\text{V}}\left(1 - \frac{0.35\text{V}}{-3\text{V}}\right) = 4.47\text{mS}$$

$$R_{i} = R_{1} /\!/ R_{2} = 9.17\text{M}\Omega$$

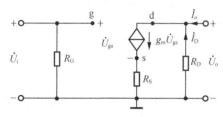

图 2-62　交流小信号模型

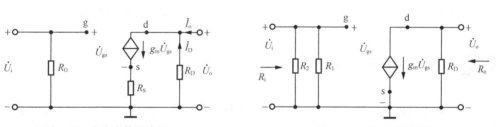

图 2-63　交流小信号模型

由于 $\dot{U}_{i} = 0$ 时，$\dot{U}_{gs} = 0$，故受控电流源相当于开路，故

$$R_{o} = R_{D} = 1.8\text{k}\Omega$$

$$\dot{A}_{u} = \frac{\dot{U}_{o}}{\dot{U}_{i}} = \frac{-g_{m}\dot{U}_{gs}R_{D}}{\dot{U}_{gs}} = -g_{m}R_{D} = -4.47\text{mS}\cdot 1.8\text{k}\Omega = -8.05$$

【例 2-11】 如图 2-57 所示 N 沟道增强型 MOSFET 构成的反馈偏置放大电路，试分析电路的交流参数。

解：根据式（2-69）求取增强型 MOSFET 电导 g_{m}。图 2-64 所示为其小信号等效电路，首先求取输入电阻。对于输出回路有

$$\dot{I}_{i} = g_{m}\dot{U}_{gs} + \frac{\dot{U}_{o}}{R_{D}} \tag{2-76}$$

因 $\dot{U}_{gs} = \dot{U}_{i}$，上式代入得 $\dot{U}_{o} = R_{D}(\dot{I}_{i} - g_{m}\dot{U}_{i})$。

又因 $\dot{I}_{i} = (\dot{U}_{i} - \dot{U}_{o})/R_{G}$，上式代入得 $\dot{I}_{i} = [\dot{U}_{i} - R_{D}(\dot{I}_{i} - g_{m}\dot{U}_{i})]/R_{G}$。整理后可得

$$R_{i} = \frac{\dot{U}_{i}}{\dot{I}_{i}} = \frac{R_{G} + R_{D}}{1 + g_{m}R_{D}} \approx \frac{R_{G}}{1 + g_{m}R_{D}}(R_{G} \gg R_{D})$$

求取输出电阻，采用加压求流法，故 $\dot{U}_{i} = 0$，从而得到电路如图 2-65 所示，可见 $\dot{U}_{gs} = 0$，故受控电流源相当于开路，则

$$R_{o} = R_{D} /\!/ R_{G} \approx R_{D}(R_{G} \gg R_{D})$$

把 $\dot{U}_{gs} = \dot{U}_i$ 和 $\dot{I}_i = (\dot{U}_i - \dot{U}_o)/R_G$ 代入式（2-76）得

$$\frac{\dot{U}_i - \dot{U}_o}{R_G} = g_m \dot{U}_i + \frac{\dot{U}_o}{R_D}$$

变换后可得求得电压放大倍数为

$$\dot{A}_u = \frac{\dot{U}_o}{\dot{U}_i} = \frac{\dfrac{1}{R_G} - g_m}{\dfrac{1}{R_D} + \dfrac{1}{R_G}} \approx \frac{-g_m}{\dfrac{1}{R_D} + \dfrac{1}{R_G}} = -g_m(R_D /\!/ R_G) \qquad \left(g_m \gg \frac{1}{R_G} \right)$$

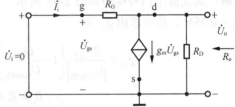

图 2-64　小信号等效电路　　　　　　　　图 2-65　输出电阻求解等效电路

2.5　多级放大电路

　　前面所说的单级放大电路的电压放大倍数通常只有几十倍，然而，在大多数放大电路或系统中，被放大的输入信号都是很微弱的，一般是毫伏或微伏数量级，输入功率常在 1mW 以下。往往要将这一微弱的信号放大成千上万倍，才具有足够大的输出电压或电流信号去推动负载工作。因此，在实际应用中，需要将两个或两个以上的单级放大电路连接起来，组成多级放大电路对输入信号进行放大，方能在输出端获得必要的电压幅值和足够大的功率。

1. 多级放大电路的组成

　　图 2-66 所示为多级放大电路的组成框图。通常把与信号源相连的第一级放大电路称为输入级，用于接收信号加以放大。输入级应有较高的输入电阻，以减小从信号源获取的电流，如可以使用高输入电阻的射极跟随器。中间几级放大电路称为中间级，其主要任务是放大信号的电压幅值，以推动功率放大级，故又称为电压放大级。电路要求具有较高的电压放大倍数，常采用电压放大倍数较高的共射极放大电路，一般由 1～3 级电路组成。电路的最后一级与负载相连的放大电路，称为输出级。输出级属于大信号放大，以提供足够的功率去推动负载，常采用功率放大电路。

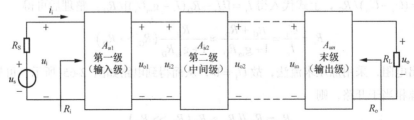

图 2-66　多级放大电路的组成框图

2. 多级放大电路的耦合方式

在多级放大电路中，各个单级放大电路之间的连接方式称为耦合。常用的耦合方式有阻容耦合、直接耦合和变压器耦合等。阻容耦合方式在分立元器件多级放大电路中被广泛使用，放大缓慢变化的信号或直流信号则采用直接耦合的方式，变压器耦合由于频率响应不好、笨重、成本高、不能集成等缺点，在放大电路中的应用较少。本节只介绍前两种耦合方式。

（1）阻容耦合

图 2-67 所示是两级阻容耦合共射放大电路。耦合电容 C_1、C_2、C_3 将两级放大电路及信号源与负载连接在一起，故称为阻容耦合放大电路。在这种电路中，由于耦合电容起到了隔直通交的作用，即顺利地传递交流信号，同时又隔断了级间的直流通路，使各级直流工作状态互不影响。因此各级的直流工作点彼此独立，互不影响，这也使得电容耦合放大电路不能放大直流信号或缓慢变化的信号。为了减小传递过程中的信号流失，要求耦合电容有足够大的容量，在低频小信号放大电路中，C_1、C_2、C_3 常采用几微法到几十微法的电解电容。

（2）直接耦合

在生产实践中，要求放大缓慢变化的信号（如热电偶测量炉温变化时送出的电压信号）或直流信号（如电子测量仪表中的放大电路）时，就不能采用阻容耦合方式的放大电路，而要采用直接耦合放大电路。所谓直接耦合，就是指把前级的输出直接接到后级的输入端，如图 2-68 所示。

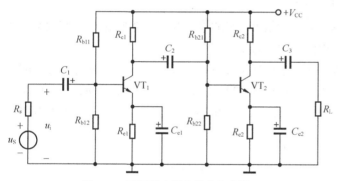

图 2-67　两级阻容耦合放大电路图

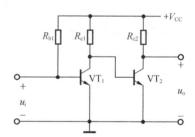

图 2-68　两级直接耦合放大电路图

直接耦合方式不仅能放大交流信号，而且还能放大变化十分缓慢的交流信号，由于它不需要级间耦合元件，信号传递的损耗较小，便于集成，故用于集成放大电路中，广泛应用于现代生产及科学实验中。但是，由于级间为直接耦合，所以前后级之间的直接电位相互影响，使得多级放大电路的各级静态工作点不能独立，当某一级的静态工作点发生变化时，其前后级也将受到影响。例如，当工作温度或电源电压等外界因素发生变化时，直接耦合放大电路中各级静态工作点将跟随变化，这种变化称为工作点漂移。值得注意的是，第一级的工作点漂移会随着信号传送到后级，并逐级被放大。这样一来，即使输入信号为零，输出电压也会偏离原来的初始值而上下波动，这种现象称为零点漂移。零点漂移将会造成有用信号的失真，严重时有用信号将被零点漂移所"淹没"，使人们无法辨认输出电压是漂移电压，还是信号电压。在引起工作点漂移的外界因素中，工作温度变化引起的漂移最严重，称为温漂。

3. 多级放大电路的增益分析

由于多级放大电路之间相互影响，可以把后级的输入电阻作为前级的负载，也可利用等效电源的原理，将前级等效为一个具有内阻的信号源来进行分析计算。在负载简单的情况下，多采用前一种方法。在图 2-66 所示多级放大电路的框图中，如果各级电压放大电路分别为 $A_{u1}=u_{o1}/u_i$，$A_{u2}=u_{o2}/u_{i2}$，……，$A_{un}=u_o/u_{in}$，由于信号是逐级被传送放大的，前级的输出电压便是后级的输入电压，即 $u_{o1}=u_{i2}$，$u_{o2}=u_{i3}$，……，$u_{o(n-1)}=u_{in}$，所以整个放大电路的电压放大倍数为

$$A_u=\frac{u_o}{u_i}=\frac{u_{o1}}{u_i}\cdot\frac{u_{o2}}{u_{i2}}\cdots\frac{u_o}{u_{in}}=A_{u1}\cdot A_{u2}\cdots A_{un}=\prod_{k=1}^{n}A_{uk} \qquad (2\text{-}77)$$

上式表明，多级放大电路的电压放大倍数等于各级电压放大倍数的乘积。若用分贝表示，则多级放大电路的电压总增益等于各级电压增益之和，即

$$20\lg|A_u|=20\lg|A_{u1}|+20\lg|A_{u2}|+\cdots+20\lg|A_{un}|=\sum_{k=1}^{n}20\lg|A_{uk}| \qquad (2\text{-}78)$$

必须指出的是，每级的电压放大倍数不是自己孤立的放大倍数，而是考虑后级对前级的影响以后所得的电压放大倍数。不考虑输入信号内阻，$u_i=u_s$。考虑输入信号的内阻时，u_i 为

$$u_i=u_s\frac{R_{i1}}{R_s+R_{i1}}$$

因此可知，若不考虑负载效应，各级的电压放大倍数仅为空载时的放大倍数，这与实际有偏差，这样得出的电压放大倍数是大于实际值的。

由图 2-66 所示，多级放大倍数的输入电阻就是第一级的输入电阻，即 $R_i=R_{i1}$。多级放大电路的输出电阻即由末级放大电路求得的输出电阻，即 $R_o=R_{on}$。

【例 2-12】 两级共发射极阻容耦合放大电路如图 2-69 所示，若三极管 VT_1 的 $\beta_1=60$，$r_{be1}=2k\Omega$，VT_2 的 $\beta_2=100$，$r_{be2}=2.2k\Omega$。$R_1=100k\Omega$，$R_2=24k\Omega$，$R_3=5.1k\Omega$，$R_4=100\Omega$，$R_5=1.5k\Omega$，$R_6=33k\Omega$，$R_7=10k\Omega$，$R_8=4.7k\Omega$，$R_9=2k\Omega$，$R_L=5.1k\Omega$，各电容的容量足够大。试求放大电路的 A_u、R_i、R_o。

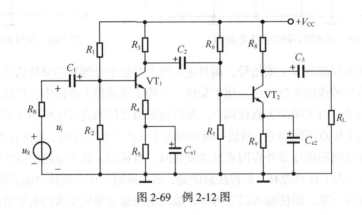

图 2-69　例 2-12 图

解： 在小信号工作情况下，两级共发射极放大电路的微变等效电路如图 2-70（a）、（b）所示。图 2-70（a）所示为第一级放大电路的微变等效电路，图 2-70（b）所示为第二级放大电路的微变等效电路。

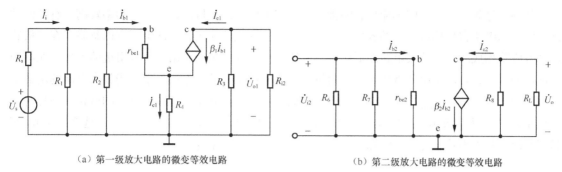

（a）第一级放大电路的微变等效电路　　　　　　（b）第二级放大电路的微变等效电路

图 2-70　例 2-12 的微变等效电路

图 2-70（a）微变等效电路中的负载电阻 R_{i2} 即为后级放大电路的输入电阻，而第二级放大电路的输入电阻为

$$R_{i2}=R_6 /\!/ R_7 /\!/ r_{be2}=\cfrac{1}{\cfrac{1}{33}+\cfrac{1}{10}+\cfrac{1}{2.2}}\text{k}\Omega\approx1.7\text{k}\Omega$$

$$R'_{L1}=R_3 /\!/ R_{i2}=5.1\text{k}\Omega /\!/ 1.7\text{k}\Omega\approx1.3\text{k}\Omega$$

第一级电压放大倍数为

$$\dot{A}_{u1}=\frac{\dot{U}_{o1}}{\dot{U}_i}=\frac{-\beta R'_{L1}}{r_{be}+(1+\beta)R_4}=\frac{-60\times1.3\text{k}\Omega}{2\text{k}\Omega+61\times0.1\text{k}\Omega}\approx-9.6$$

$$A_{u1}(\text{dB})=20\lg9.6=19.6\text{dB}$$

第二级电压放大倍数为

$$\dot{A}_{u2}=\frac{\dot{U}_o}{\dot{U}_{i2}}=-\beta_2\frac{R'_{L2}}{r_{be2}}=-100\times\frac{(4.7 /\!/ 5.1)\text{k}\Omega}{2.2\text{k}\Omega}\approx-111$$

$$A_{u2}(\text{dB})=20\lg111\approx41\text{ dB}$$

两级放大电路的总电压放大倍数为

$$\dot{A}_u=\dot{A}_{u1}\dot{A}_{u2}=(-9.6)\times(-111)=1066$$

$$A_u(\text{dB})=A_{u1}(\text{dB})+A_{u2}(\text{dB})=19.6(\text{dB})+41(\text{dB})=60.6(\text{dB})$$

式中没有负号，说明两级放大电路的输出电压与输入电压同相位。

两级放大电路的输入电阻等于前级放大电路的输入电阻，即

$$R_i=R_{i1}=R_1 /\!/ R_2 /\!/ [r_{be}+(1+\beta)R_4]=100\text{k}\Omega /\!/ 24\text{k}\Omega /\!/ (2+61\times0.1)\text{k}\Omega\approx5.7\text{k}\Omega$$

两级放大电路的输出电阻等于后级放大电路的输出电阻，即

$$R_o=R_8=4.7\text{k}\Omega$$

2.6　放大电路的频率响应

以上在对放大电路的分析时，认为电路工作在中频区，这时可以忽略电路中电容元件的影响。在这一节中，我们来讨论电路工作在低频区和高频区时电路中的较大电容和较小电容对电路的影响。放大电路的增益随信号频率的不同而发生变化，称为幅频特性；同时输入和输出信号的相位也随信号频率的不同发生变化，称为相频特性。两者的结合反映了放大电路对不同频率的正弦信号的稳态响应，称为频率响应或频率特性。

如果信号频率过低，就不能再忽略耦合、旁路大电容的阻抗。如果信号频率较高，有源器件极间电容的微小容量构成较小的容抗，在电路中起到分流的作用，因此也不可以忽略。在三极管或场效应管构成的单级放大电路的低频区，其增益会下降，主要是由于电容阻抗的增加，在高频区增益的下降，是由于电路寄生电容的阻抗影响或器件本身的频率所确定。当放大电路的增益下降到为中频区的增益 A_{umid} 的 0.707（$1/\sqrt{2}$）倍时，称为截止频率。低频区对应的截止频率称为下限截止频率，用 f_L 表示；高频区对应的截止频率称为上限截止频率，用 f_H 表示。选择因子 0.707 是因为此时的输出功率是中频时输出功率的一半。中频时功率为

$$P_{omid} = \frac{|U_o^2|}{R_L} = \frac{|A_{umid}U_i|^2}{R_L} \tag{2-79}$$

在半功率时

$$P_{oHPF} = \frac{|0.707 A_{umid}U_i|^2}{R_L} = 0.5\frac{|A_{umid}U_i|^2}{R_L} \tag{2-80}$$

整个系统的带宽或称通频带由 f_L 和 f_H 决定：

$$带宽（BW）= f_H - f_L \tag{2-81}$$

在通信应用中，电压增益常用分贝表示，使用时先归一化处理，所有增益都除中频增益，中频值变为 1，截止频率对应为 0.707，分贝由式（2-82）计算获得。中频时 $20\lg 1 = 0$，截止频率处 $20\lg\frac{1}{\sqrt{2}} = -3dB$。

$$\left.\frac{A_u}{A_{umid}}\right|_{dB} = 20\lg\left|\frac{A_u}{A_{umid}}\right| \tag{2-82}$$

1. 低频响应

如图 2-71 所示的电路中，在低频区（约小于几十赫兹）时，电容 C_B、C_E、C_C 和电路的电阻参数影响了放大电路的增益。每个电容都可形成类似如图 2-72 所示的电路形式。输出电压下降到 0.707 倍时的频率即对应截止频率。每个电容都确定截止频率后，经过比较可以确定电路的低频截止频率。而电容 C_{be}、C、C_{bc} 阻抗较大等效为开路。

如图 2-72 所示电路，在中频区和高频区时，电容阻抗 $X_C = 1/2\pi fC \approx 0$。电容可用短路来替代，从而有 $\dot{A}_u = \dot{U}_o/\dot{U}_i = 1$。当频率逐渐减小时，电容阻抗逐渐增大，$\dot{A}_u$ 逐渐减小。根据分压原理可以求出电压增益：

$$\dot{A}_u = \frac{\dot{U}_o}{\dot{U}_i} = \frac{R}{R - jX_C} = \frac{1}{1 - j1/2\pi fRC} \tag{2-83}$$

其模 $|\dot{A}_u| = \frac{1}{\sqrt{1 + (1/2\pi fRC)^2}}$，可以看出幅度下降为 $1/\sqrt{2}$ 时，对应的截止频率为 $f_L = \frac{1}{2\pi RC}$。

把 f_L 代入 $|\dot{A}_u| = \frac{1}{\sqrt{1 + (f_L/f)^2}}$，用分贝表示为

$$20\lg|\dot{A}_u| = 20\lg\frac{1}{\sqrt{1 + (f_L/f)^2}} = -10\lg\left[1 + (f_L/f)^2\right] \tag{2-84}$$

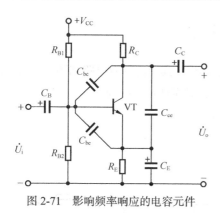

图 2-71　影响频率响应的电容元件

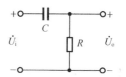

图 2-72　确定低频截止频率的 RC 电路

根据式（2-84）可以计算出：当 $f = f_L$ 时，$A_u\big|_{dB} = -3\text{dB}$。

当 $f = 10 f_L$ 时，$20\lg\big|\dot{A}_u\big| \approx 0\text{dB}$。

当 $f = 10^{-1} f_L$ 时，$20\lg\big|\dot{A}_u\big| \approx -20\text{dB}$。

计算各点可以作出如图 2-73 所示的幅频特性曲线，也称为幅度和频率的伯德图（Bode Plot）。当 $f \ll f_L$ 时在斜线段是准确的，增益逐渐减小。当 $f \gg f_L$ 时，直线段是准确的，均为 0dB。当 $f = f_L$ 时，对应的增益下降了 3dB。如果不计 3dB，可等效为图中虚斜线，可以看出从 $0.1f$ 到 f 的变化，增益变化了 20dB。斜线斜率为 20dB/十倍频。

根据式（2-3）可以写出其相位角 θ 为

$$\theta = \arctan \frac{1}{2\pi RCf} = \arctan \frac{f_L}{f} \qquad (2\text{-}85)$$

可以计算出当 $f \ll f_L$ 时，$\theta \to 90°$；当 $f = f_L$ 时，$\theta = 45°$；当 $f \gg f_L$ 时，$\theta \to 0°$。从而得到如图 2-74 所示的相频特性曲线。

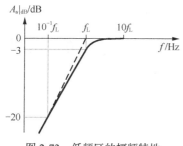

图 2-73　低频区的幅频特性

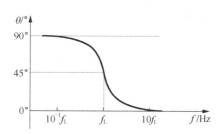

图 2-74　低频区的相频特性

对于图 2-71 所示的电路，电容 C_B、C_E、C_C 确定其低频响应，我们分别讨论这些电容对电路频率响应的影响。

电容 C_B 连接在信号源和输入端之间，其交流等效电路如图 2-75 所示，其中 R_s 为信号源内阻。截止频率为

$$f_{LC_B} = \frac{1}{2\pi(R_s + R_i)C_B} \qquad (2\text{-}86)$$

其中
$$R_i = R_{B1} /\!/ R_{B2} /\!/ r_{be}$$

电容 C_C 连接在负载和输出端之间，其交流等效电路如图 2-76 所示，对应截止频率为

$$f_{\mathrm{LC_C}} = \frac{1}{2\pi(R_o + R_L)C_C} \qquad (2\text{-}87)$$

电容 C_E 为旁路电容，要确定从 C_E 端看到的电阻 R'_e，其交流等效电路如图 2-77 所示，可以求出 $R'_e = R_e // [(R'_s + r_{be})/(1+\beta)]$，$R'_s = R_s // R_{B1} // R_{B2}$，对应截止频率为

$$f_{\mathrm{LC_E}} = \frac{1}{2\pi R'_e\, C_E} \qquad (2\text{-}88)$$

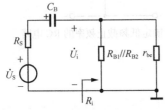 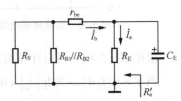

图 2-75　电容 C_B 的交流等效电路　　图 2-76　电容 C_C 的交流等效电路　　图 2-77　电容 C_E 的交流等效电路

每个电容以相似的方式影响低频区的电压增益。要注意的是，最高截止频率对电压增益的影响最大，因为最高频率最接近中频区。如果三个截止频率相差较大，则最高截止频率决定电路的下限截止频率。如果两个或多个高截止频率相差不大或相等，会使电路的下限截止频率升高，因为它们的共同作用使电压增益下降更快了。

2. 高频响应

同样如图 2-71 所示的电路中，在高频区（几十千赫兹至几百千赫兹）时由于有源器件 VT 内部的极间电容 C_{be}、C、C_{bc} 和导线间的分布电容的阻抗减小造成的影响，使放大电路增益降低。而电容 C_B、C_E、C_C 较大，在中频区和高频区时阻抗较小，等效为短路。

（1）密勒电容

对于图 2-78（a）所示的电路框图，其中 C_f 为极间电容。根据 KCL 有 $\dot{I}_i = \dot{I}_1 + \dot{I}_2$。因为 $\dot{I}_i = \dfrac{\dot{U}_i}{Z_i}$，$\dot{I}_1 = \dfrac{\dot{U}_i}{R_i}$，$\dot{I}_2 = \dfrac{\dot{U}_i - \dot{U}_o}{-jX_{C_f}} = \dfrac{\dot{U}_i - \dot{A}_u\dot{U}_i}{-jX_{C_f}}$，代入上式化简后为

$$\frac{1}{Z_i} = \frac{1}{R_i} + \frac{1}{-jX_{C_f}/(1-A_u)} = \frac{1}{R_i} + \frac{1}{-jX_{C_M}} \qquad (2\text{-}89)$$

其中 $X_{C_f}/(1-A_u) = 1/\omega(1-A_u)\,C_f = X_{C_M}$，令 $C_M = (1-A_u)C_f$。从而输入端可以等效为如图 2-78（b）所示的并联电容，C_M 称为密勒电容。任何反馈放大电路中，输入电容由于密勒电容而增加，这就是密勒效应。一般 $\dot{A}_u$ 选择中频区增益时为最大的密勒电容，即为最差情况。式（2-89）使用于输入端和输出端相位相差 180° 的场合，因为 $|\dot{A}_u| > 1$ 时，电容值为负。密勒效应同样增大了输出电容，同理可以推导出输出端的密勒电容为

$$C_M = \left(1 - \frac{1}{A_u}\right)C_f \qquad (2\text{-}90)$$

通常 $|\dot{A}_u| \gg 1$，式（2-90）化简为 $C_M \approx C_f$。

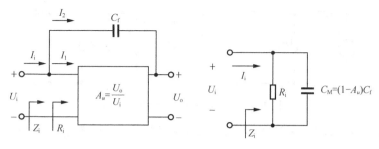

（a）具有输入、输出极间电容的电路框图 　　（b）密勒电容等效

图 2-78 密勒效应电路

（2）高频区截止频率

在高频区图 2-71 电路中的极间电容可以等效成如图 2-79 所示的电路结构。如同低频区的分析，可以计算出

$$\dot{A}_u = \frac{\dot{U}_o}{\dot{U}_i} = \frac{-\mathrm{j}X_C}{R - \mathrm{j}X_C} = \frac{1}{1 + \mathrm{j}2\pi fRC} \qquad (2\text{-}91)$$

图 2-79 确定高频截止频率的RC电路

其模 $\left|\dot{A}_u\right| = \dfrac{1}{\sqrt{1 + (2\pi fRC)^2}}$ ，对应的上限截止频率为 $f_H = \dfrac{1}{2\pi RC}$ 。把 f_H 代入 $\left|\dot{A}_u\right| = \dfrac{1}{\sqrt{1 + (f/f_H)^2}}$ ，

用分贝表示为 $20\lg\left|\dot{A}_u\right| = 20\lg\dfrac{1}{\sqrt{1 + (f/f_H)^2}} = -10\lg\left[1 + (f/f_H)^2\right]$ 。从而可以作出其幅频特性曲线

如图 2-80（a）所示。对应的相位角 $\theta = -\arctan\dfrac{f}{f_H}$ ，从而可以作出如图 2-80（b）所示的相频特性曲线。

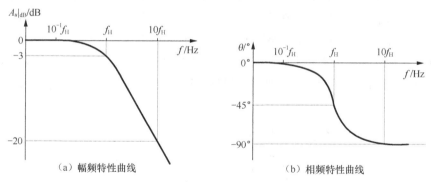

（a）幅频特性曲线 　　　　　　（b）相频特性曲线

图 2-80 高频区的频率特性曲线

在 2.2 节第 5 中导出了三极管的小信号模型，但在高频运行的情况下，由于极间电容不能忽略，据此导出了三极管的高频小信号模型，如图 2-81 所示。其中输入端等效电容 C_i 包含结电容 $C_{b'e}$ 和输入端密勒电容 $(1 + A_u)C_{b'c}$ ，即 $C_i = C_{b'e} + (1 + A_u)C_{b'c}$ 。输出端等效电容 C_o 也包含结电容 C_{ce} 和输出端密勒电容 $(1 - 1/A_u)C_{b'c}$ ，即 $C_o = C_{ce} + (1 - 1/A_u)C_{b'c}$ 。 A_u 为电路在中频区时的电压放大倍数。

对图 2-81 中的电路进行戴维南等效，输入端和输出端可以等效为如图 2-79 所示的电路。对于输入端等效后，电阻 $R = (R_s // R_{b1} // R_{b2} + r_{bb'}) // r_{b'e}$ ，电容 $C = C_i = C_{b'e} + (1 + A_u)C_{b'c}$ 。对于输出端等效后，电阻为 $R = R_c // R_L$ ，电容 $C = C_o = C_{ce} + (1 - 1/A_u)C_{b'c}$ 。

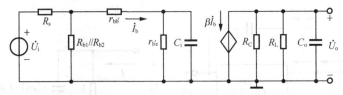

图 2-81 图 2-71 中电路的高频等效电路

故输入端对应的上限截止频率 f_{H_i} 和输出端对应的上限截止频率 f_{H_o} 分别为

$$f_{H_i} = \frac{1}{2\pi RC} = \frac{1}{2\pi\left[(R_s \mathbin{/\!/} R_{B1} \mathbin{/\!/} R_{B2} + r_{bb'}) \mathbin{/\!/} r_{b'e}\right]\left[C_{b'e} + (1 + A_u)C_{b'c}\right]} \tag{2-92}$$

$$f_{H_o} = \frac{1}{2\pi RC} = \frac{1}{2\pi\left[R_C \mathbin{/\!/} R_L\right]\left[C_{ce} + (1 - 1/A_u)C_{b'c}\right]} \tag{2-93}$$

如果极间电容是唯一影响高频上限截止频率的因素，那么输入端和输出端的最低上限截止频率决定了电路的上限截止频率。然而，三极管参数 β 随频率升高而减小，因此在确定上限截止频率时，也要考虑其是否低于输入端和输出端对应的截止频率。

（3）三极管高频小信号模型

高频时要考虑三极管的极间电容，因此三极管的高频小信号模型如图 2-82（a）所示，其中，$r_{bb'}$ 为基区体电阻，b' 是基区内虚拟的等效基极，其值在 10 ~ 1000Ω 之间。发射区体电阻和集电区体电阻均小于 10Ω，故忽略不计。$r_{b'e}$ 折合到基极支路的发射结正向电阻，三极管工作在放大状态时发射结处于正偏，其值为 100 ~ 10kΩ。$r_{b'c}$ 表示输出电压对输入电压的反馈作用，三极管工作在放大状态时处于反偏，其值为几兆欧。$C_{b'e}$ 为发射结电容，小功率管一般在几十至几百皮法。$C_{b'c}$ 为集电结电容，为 2 ~ 10pF。r_{ce} 表示输出电压对输出电流的影响，为电流源电阻，且阻值较大，为 10 ~ 1000kΩ。结合 H 参数等效电路有：$g_m \dot{U}_{b'e} = h_{fe}\dot{I}_b$，故 $g_m = h_{fe}\dot{I}_b / \dot{U}_{b'e} = h_{fe}/r_{b'e} = \alpha_0 / r_e = I_{CQ}/26\text{mV}$，$g_m$ 称为跨导，反映 $\dot{U}_{b'e}$ 对输出电流 $\dot{I}_c$ 的控制能力，约为几十 mS，为受控电流源。由于结电容的影响，$\dot{I}_c$ 和 $\dot{I}_b$ 不再保持比例关系，而是受电压 $\dot{U}_{b'e}$ 控制。接成共射接法时得到晶体管高频混合 π 型等效电路如图 2-82（a）所示。根据密勒效应，把电容 $C_{b'c}$ 折算到输入和输出端，再忽略简化可得到如图 2-82（b）所示的模型，称为简化的混合π型高频小信号模型。

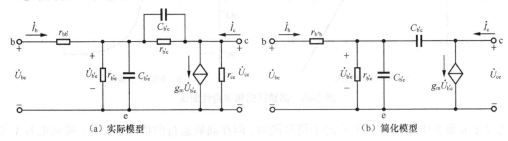

（a）实际模型　　　　　　　　　　　　　（b）简化模型

图 2-82 三极管高频小信号模型

（4）多级放大电路的频率特性

多级放大电路的频率特性类似于低频响应的分析，多级放大电路的上限截止频率变小，下限截止频率变大，故多级放大电路的通频带与单级放大电路通频带相比变窄。可以得到多级放大电路的上限截止频率 f_H 和下限截止频率 f_L 为：

$$\frac{1}{f_H} \approx 1.1\sqrt{\frac{1}{f_{H1}^2} + \frac{1}{f_{H2}^2} + \cdots + \frac{1}{f_{Hn}^2}} \tag{2-94}$$

$$f_L \approx 1.1\sqrt{f_{L1}^2 + f_{L2}^3 + \cdots + f_{Ln}^2} \tag{2-95}$$

式中：f_{H1}，f_{H2}，$\cdots$，f_{Hn} 为各级放大电路的上限截止频率，f_{L1}，f_{L2}，$\cdots$，f_{Ln} 为各级放大电路的下限截止频率。

2.7 特殊三极管

1. 光电（敏）三极管

光电三极管是将光信号转换成光电流信号的半导体受光器件，还能放大光电流。像光电二极管一样实现光电转换，有 NPN 和 PNP 型之分。图 2-83 所示为光电三极管的外形示意图和电路符号。只有两个电极 e，c 极引出，基极不引出。如图 2-83（b）所示的 NPN 型管与光电二极管工作原理相同。没有光照时，流过器件的暗电流很小；当有光照时，集电结产生光电流，当 u_{CE} 足够大时，光电流仅取决于入射光照度 E。

光电三极管有 3AU、3DU 系列，如 3DU5C 参数为：最高工作电压 30V，暗电流<0.2μA，光电流≥3mA(1000lx 下)，峰值波长 900nm。

光电三极管基本应用在需要把光信号转换成电信号的场合。如图 2-84 所示电路，作为开关电路去控制负载的工作。无光照时，线圈 KA 失电；有光照时，线圈得电。二极管 VD 起到泄流的作用，在继电器失电时，使线圈自感电动势形成放电回路且限幅为 0.7V，从而使三极管免受过大的 u_{CE}，如应用在路灯的控制电路中。图 2-85 所示电路为测量脉冲数，可用于测速或测距等测量的地方。测速盘旋转一周产生 8 个脉冲信号，经整形、计数后进行换算可测出转速。

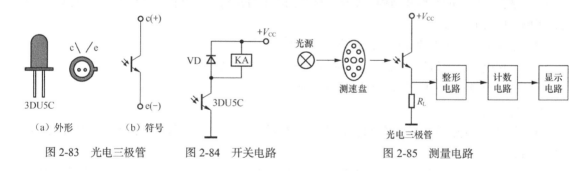

图 2-83 光电三极管　　　　图 2-84 开关电路　　　　图 2-85 测量电路

2. 光电耦合器

光电耦合器（Photo Coupler）是将发光器件和受光器件封装在一起组成的电-光-电器件。一般发光器件是发光二极管，受光器件是光电二极管或光电三极管。图 2-86 所示为采用光电三极管的受光器件，简称光耦。

光电耦合器的输入参数即发光二极管的参数，参考 1.4 节。输出参数则与光电三极管基本相同。其中：光电流是指输入一定电流（10mA），输出接一定负载（约 500Ω）和一定电压（10V）时输出端产生的电流；饱和压降指输入一定电流（20mA），输出接一定电压（10V），调节负载使输出达一定值（2mA）时输出端的电压（通常为 0.3V）。传输参数主要有隔离电阻 R_{ISO}，指输入输出间绝缘电阻；极间耐压 U_{ISO}，指发光管光电管间的绝缘耐压，一般在 500V 以上。

光电耦合器种类较多，分为普通光电耦合器（主要用作光电开关）和线性光电耦合器（输出随输入成线性比例变化）。光电耦合器具有抗干扰性能好、隔离噪声、响应快、寿命长的特点；用作线性传输时失真小、工作频率高；用作光电开关时无机械触点疲劳；可靠性高。其应用较为广泛，主要用于实现电平转换、电信号电气隔离等场合。如图 2-87 所示电路中光耦用作光电开关。当 u_I 为低电平时，三极管截止，u_C 为高电平，光耦输入端不通，输出端开路，为低电平。当 u_I 为高电平时，情况正好相反。实现了脉冲传输，且可实现电平转换。

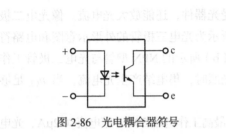

图 2-86　光电耦合器符号

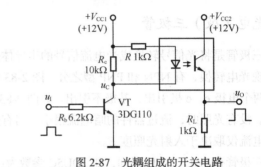

图 2-87　光耦组成的开关电路

单元任务 2　实用扩音器制作

1．知识目标

（1）了解分压式偏置共射放大电路的特点；放大电路的静态工作点；会计算放大电路的放大倍数；会测量放大倍数的通频带。

（2）掌握三极管的类型和结构；掌握三极管的电流分配特点；掌握三极管的输入输出特性曲线；了解三极管的参数。

（3）掌握静态工作点的计算；理解静态工作点的作用。

（4）掌握电压放大倍数、输入电阻和输出电阻的计算方法。

（5）掌握两级放大电路的放大倍数计算，理解通频带。

2．能力目标

（1）测量放大电路的放大倍数和通频带；间接计算三极管 3 个电极的电流值；验证放大电路的放大倍数。

（2）掌握三极管的测试方法；掌握三极管的参数特性；验证三极管的输入和输出特性曲线。

（3）会调试静态工作点；完整焊接共射极放大电路；能根据测量的静态工作点判断三极管的工作状态。

（4）会测试电压放大倍数、输入电阻和输出电阻，观察非线性失真情况和通频带。

（5）会调试两级放大电路的静态工作点，会计算两级放大电路的放大倍数，会测量通频带。

3．素质目标

（1）养成严肃、认真的科学态度和良好的自主学习方法。

（2）培养严谨的科学思维习惯和规范的操作意识。

（3）养成独立分析问题和解决问题的能力，以及相互协作的团队精神。

（4）能综合运用所学知识和技能独立解决实训中遇到的实际问题；具有一定的归纳、总结能力。

（5）具有一定的创新意识，锻炼自学、表达、获取信息等方面的能力。

单元任务 2.1　三极管的识别检测及输入输出特性测试

1. 信　息

（1）三极管极性的测量

① 三极管类型的判断。不论是 PNP 管还是 NPN 管，内部都有两个 PN 结，即集电结和发射结。因为模拟式万用表的黑表笔接的是内部电源的正极，根据 PN 结的单向导电性是很容易把基极判别出来的。将万用表拨到 R×100 或 R×1k 挡上，红表笔任意接触三极管的一个电极，黑表笔依次接触另外两个电极，分别测量它们之间的电阻值。若红表笔接触某个电极时，其余两个电极与该电极之间均为低电阻时，则该管为 PNP 型，而且红表笔接触的电极为 b 极。与此相反，若同时出现几十至上百千欧大电阻时，则该管为 NPN 型，这时红表笔所接触的电极为 b 极。

当然也可以黑表笔为基准，重复上述测量过程。若同时出现低电阻的情况，则管子为 NPN 型；若同时出现高阻的情况，则该管为 PNP 型。

② 电极判断。在判断出管型和基极的基础上，任意假定一个电极为 c 极，另一个为 e 极。对于 PNP 型管，红表笔接 c 极，黑表笔接 e 极，再用手（或者用一个大电阻 20～100kΩ）碰一下 b、c 极，如图 2-88 所示。观察一下万用表指针摆动的幅度。然后将假设的 c、e 极对调，重复上述的测试步骤，比较两次测量中指针的摆动幅度，测量时摆动幅度大，即测量阻值小，则说明假定的 c、e 极是对的。对于 NPN 型管，则令黑表笔接 c 极，红表笔接 e 极，重复上述过程。

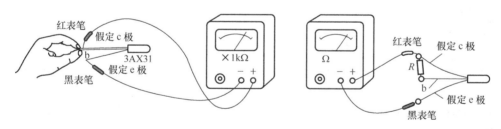

图 2-88　三极管测量 c、e

③ β 值的测量。在万用表上有专门测量 β 值的挡位。

• 将指针式万用表打到 ADJ 挡，先置于 ADJ 档进行调零。

• 再拨到 hFE 挡。将被测晶体管的 c、b、e 3 个引脚分别插入 NPN 型或 PNP 型相应的插孔中（TO-3 封装的大功率管，可将其 3 个电极接出 3 根引线，再插入插孔）。

• 从表头或显示屏读出该管的电流放大系数 β。

（2）三极管输出特性曲线测量

三极管的输出特性有 3 个工作区域。三极管工作在截止区时，$I_B=0$，$I_C \leqslant I_{CEO}$。在放大区，I_C 的数值主要取决于 I_B 的大小。两者呈比例关系有 $I_C=\beta I_B$。在饱和区三极管失去电流放大作用，I_C 不再受 I_B 控制。测试输出特性曲线的实验电路如图 2-89 所示。测量时固定 I_B 为某一固定的值，测出几组 I_C 和 U_{CE} 的数值，就可以绘出特性曲线。

2．决策

（1）判断三极管 9012 和 9013 的类型及引脚。

（2）测量三极管 9013 的输出特性。

3．计划

所需仪表：毫安表、万用表、直流稳压电源。

所需元器件：电阻 10kΩ—1 只，100kΩ—1 只；三极管 9012，9013 各 1 只；电位器 10kΩ—2 只。

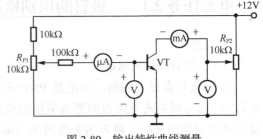

图 2-89　输出特性曲线测量

4．实施

（1）三极管的识别检测

参考上述"信息（1）"的内容判断三极管类型、各电极和 β 值。

（2）三极管的输出特性测试

① 焊接好测试电路，检查无误，确认没有问题时，接通电源 9V。

② 改变变阻器 R_{p1}，使得 $I_B=20\mu A$，$I_B=40\mu A$ 等常数。

③ 改变 R_{p2}，观察电流电压表，测量 U_{CE} 和 I_C，并计入表 2-4 中。

表 2-4

| $I_B/\mu A$ | I_C/mA | U_{CE}/V | | | | | | | |
		0.1	0.3	0.5	1.0	2.0	4.0	6.0	8.0
$I_B=20\mu A$									
$I_B=40\mu A$									
$I_B=60\mu A$									
$I_B=80\mu A$									
$I_B=100\mu A$									

5．检查

检查测试结果的正确执行，验证放大电路的放大倍数的正确性，分析出现的问题，并想办法提出解决方案。

6．评价

在完成实训之后，撰写实训报告，并在小组内进行自我评价和组员评价，最后由教师给出评价，3 个评价变成工作任务的综合评价。

单元任务 2.2　射极偏置共射放大电路静态工作点的调试

1．信息

图 2-90 所示为射极偏置共射放大电路图，R_{P1} 用来调节静态工作点。与共射极放大电路相比，加入射极电阻是为了增强静态偏置稳定性。当外部温度、三极管参数 β 等发生变化时，直流电流和电压的变化小，接近最初设定值。当在放大器的输入端加入交流电压信号 u_i 后，在放大器的输出端便可得到一个与 u_i 相位相反，幅值被放大了的输出交流电压信号 u_o，从而实现了电压放大。

三极管为非线性器件，要使放大器不产生非线性失真，就必须建立一个合适的静态工作点（Q点），使三极管工作在放大区。当 Q 点合适时，只要输入大小合适的信号，输出波形就不会失真。若 Q 过低，则 I_B 小，I_C 也会很小，由于 $U_{CE} = V_{CC} - I_C R_C$，所以 U_{CE} 将增大，三极管将进入截止区，如图 2-91（a）所示；当 Q 点过高，I_B 比较大，则 I_C 也会很大，U_{CE} 则很小，从而进入饱和区，产生饱和失真，如图 2-91（b）所示。

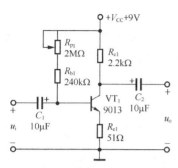

图 2-90　射极偏置共射放大电路

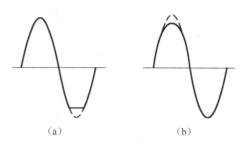

（a）　　　　　　　（b）

图 2-91　静态工作点对 u_O 波形失真的影响

（1）静态工作点的调试

如图 2-92 所示，放大电路静态工作点的调试是指通过改变电路参数以达到对管子集电极电流 I_C（或 V_{CE}）的调整。测量时，静态工作点选在交流负载线的中点。若工作点偏高，放大器电路在加入交流信号后易产生饱和失真；如工作点偏低则易产生截止失真，即 u_o 的正半周被消掉，如图 2-91 所示。对于线性放大电路而言，这些情况都不符合不失真放大的要求。

改变电路参数 V_{CC}（电源电压），R_c，R_B，都会引起静态工作点的变化，但当电路参数确定后，工作点的

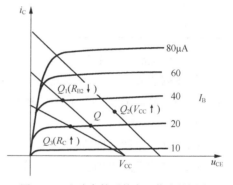

图 2-92　电路参数对静态工作点的影响

调整主要通过变阻器调节来实现，最终使输出波形达到最大且不失真，即为最佳的静态工作点。注意：即使 Q 点合适，若输入信号过大，则输出波形的饱和和截止失真会同时出现。

（2）静态工作点的测量

测量放大器的静态工作点，应在输入信号 $u_i=0$ 的情况下进行，然后选用量程合适的直流毫安表和直流电压表，分别测量三极的集电极电流 I_C 及各电极对地的电位 U_B、U_C 和 U_E。在实训中，采用间接测量电压的方法，算出 I_C。

本电路中，只要测出 U_{R_c}，即可用 $I_C \approx I_E = \dfrac{U_{R_c}}{R_c}$ 或 $I_C = \dfrac{V_{CC} - U_C}{R_c}$ 确定 I_C 的数值。同时也能算出 $U_{BE} = U_B - U_E$，$U_{CE} = U_C - U_E$。

2.　决策

（1）焊接共射极放大电路板。

（2）调节变阻器测试各极电位，计算电流。

3.　计划

（1）元器件清单如图 2-90 所示，三极管 VT_1 9013 的 β 值为 150。

（2）所用仪器：万用表或示波器。

4. 实施

（1）测量三极管的 β 值。

（2）按图 2-90 所示焊接电路。

① 静态测量与调整。焊接完毕仔细检查，确定无误后接通 9V 电源。改变 R_{p1}。记录 I_C 和 I_B 的多组测量值，可求得三极管 VT 的 β 值，可计算出 $\beta=\Delta I_C/\Delta I_B$。

② I_B 和 I_C 的测量和计算方法。

A. 测 I_B 和 I_C 一般可用间接测量法，即通过测 U_C 和 U_B，利用 R_c 和 R_b 值计算出 I_B 和 I_C。

B. 直接测量虽然直观，但操作不当容易损坏器件和仪表。不建议初学者采用。

③ 调整 R_{p1} 使 $U_E=1.0V$、2.2V、3.0V，测量以下数据填入表 2-5 中，并进行计算。

表 2-5

U_E	实　　测			实 测 计 算		
	U_{BE}/V	$U_{R_{c1}}/V$	$U_{R_{b1}}/k\Omega$	$I_B/\mu A$	I_C/mA	β
1.0V						—
2.2V						
3.0V						

（3）调整静态工作点

缓慢调节 R_{p1}，用万用表测量 U_B，U_C 及 U_E 电位，并计算 U_{BE}（V）和 U_{CE}（V），分析三极管工作状态，最后调节 $U_{CE}=4.4V$，测 $U_{R_{c1}}$，$U_{R_{b1}}$，计算 I_C 和 I_B。

5. 实验报告

（1）列表整理测量结果。

（2）讨论 R_{p1} 的变化对静态工作点的影响，从 U_{BE}，U_{CE} 数值能否判断三极管的工作状态。

单元任务 2.3　射极偏置共射放大电路动态分析

1. 信息

如图 2-90 所示电路，在单元任务 2.2 调节好静态工作点的基础上进行实验。接通直流电源，当在放大器的输入端加入输入交流电压信号 u_i 后，在放大器的输出端便可得到一个与 u_i 相位相反，幅值被放大了的输出交流电压信号 u_o，从而实现了电压放大。

理论计算参数如下。

画出电路的交流通路，计算电路的电压放大倍数

$$A_u = \frac{-\beta R_{c1}}{r_{be} + (1+\beta)R_{e1}}$$

输入电阻和输出电阻：

$$R_i = (R_{b1} + R_{P1})//[r_{be} + (1+\beta)R_{e1}]$$

$$R_o = R_{c1}$$

2. 决策

（1）测试电压放大倍数、输入电阻和输出电阻。

（2）测试通频带。

3. 实施

（1）在输入端输入峰峰值为 20mV，频率 1kHz 的正弦信号，用示波器同时测量输入、输出波形。读出波形大小，并记录放大倍数 $A_u = U_o / U_i$ _____。同时观察输入、输出信号的相位关系_____。

（2）测量输入电阻。在信号源与放大电路之间串入一固定电阻，在输出不失真的情况下，测量 U_s 及相应的 U_i，算出输入电阻 $R_i = \dfrac{U_i}{U_s - U_i} \cdot R_s$。

（3）测量输出电阻。在加入信号后，在输出不失真的条件下，先测出空载输出电压 U_O，再测接入负载 $R_L = 5.1\text{k}\Omega$ 后的输出电压 U_L，根据 $R_O = \left(\dfrac{U_O}{U_L} - 1\right) R_L$，即可求出 R_O。

（4）测试幅频特性。调节输入信号，使输出电压幅值为 1V，频率为 1kHz，然后保持输入信号幅值不变，调节输入信号频率，增大和减小分别读出输出信号幅值为 0.707V 时对应的信号频率，即为上限截止频率和下限截止频率。计算通频带。

单元任务 2.4　分压式偏置共射放大电路制作

1. 信息

实训电路如图 2-93 所示，分压偏置放大电路中 R_{b3}，R_{b4} 为三极管基极提高偏置电压。计算三极管 3 个电极电压分别为

基极电压：$U_B \approx \dfrac{R_{b4}}{R_{b3} + R_{b4}} V_{CC}$

发射极电压：$U_E = U_B - U_{BE} = U_B - 0.7\text{V}$

因为 $I_E \approx I_C$，故有集电极电压：

$$U_C = V_{CC} - U_{R_{e2}} = V_{CC} - I_C R_{c2} = V_{CC} - I_E R_{c2}$$

式中：$I_E = U_E / (R_{e1} + R_{e2})$。

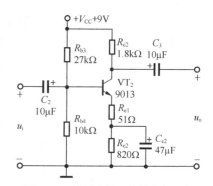

图 2-93　分压式偏置共射放大电路

2. 计划

所用仪器：函数信号发生器、双踪示波器、万用表等。

所用器件参数如图 2-93 所示，三极管 $VT_2$9013 的 β 值为 150。

3. 决策

（1）测量放大电路中三极管的 3 个电极电压。

（2）测量放大倍数，会正确连接电路。

4. 实施

（1）焊接好电路，确认电路没有问题后测试三极管 3 个电极电压值，并根据信息中的内容计算电极电压值，填入表 2-6。

表 2-6

测 量 值			计 算 值		
U_B/V	U_E/V	U_C/V	U_B/V	U_E/V	U_C/V

（2）在完成第一步的基础上，在输入端输入峰峰值为 20mV，频率 1kHz 的正弦信号，用示波器同时测量输入、输出波形。读出波形大小，并记录放大倍数 $A_u=U_o/U_i=$_____。同时观察输入、输出信号的相位关系_____。

（3）测量输入电阻。在信号源与放大电路之间串入一固定电阻，在输出不失真的情况下，测量 U_s 及相应的 U_i，算出输入电阻 $R_i=\dfrac{U_i}{U_s-U_i}\cdot R_s$。

（4）测量输出电阻。在加入信号后，在输出不失真的条件下，先测出空载输出电压 U_o，再测接入负载 $R_L=5.1\text{k}\Omega$ 后的输出电压 U_L，根据 $R_O=\left(\dfrac{U_o}{U_L}-1\right)R_L$，即可求出 R_O。

5．检查

检查测试结果的正确执行，验证放大电路的放大倍数，分析出现的问题，并想办法提出解决方案。

6．评价

在完成实训之后，撰写实训报告，并在小组内进行自我评价和组员评价，最后由教师给出评价，3 个评价变成单元任务的综合评价。

单元任务 2.5 两级放大电路的性能测试

1．信息

实训电路如图 2-94 所示，为单元任务 2.2 和 2.4 电路构成。两级放大电路前一级为射极偏置共射放大电路，后一级为分压式偏置放大电路。放大倍数是两级放大电路倍数的相乘。

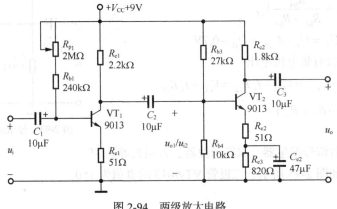

图 2-94 两级放大电路

2．计划

所用仪器：函数信号发生器、双踪示波器、交流毫伏表。

所用器件参数如图 2-94 所示。

3．决策

正确连接电路，测量两级放大倍数。

4．实施

（1）正确连接两级放大电路，接通直流电源，输入信号峰峰值为 10mV 的信号。用双踪示波器观察输入信号和输出信号波形，记录放大倍数和相位差，填入表 2-7 中。

表 2-7	放大倍数和相位差	
输 入 信 号	输 入 波 形	输 出 波 形
f=1kHz U_i=10mV		

（2）测试频率特性。接通输入信号，使输出电压幅值为固定值，频率为 1kHz，然后保持输入信号幅值不变，调节输入信号频率，增大和减小分别读出输出信号幅值为原来的 0.707 倍时对应的信号频率和相位差，对应频率即为上限截止频率和下限截止频率，并计算通频带。

5. 检查

根据测试结果验证放大电路的放大倍数，分析实验中出现的问题，并想办法提出解决方案。

6. 评价

在完成实训之后，撰写实训报告，并在小组内进行自我评价和组员评价，最后由教师给出评价，3 个评价变成工作任务的综合评价。

单元小结

1. 双极型三极管（BJT）有 NPN 和 PNP 两种类型，有两个 PN 结，称为发射结和集电结，形成 3 个区域：发射区、基区和集电区，3 个电极：发射极、基极和集电极。BJT 是电流型控制器件，利用基极电流控制集电极电流，实现电流放大作用。放大要求外加偏置电源来保证发射结正向偏置，集电结反向偏置，即保证放大电路有直流电路和交流电路。

2. 三极管的性能有输入特性和输出特性。其中输出特性分为 3 个工作区域：截止区、放大区、饱和区。为了实现线性放大，应使三极管工作在放大区。三极管的主要参数为电流放大倍数 $\beta=\Delta I_C/\Delta I_B$，其中 P_{CM}，I_{CM}，$U_{(BR)CEO}$ 保证了三极管的安全运行和选择 BJT 型号的极限参数指标。同时判断三极管质量优劣的参数为 I_{CEO}。

3. 三极管构成的放大电路有共发射极、射极偏置、分压偏置、共基极、共发射极等类型。对放大电路的分析有静态分析和动态分析，静态主要确定放大电路的静态工作点，确保 BJT 工作在合适的区域，能进行线性放大，有估算法和图解法。动态分析主要是求取电压放大倍数（衡量放大能力）、输入电阻（反映放大电路对信号源的影响程度）和输出电阻（反映放大电路的带负载能力）等用于判断电路的性能指标。有图解法和小信号模型分析法。三极管的参数易受温度影响，温度变化，静态工作点会偏移，严重时放大电路不能正常工作。放大电路会有截止失真和饱和失真的发生，故有最大不失真输出幅值（反映放大电路的最大输出能力）这个参数。常用的稳定静态工作点的电路有固定偏置放大电路。3 种组态放大电路应用不同的场合，共射极一般用于电压放大，共集电极常用于输入级、输出级或中间缓冲级，共基极常用于宽频放大器中。

4. 场效应管是一种利用外加电压产生的电场改变导电沟道的宽窄，从而控制漏极电流的半导体器件，它有结型和绝缘栅型两大类。前者利用耗尽层的宽度来改变导电沟道的宽窄，后者则利用半导体表面的电场效应，由感应电荷的多少来改变导电沟道的宽窄。场效应管是单极型的电压控制器件，场效应管按导电沟道的不同分为 N 沟道和 P 沟道。绝缘栅场效应管可分为耗尽型和增强型两类。有共源极、共漏极和共栅极 3 种组态。对设计者来说，应掌握器件的特性曲线和参数，跨导是场效应管最重要的参数，为保证安全可靠的工作，不应超过其极限参数。自偏置电路仅适用于 JFET 和耗尽型 MOSFET，分压式偏置电路适用于所有 FET。对电路的分析计算亦分为静态分析和动态分析，静态有图解法和近似计算，动态分析采用小信号模型分析法。

5. 多级放大电路各级之间的耦合方式有阻容耦合、变压器耦合、直接耦合和光电耦合 4 种。多级电路的放大倍数为各级放大倍数之积，输入电阻为第一级输入电阻，输出电阻为最后一级输出电阻。

6. 频率特性包括幅频特性和相频特性，反映了放大电路的放大倍数和相移与频率的关系，有上限和下限截止频率（反映放大电路对信号频率的适应能力）、通频带。放大电路的电压放大倍数在中频区所有电容的影响均可忽略，放大倍数与频率无关；在高频区由于管子极间电容和分布电容的影响，放大倍数的模下降，产生负的附加相移；在低频区由于耦合电容和射极旁路电容的影响，放大倍数的模下降，产生正的附加相移。多级放大电路的上限截止频率低于各级放大电路的上限频率，下限截止频率高于各级放大电路的下限频率。放大电路的级数越多，总的通频带越小于各级放大电路的通频带。

7. 光电三极管与光电二极管工作原理相同，区别之处在于光电流放大能力。光电耦合器是实现电-光-电信号转换的器件，分为线性耦合器和普通光电耦合器，分别作为信号线性传输和光电开关使用。

自测题

一、填空题

1. 温度升高时，BJT 的电流放大系数 β＿＿＿＿＿＿，反向饱和电流 I_{CEO}＿＿＿＿＿＿，发射结电压 U_{BE}＿＿＿＿＿＿。

2. 三极管工作在放大区，如果基极电流从 10μA 变化到 30μA 时，集电极电流从 1mA 变为 2mA，则该三极管的 β 为＿＿＿＿＿＿；α 约为＿＿＿＿＿＿。

3. 一只处于放大状态的三极管，测得 3 个电极的对地电位为 U_1=5V，U_2=1.7V，U_3=1V，则电极＿＿＿＿＿＿为基极，＿＿＿＿＿＿为集电极，＿＿＿＿＿＿为发射极，该管子为＿＿＿＿＿＿型三极管。

4. BJT 中 3 种击穿电压 $U_{(BR)CEO}$、$U_{(BR)CBO}$、$U_{(BR)EBO}$ 的大小关系为＿＿＿＿＿＿>＿＿＿＿＿＿>＿＿＿＿＿＿。

5. 放大电路的静态工作点是指＿＿＿＿＿＿时，在直流电源的作用下，各极电压、电流对应在三极管输入或输出特性曲线上的点。

6. 共集电极电路又称＿＿＿＿＿＿或＿＿＿＿＿＿；它的特点是＿＿＿＿＿＿，因此，它一般用于多级放大电路的＿＿＿＿＿＿。

7. 在共射、共集、共基 3 种组态的放大电路中，既能放大电流，又能放大电压的组态是＿＿＿＿＿＿电路；只放大电流，不放大电压的组态是＿＿＿＿＿＿电路；只放大电压，不放大电流的组态是_____电路。输入电阻最大的是_____电路。若希望高频性能好，则应选用_____放大电路。

8. 场效应管的类型按沟道分为_____和_____；按结构分有_____和_____；当 $u_{GS}=0$ 时，漏源极间存在导电沟道的称为_____型场效应管；漏源极间不存在导电沟道的称为_____型场效应管。

9. FET 工作在可变电阻区 u_{GS} 确定时，i_D 与 u_{DS} 基本上是_____关系，所以在这个区域中，FET 的 d、s 极间可以看成一个由 u_{GS} 控制的_____。

10. FET 管在输出特性上可分为_____区、_____区、_____区和_____区 4 个区域。

11. FET 放大器有_____、_____、_____ 3 种组态。

12. FET 放大器中，其输入电阻_____，故电流 $I_G \approx$ _____。

13. 放大电路的幅频特性是指_____随信号频率而变；相频特性是指输出信号与输入信号的_____随信号频率而变。

14. 一个放大电路的中频增益为 40dB，则在下限频率 f_L 处的增益为_____dB，在上限频率 f_H 处的电压放大倍数为_____倍。上限频率 f_H 与下限频率 f_L 之差称为放大电路的_____。

15. 在三级放大电路中，已知 $A_{u1}=A_{u2}=30\text{dB}$，$A_{u3}=20\text{dB}$，则总增益为_____dB，折合为_____倍。

二、选择题

1. BJT 能起放大作用的内部条件通常是（1）发射区掺杂浓度_____（高、低、一般）；（2）基区杂质浓度比发射区杂质浓度_____（高、低、相同）；（3）基区宽度_____（宽、窄、一般）；（4）集电结面积比发射结面积_____（大、小、相等）。

    A. 高/相同/窄/大　　B. 低/高/宽/小　　　　C. 低/高/一般/相等　　D. 高/低/窄/大

2. 设信号源内阻为 R_s，负载电阻为 R_L，放大器的输入、输出电阻分别为 R_i、R_o，当要求放大器恒压输出时，应满足_____。

    A. $R_o \ll R_L$　　　　B. $R_o \gg R_L$　　　　C. $R_i \gg R_s$　　　　D. $R_s \ll R_L$

3. 两个放大电路的增益相同，输入和输出电阻不同，对同一内阻的信号源电压进行放大。在负载开路的条件下测得 A 的输出电压小。说明 A 电路的_____。

    A. 输入电阻大　　B. 输入电阻小

    C. 输出电阻大　　D. 输出电阻小

4. 放大电路如图 2-95 所示，已知三极管的 $\beta=100$，则该电路中三极管的工作状态为_____。

    A. 放大　　　　　B. 饱和

    C. 截止　　　　　D. 无法确定

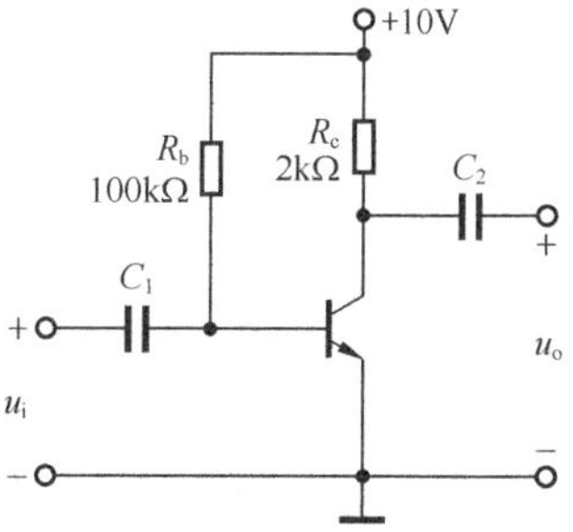

图 2-95

5. 如图 2-95 所示用直流电压表测出 $U_{CE} \approx 0$，有可能是因为_____。

    A. R_b 开路　　　B. R_c 短路　　　　C. R_b 过小　　　　D. V_{CC} 过小

6. 如图 2-95 所示用直流电压表测出 $U_{CE} \approx V_{CC}$，有可能是因为_____。

    A. R_b 短路　　　B. R_b 开路　　　　C. R_c 开路　　　　D. β 过大

习题

2.1 晶体管处于放大、饱和、截止各状态时，发射结、集电结如何偏置？此时 U_{BE}、U_{CE} 数值范围是多少？

2.2 在实际应用中，诸多因素造成三极管静态工作点不稳定。影响放大电路静态工作点不稳定的主要原因是什么？

2.3 何谓线性失真、非线性失真，两者有何区别？

2.4 场效应管放大电路的偏置电路有几种偏置方式？

2.5 放大电路的频率响应与哪些因素有关？

2.6 多级放大器的放大倍数是各级放大倍数的乘积，各极相连后随级数的增加，f_L、f_H、通频带如何变化？

2.7 什么是放大电路的幅频特性和相频特性？如何画波特图？

2.8 两只三极管的电流放大系数 β 分别为 100 和 50，现测得放大电路中这两只三极管两个电极的电流分别如图 2-96（a）、（b）所示。试分别求出另一电极的电流，标出其实际方向，并在圆圈中画出三极管。

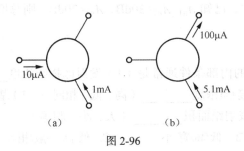

(a)   (b)

图 2-96

2.9 用直流电压表测得放大电路中的 BJT 的 3 个电极电位见表 2-8，试判断三极管的类型是 NPN 还是 PNP，是硅管还是锗管，并确定其 3 个电极。

表 2-8

	甲	乙	丙	丁
U_1/V	3.7	3.3	4	6.1
U_2/V	3	8	6	4
U_3/V	8	3	6.7	6.4

2.10 某三极管的极限参数 $I_{CM}=100\text{mA}$，$P_{CM}=150\text{mW}$，$U_{(BR)CEO}=30\text{V}$，若工作电压 $U_{CE}=10\text{V}$，则工作电流 I_C 不应超过多大？若工作电流 $I_C=1\text{mA}$，则工作电压的极限值应为多少？

2.11 如图 2-97（a）所示电路，参数不同时的静态工作点如图 2-97（b）所示。

（1）说明在工作点 Q_1，I_B、I_C、U_{CE} 各为多少，BJT 的 β 为多少。

（2）分别说明什么参数变化时，使静态工作点从 Q_1 变到 Q_2，又从 Q_2 变到 Q_3。

（3）分别说明在空载情况下，当输入电压增大时，4 个 Q 点中哪些先出现截止失真，哪些先出现饱和失真，如何消除这些失真。

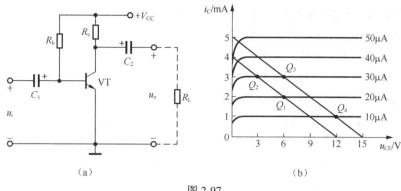

（a）　　　　　　　　　　　　　　（b）

图 2-97

2.12　如图 2-98 所示电路，$\beta=60$，测得其参数如表 2-9 所示，试分析各组电路的工作是否正常，若不正常，指出其可能出现的问题。

2.13　如图 2-99 所示，已知 $U_{BE}=0.7V$，$\beta=80$，$R_c=5k\Omega$，$R_L=5k\Omega$，$V_{CC}=12V$；静态时测得管压降 $U_{CE}=6V$。

（1）R_b 约等于多少？

（2）求电压放大倍数、输入电阻和输出电阻。

（3）为使静态参数 $I_C=2mA$，$U_{CE}=6V$，R_c、R_b 阻值应取多少？

（4）若 R_c 值不变，欲获得 40dB 的电压增益，则 R_b 阻值应改为多少？

图 2-98

表 2-9

	甲	乙	丙	丁	戊	己	庚
U_B/V	0.98	0.70	0.7	0	5	1.15	指针微动
U_E/V	0.28	指针微动	0	0	0	0.45	指针微动
U_C/V	4.59	10	4.42	5	5	1.15	10

2.14　放大电路如图 2-100 所示，已知电容量足够大，$V_{CC}=12V$，$R_b=300k\Omega$，$R_{e1}=200\Omega$，$R_{e2}=1.8k\Omega$，$R_c=2k\Omega$，$R_L=2k\Omega$，$R_s=1k\Omega$，三极管的 $\beta=50$，$U_{BE}=0.7V$。试求：

（1）计算静态工作点（I_B、I_C、U_{CE}）；

（2）计算电压放大倍数 A_u、源电压放大倍数 A_{us}、输入电阻 R_i 和输出电阻 R_o；

（3）若 u_o 正半周出现图中所示失真，试问该非线性失真类型是什么，如何调整 R_b 值以改善失真？

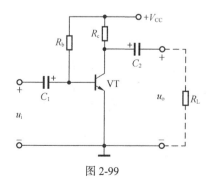

图 2-99

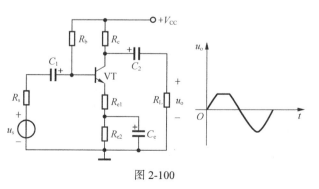

图 2-100

2.15 放大电路如图 2-101 所示，已知三极管 $\beta=80$，$U_{BE}=0.7V$，各电容对交流的容抗近似为零，$R_{b1}=R_{b2}=150k\Omega$，$R_c=10k\Omega$，$R_L=10k\Omega$，试求：

（1）画出该电路的直流通路，求 I_B、I_C、U_{CE}；

（2）画出交流通路及小信号等效电路；

（3）求电压放大倍数 A_u、输入电阻 R_i 和输出电阻 R_o。

2.16 放大电路如图 2-102 所示，BJT 为锗管。已知 $\beta=50$，当开关 S 分别与 A、B、C 三点连接时，试分析 BJT 工作在什么状态，并估算集电极电流。

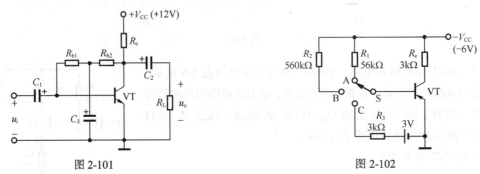

图 2-101   图 2-102

2.17 放大电路如图 2-103 所示，已知电容量足够大，$V_{CC}=12V$，$R_{b1}=15k\Omega$，$R_{b2}=5k\Omega$，$R_e=2.3k\Omega$，$R_c=5.1k\Omega$，$R_L=5.1k\Omega$，三极管的 $\beta=100$，$U_{BE}=0.7V$。试：

（1）计算静态工作点（I_B、I_C、U_{CE}）；

（2）画出放大电路的小信号等效电路；

（3）计算电压放大倍数 A_u、输入电阻 R_i 和输出电阻 R_o；

（4）若断开 C_e，则对静态工作点、放大倍数、输入电阻的大小各有何影响；

（5）如调节 R_{b2} 逐渐减小，将会出现什么性质的非线性失真，画出波形图。

2.18 图 2-104 所示三极管放大电路中，$\beta=100$，$U_{BE}=0.7V$，各电容对交流的容抗近似为零。

（1）该电路为何种组态？

（2）求电压放大倍数、输入电阻和输出电阻。

2.19 两级放大电路如图 2-105 所示，设三极管的参数相同，$\beta=50$，$U_{BE}=0.7V$。

（1）求静态工作点。

（2）画出对应的微变等效电路。

（3）求 A_u、R_i、R_o。

（4）若 $U_s=10mV$，求 U_o。

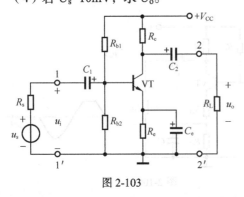   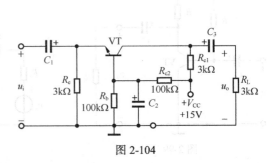

图 2-103   图 2-104

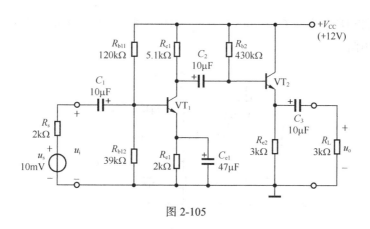

图 2-105

2.20　某放大电路的波特图如图 2-106 所示，则其中频电压放大倍数为多少？上限截止频率和下限截止频率各为多少？当 $f = f_L$ 或 $f = f_H$ 时，电路的放大倍数为多少分贝？

2.21　图 2-107 所示为场效应管的转移特性曲线，由图可知，该管的类型是何沟道何类型 MOS 管？

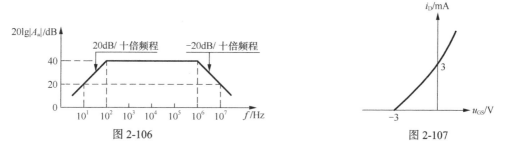

图 2-106　　　　　　　　　　　图 2-107

2.22　N 沟道 JFET 场效应管放大电路如图 2-108 所示，已知管子参数 $U_{GS(off)} = -4V$，$I_{DSS} = 8mA$，试求 U_G、I_{DQ}、U_{GSQ}、U_{DSQ}。

2.23　由 BJT 和 JFET 组成的放大电路如图 2-109 所示，设三极管的放大倍数为 β，输入电阻为 r_{be}，JFET 跨导为 g_m，试求电压放大倍数，输入电阻和输出电阻。

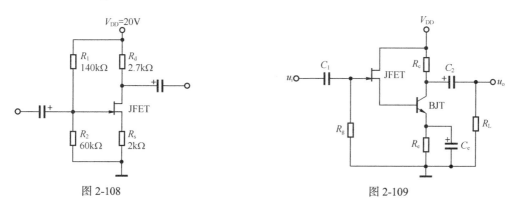

图 2-108　　　　　　　　　　　图 2-109

2.24　图 2-110 所示电路中场效应管的转移特性表达为 $I_D = I_{DO}\left(\dfrac{U_{GS}}{U_{GS(th)}} - 1\right)^2$，其中 $I_{DO} = 3mA$，

$U_{\text{GS(th)}} = 2\text{V}$，已知电路静态时 $I_{\text{DQ}} = 1\text{mA}$，$U_{\text{DSQ}} = 4\text{V}$。试求：$R_s$、$R_d$ 应取多大；电压放大倍数、输入电阻和输出电阻。

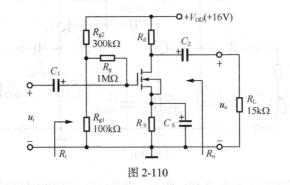

图 2-110

集成运算放大器及基本应用

教学导航

单元任务	简易函数发生器制作
建议学时	10 学时
完成单元任务 所需知识	1. 差模信号、共模信号和共模抑制比的概念。 2. 集成运算放大器的构成和主要参数。 3. 差分放大电路的静态分析和动态分析方法。 4. 理想集成运算放大器在线性工作区和非线性工作区（或放大区、饱和区）的特点。 5. 掌握基本运算放大器中的比例运算电路、加减运算电路、微分积分运算电路和对数指数运算电路的结构和分析、计算方法
知识重点	差模信号、共模信号的概念，集成运算放大器线性区、非线性区的特点和基本运算电路的分析计算
知识难点	区分线性区和非线性区及基本运算电路的分析计算
职业技能训练	1. 能读懂、识别集成运算放大器的型号，并能进行功能测试和好坏判断。 2. 能利用网络查找器件的资料，并能读懂引脚功能。 3. 能阅读简单的英文技术资料，理解器件的参数含义。 4. 能对器件的功能进行测试和判断。 5. 培养团队精神
推荐教学方法	任务驱动——教、学、做一体教学方法：从单元任务出发，通过课程听讲、教师引导、小组学习讨论、实际电路焊接、测试，完成单元任务所需知识点和相应的技能

3.1 集成运算放大器基础

3.1.1 概述

利用半导体制造工艺的基础，把整个电路中所有元器件制作在一块硅基片上，构成一片特定功能的电子电路，称为集成电路。集成电路具有体积小、性能好的特点。按其功能来分，有数字集成电路和模拟集成电路两种类型。在模拟集成电路中，集成运算放大器（简称集成运放）是应用最为广泛的集成电路之一。集成运放对差模信号放大倍数大，输入阻抗高，输出阻抗低。由于它最初做运算、放大使用，所以取名为集成运算放大器。其典型应用包括放大电路、振荡器、滤波电路和其他类型的装置电路。

图 3-1 是一个基本运算放大器，它有两个输入端和一个输出端，这主要是由于输入级为差分放大电路。如果输入信号加到 u_+ 端，则输出信号与输入信号极性（或相位）相同，因此正（+）输入端称为同相输入端。如果输入信号加到 u_- 端，则输出信号和输入信号极性（或相位）相反，因此负（-）输入端称为反相输入端。

1. 单端输入

单端输入是指输入信号接到一个输入端，而另一个输入端接地时的情况。图 3-2（a）中，反相输入端接地，输入信号接到同相输入端，因此输出信号和输入信号相位相同。图 3-2（b）中，同相输入端接地，输入信号接到反相输入端，因此输出信号和输入信号相位相反。

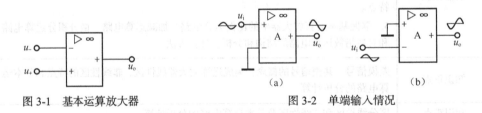

图 3-1 基本运算放大器　　　　图 3-2 单端输入情况

2. 双端输入

如图 3-3（a）所示，输入信号加到了两个输入端之间，输出信号和从同相输入端到反相输入端的信号同相位。如图 3-3（b）所示，当两个独立信号分别加到两个输入端时，两信号的差信号进行响应。当两个输入端分别接入两个极性相反的信号，称为差模输入方式（Differential-mode Input）。当两个输入端同时接入一个相同的信号，称为共模输入方式（Common-mode Input），如图 3-4 所示。

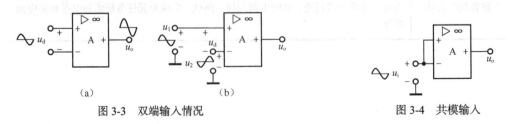

图 3-3 双端输入情况　　　　　　　　　图 3-4 共模输入

3.1.2 集成运算放大器基础

集成运算放大器（Integrated Operational Amplifier）具有很高的放大倍数，很大的输入电阻和低的输出阻抗。其内部构成的基本电路中有差分放大电路，使其具有两个输入端，如图 3-1 所示。同时集成运放也是一个直接耦合的多级放大器，它的转移特性如图 3-5 所示。图中 BC 段为集成运放工作的线性区（或放大区），AB 和 CD 段为集成运放工作的非线性区（或饱和区）。由于集成运放的电压放大倍数高，BC 段十分接近纵轴。工作在线性区的集成运放，其交流等效电路如图 3-6（a）所示，对两个输入端的输入信号而言，输入电阻通常非常大，输出电压为输入信号乘以放大倍数，输出阻抗通常很小。理想集成运放的交流等效电路如图 3-6（b）所示，具有放大倍数 $A_{uo} \to \infty$，输入阻抗 $R_{id} \to \infty$，输出阻抗 $R_o \to 0$，共模抑制比 $K_{CMR} \to \infty$。

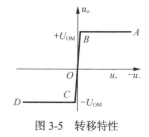

图 3-5 转移特性

集成运放符号用图 3-7（a）、（b）简化表示。在器件手册中，各厂生产的集成运放均列有其引脚功能。在采用集成运放的电路中，均采用图 3-7（a）或（b）的简化符号来表示。而省略电源端子及其他功能端的表示。

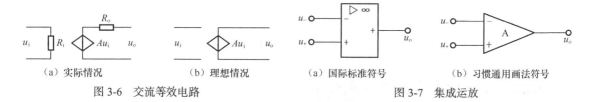

（a）实际情况　　　　　　　（b）理想情况　　　　　　（a）国际标准符号　　　　　（b）习惯通用画法符号

图 3-6 交流等效电路　　　　　　　　　　图 3-7 集成运放

3.1.3 集成运算的基本结构

集成运算放大器内部是多级直接耦合的放大电路，集成运放的类型很多，电路内部组成不尽相同，但结构具有相同之处。图 3-8 所示为集成运放内部电路组成原理框图。集成运放内部电路

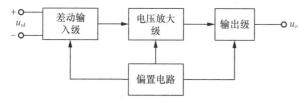

图 3-8 集成运算放大器内部组成原理框图

一般由差分输入级、中间电压放大级、输出级和偏置电路 4 部分组成。图中输入级一般是由 BJT、JFET 或 MOSFET 组成的差分放大电路，利用差分电路的对称特性可以提高整个电路的性能，如共模抑制比。差分放大电路的两个输入端构成整个集成电路的反相输入端和同相输入端。差分输入级是为了减少零点漂移和抑制共模干扰信号，要求输入级温漂小、共模抑制比高、有极大的输入阻抗，一般采用高性能的恒流源差分放大电路，也是提高性能指标的关键。中间级主要是提供运算放大器的放大倍数，因此中间级有较高的电压放大倍数，它由一级或多级放大电路组成。输出级具有较大的输出电压幅度、较高的输出功率与较低的输出电阻等特点，因此，一般采用复合管构成的共集电极电路作为输出级，并具有过载保护，一般采用准互补输出。其中偏置电路一般由恒流源组成，用来为各级放大电路提供合适的偏置电流，使之具有

适当的静态工作点。一般也用来作为放大器的有源负载和差动放大器的发射极电阻。

3.2 差分放大电路

差分放大电路（Differential Amplifier）是集成运算放大器的重要组成部分。基本差分放大电路的结构如图 3-9 所示。它具有两个输入端和两个输出端，两个三极管的发射极连接在一起，两个电路参数和管子特性完全相同并对称。多数采用独立双电源供电，也可采用单电源供电。

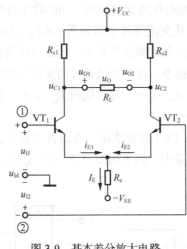

图 3-9　基本差分放大电路

3.2.1　差分放大电路的静态分析

如图 3-9 所示，两输入端连接交流电压信号源，当 $u_{I1} = u_{I2} = 0$ 时，其直流电压为零，由于电路完全对称，$R_{c1} = R_{c2} = R_c$，$U_{BE1} = U_{BE2} = U_{BE}$，这时 $I_E = \dfrac{V_{EE} - U_{BE}}{R_e}$，当 $\beta \gg 1$ 时，

$$I_{C1} = I_{C2} = I_C \approx I_{E1} = I_{E2} = I_E/2 = \frac{V_{EE} - U_{BE}}{2R_e}。$$

$$U_{C1} = U_{C2} = V_{CC} - I_C R_c$$

故输出电压 $u_O = U_{C1} - U_{C2} = 0\text{V}$。

由此可知，当输入信号为零时，差分放大电路的输出电压信号 u_O 也为零。

然而，当放大电路的输入端短路时，输出端仍有缓慢变化的电压出现，即输出电压偏离原来的起始点而上下漂动，这个输出电压称为漂移电压，这种现象称为零点漂移。

集成运放内部采用直接耦合的多级放大电路，其前一级的输出漂移电压会作为后一级的输入信号，漂移电压经过逐级放大后，最终输出端产生较大的漂移电压，当输出端漂移电压量与有效信号电压量相差不大时，就很难区分出有效信号和漂移电压，使放大电路无法正常工作。温度变化引起的三极管参数发生变化是产生零点漂移现象的主要原因，因此，零点漂移也称为温度漂移。

在差分放大电路中，由于两管参数相同，当温度发生变化时，两个三极管参数变化也相同。即 $\Delta I_{C1} = \Delta I_{C2}$，$\Delta U_{C1} = \Delta U_{C2}$，则输出变化量为

$$\Delta U_O = \Delta U_{O1} - \Delta U_{O2} = \Delta U_{C1} - \Delta U_{C2} = 0$$

由此表明，差分放大电路是利用两个三极管参数相同，互相补偿抑制了零漂。然而在实际生产中，两管特性不可能完全相同，但输出漂移电压已大大减小。由于差分放大电路有抑制漂移电压的作用，特别适合作为多级直接耦合放大电路的输入级，因此在模拟集成电路中使用广泛。

3.2.2 差分放大电路动态分析

1. 差模输入

当输入差模信号（即 $u_{I1} = -u_{I2}$）时，由于电路对称，有 $\Delta i_{C1} = -\Delta i_{C2}$，$\Delta i_{E1} = -\Delta i_{E2}$，所以 $\Delta i_E = \Delta i_{E1} + \Delta i_{E2} = 0$，则 $\Delta u_{R_e} = 0$，故电阻 R_e 上不存在差模信号。差分放大电路的交流等效电路如图 3-10 所示，R_e 对交流信号而言看作短路，如图 3-10 中虚线所示。

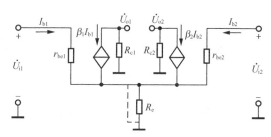

图 3-10 图 3-9 的交流等效电路

（1）双端输入

首先假设两个三极管完全相同，则有

$$r_{be1} = r_{be2} = r_{be}, \quad \beta_1 = \beta_2 = \beta$$

差模输入时 $\Delta u_{I1} = -\Delta u_{I2}$，所以基极交流电流：

$$\dot{I}_{b1} = -\dot{I}_{b2} = \dot{I}_b$$

$$\dot{U}_{i1} - \dot{U}_{i2} = 2\dot{I}_b r_{be}$$

$$\dot{U}_{o1} = -\dot{I}_{c1} R_c = -\beta \dot{I}_b R_c$$

$$\dot{U}_{o2} = -\dot{I}_{c2} R_c = \beta \dot{I}_b R_c$$

定义差模输入为 $\dot{U}_{id} = \dot{U}_{i1} - \dot{U}_{i2}$，则 $\dot{U}_{id} = 2\dot{I}_b r_{be}$，那么可以计算出，从两个集电极得到的输出电压为

$$\dot{U}_o = \dot{U}_{o1} - \dot{U}_{o2} = -2\beta \dot{I}_b R_c$$

所以，双端输出的电压放大倍数为

$$\dot{A}_d = \frac{\dot{U}_o}{\dot{U}_{id}} = -\frac{\beta R_c}{r_{be}} \text{（带负载时 } \dot{A}_d = -\frac{\beta(R_c \,/\!/\, R_L/2)}{r_{be}} \text{）}$$

输入电阻为

$$R_i = U_{id}/I_{b1} = U_{id}/I_b = 2r_{be}$$

输出电阻为

$$R_o = 2R_c$$

如果输出信号仅从 u_{O1} 输出，那么单端输出电压放大倍数为

$$\dot{A}_{ud1} = \frac{\dot{U}_{o1}}{\dot{U}_{id}} = -\frac{\beta R_c}{2r_{be}} \text{（带负载时 } \dot{A}_{ud1} = -\frac{\beta(R_c \,/\!/\, R_L)}{2r_{be}} \text{）}$$

如果输出信号仅从 u_{O2} 输出，则单端输出电压放大倍数为

$$\dot{A}_{ud2} = \frac{\dot{U}_{o2}}{\dot{U}_{id}} = \frac{\beta R_c}{2r_{be}} \text{（带负载时 } \dot{A}_{ud2} = \frac{\beta(R_c \,/\!/\, R_L)}{2r_{be}} \text{）}$$

单端输出时，输出电阻为

$$R_o = R_c$$

（2）单端输入

单端输入电路如图 3-11 所示，交流等效电路如图 3-12 所示。

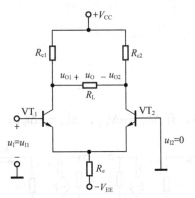

图 3-11　单端输入的差分放大电路

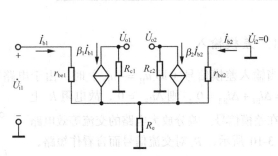

图 3-12　图 3-11 的交流等效电路

在等效电路中由于 R_e 很大，电路可简化为图 3-13，$\dot{U}_i = \dot{U}_{i1} = \dot{I}_{b1} r_{be1} - \dot{I}_{b2} r_{be2}$，因此 $\dot{I}_b = \dfrac{\dot{U}_i}{2r_{be}}$（其中 $r_{be} = r_{be1} = r_{be2}$，$\dot{I}_b = \dot{I}_{b1} = -\dot{I}_{b2}$）。

如果 $\beta_1 = \beta_2 = \beta$，则 $\dot{I}_{c1} = \beta \dot{I}_b = \beta \dfrac{\dot{U}_i}{2r_{be}}$。

VT_1 管单端输出电压为 $\dot{U}_o = \dot{U}_{c1} = -\dot{I}_{c1} R_c = -\beta \dfrac{\dot{U}_i}{2r_{be}} R_c$（其中 $R_c = R_{c1} = R_{c2}$）。

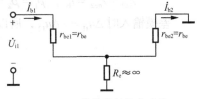

图 3-13　共模等效部分电路

因此，单端输入、单端输出电压放大倍数为

$$\dot{A}_{ud1} = \frac{\dot{U}_o}{\dot{U}_i} = -\frac{\beta R_c}{2r_{be}} （带负载时 \dot{A}_{ud1} = -\frac{\beta(R_c /\!/ R_L)}{2r_{be}}）$$

输入电阻为

$$R_i = U_{i1}/I_{b1} = 2r_{be} I_b / I_b = 2r_{be}$$

输出电阻为

$$R_o = R_c$$

而

$$\dot{U}_{c2} = -\dot{I}_{c2} R_c = -\beta \dot{I}_{b2} R_c = \beta \dot{I}_b R_c = \beta \frac{\dot{U}_i}{2r_{be}} R_c$$

所以单端输入、双端输出电压放大倍数为

$$\dot{A}_{ud} = \frac{\dot{U}_{c1} - \dot{U}_{c2}}{\dot{U}_i} = -\beta \frac{\dot{U}_i R_c}{r_{be}} \bigg/ \dot{U}_i = -\beta \frac{R_c}{r_{be}} （带负载时 \dot{A}_{ud} = -\frac{\beta(R_c /\!/ (R_L/2))}{2r_{be}}）$$

输入电阻为 $R_i = 2r_{be}$，输出电阻为

$$R_o = 2R_c$$

（3）单端输入的等效

单端输入时可以采用等效变换的方式，将信号分解为差模信号和共模信号。如图 3-14 所示信

号可等效为如图 3-15 所示信号。假设单端输入时，$u_{I1} = u_I$，$u_{I2} = 0$，可以有 $u_{Id} = u_I$，$u_{Id1} = +\frac{1}{2}u_I$，

$u_{Id2} = -\frac{1}{2}u_I$，而 $u_{Ic} = \frac{1}{2}u_I$。由此可知，单端输入与双端输入的工作情况没有区别。

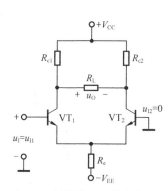

图 3-14　单端输入差分放大电路

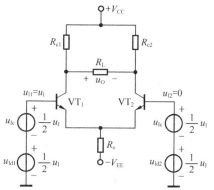

图 3-15　单端输入信号的分解

2. 共模输入

当差分放大电路接入共模信号，即 $u_{I1} = u_{I2} = u_{Ic}$ 时，因两个管子的电流变化量相同，即 $\Delta i_{C1} = \Delta i_{C2}$，$\Delta i_{E1} = \Delta i_{E2}$，所以 $\Delta i_E = 2\Delta i_{E1}$，$\Delta u_{R_e} = 2\Delta i_{E1}R_e$，对每个三极管而言，相当于每个射极接上 $2R_e$ 的电阻，其交流通路等效如图 3-16 所示。

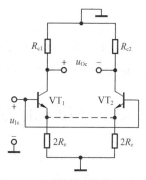

图 3-16　双端输出时共模交流通路

（1）双端输出

由于差分放大电路参数相等并对称，共模输出电压 $u_{Oc} = u_{Oc1} - u_{Oc2} \approx 0$，其双端输出的共模电压放大倍数为

$$\dot{A}_{uc} = \frac{\dot{U}_{oc}}{\dot{U}_{ic}} = \frac{\dot{U}_{oc1} - \dot{U}_{oc2}}{\dot{U}_{ic}} = 0$$

由此可知，差分放大电路能够放大差模输入信号，抑制共模输入信号，所以差分放大电路有一个重要指标就是对共模信号的抑制能力，通常用共模抑制比 K_{CMR} 来表示。其定义为电路的差模电压放大倍数与共模电压放大倍数之比的绝对值，即

$$K_{CMR} = \left| \frac{\dot{A}_{ud}}{\dot{A}_{uc}} \right|$$

K_{CMR} 值越大，表明抑制共模信号的能力越强。共模抑制比通常用分贝（dB）来表示，即

$$K_{CMR} = 20\lg \left| \frac{\dot{A}_{ud}}{\dot{A}_{uc}} \right| \text{dB} \tag{3-1}$$

双端输出时，在理想情况下（电路参数完全相等）差分放大电路的共模电压放大倍数为零，即 $A_{uc} = 0$，共模抑制比为无穷大。实际上电路的参数不可能完全一致，输出端总会有一个比较小的共模输出电压存在，所以共模电压放大倍数不为零。共模电压放大倍数越小，放大电路抑制零漂和抗干扰的能力越强，集成运放电路的 K_{CMR} 一般为 $120 \sim 140\text{dB}$。

（2）单端输出

共模输入时，单端输出的交流通路如图 3-17 所示。共模电压放大倍数为

$$A_{uc1} = \frac{u_{Oc}}{u_{Ic}} \approx -\frac{\beta R_c}{2(1+\beta)R_e} \text{（带负载时 } A_{uc1} \approx -\frac{\beta(R_c // R_L)}{2(1+\beta)R_e}） \tag{3-2}$$

由于 $\beta \gg 1$，上式可化简为

$$A_{uc1} \approx -\frac{R_c}{2R_e}$$

输入电阻为

$$R_i = \frac{u_{Ic}}{2i_{B1}} = \frac{1}{2}[r_{be} + (1+\beta)2R_e]$$

从而可得到单端输出时共模抑制比为

$$K_{CMR} = \left| \frac{\dot{A}_{ud1}}{A_{uc1}} \right| = \left| \frac{-\dfrac{\beta R_c}{2r_{be}}}{-\dfrac{R_c}{2R_e}} \right| = \frac{\beta R_e}{r_{be}} \tag{3-3}$$

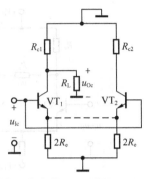

图 3-17 单端输出时共模交流通路

3.3 恒流源的应用

　　一个性能优越的差分放大电路具有很高的差模放大倍数，并尽量降低共模放大倍数（理想情况为 0）来提高电路的共模抑制能力。从式（3-2）和式（3-3）可以看出，R_e 越大，A_{uc1} 越小，K_{CMR} 越大。因此通常增大电阻 R_e 来改善电路的性能。增大交流电阻 R_e 的常用方法是使用恒流源。

3.3.1 恒流源作为偏置电路

　　图 3-18（a）所示电路是一个采用恒流源的差分放大电路，将恒流源简化（又称电流源）后等效电路如图 3-18（b）所示。图 3-18（a）中恒流源作为偏置电路，为放大器提供稳定的偏置电流。从恒流源的特性可知，它的交流等效电阻很大，而直流压降不高，这样能提高共模抑制比，因此恒流源在集成运放电路中广泛应用。

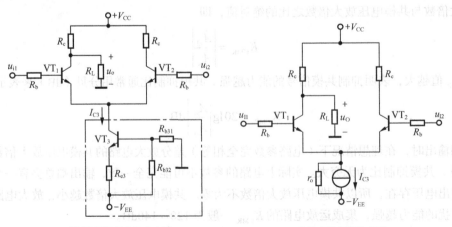

（a）带恒流源的差分放大电路　　　　　　　　（b）电路的简化表示

图 3-18 具有恒流源的差分放大电路

由图 3-18（a）有

$$I_{C3} \approx I_{E3} = \frac{U_{R_{e3}}}{R_{e3}} = \left[\frac{R_{b32}}{(R_{b31} + R_{b32})} \cdot V_{EE} - U_{BE3} \right] / R_{e3}$$

$$I_{C1} = I_{C2} \approx \frac{1}{2} I_{C3}$$

差模电压放大倍数、输入电阻、输出电阻的计算与 3.2 节所述相同，R_e 改为 r_o 即可。

3.3.2　恒流源

1. 镜像电流源

镜像电流源（Current Mirror）电路如图 3-19 所示，设图中 VT_1、VT_2 的参数完全相同，即 $U_{BE1} = U_{BE2} = U_{BE}$，$\beta_1 = \beta_2 = \beta$，$I_{C1} = I_{C2}$，故

$$I_{B1} = I_{B2} = I_B$$

$$I_{C2} = I_{C1} = I_R - 2I_B = I_R - 2\frac{I_{C2}}{\beta}$$

所以

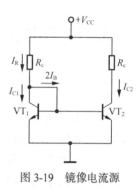

图 3-19　镜像电流源

$$I_{C2} = \frac{I_R}{1 + 2/\beta} \qquad （3-4）$$

当 β 较大时，上式中 $2/\beta \approx 0$，所以 VT_2 的集电极电流 I_{C2} 可近似等于基准电流 I_R，即

$$I_{C2} \approx I_R = \frac{V_{CC} - U_{BE}}{R} \approx \frac{V_{CC}}{R} \qquad （3-5）$$

由上式可以看出，当电源 V_{CC} 和 R 确定后，I_R 就可计算出来，I_{C2} 近似等于 I_R，其关系如同镜像，故称为镜像电流源。

2. 微电流源

从镜像电流源计算式（3-5）知，要想获得小电流，就要增大 R 的阻值，但是集成运放电路中的电阻是用半导体电阻组成，其阻值只能在几十欧姆至几十千欧姆，因此 R 不可能太大。为此在三极管 VT_2 的发射极接入电阻 R_{e2}，如图 3-20 所示。可知 $U_{BE2} < U_{BE1}$，故有

$$I_{C2} \approx I_{E2} = \frac{U_{BE1} - U_{BE2}}{R_{e2}} = \frac{\Delta U_{BE}}{R_{e2}} \qquad （3-6）$$

由于 ΔU_{BE} 的数值很小，用阻值不大的 R_{e2} 就可获得微小的电流，故称为微电流源。

3. 电流源用作有源负载

微电流源在模拟集成电路中还用于代替放大电路中集电极电阻 R_c 作为有源负载，可显著提高电压放大倍数，且不需要很高的电源电压，也能够较好地改善电路性能。如图 3-21 所示恒流源作为集电极负载，三极管 VT_1 用作放大，VT_2、VT_3 构成恒流源作为 VT_1 的集电极有源负载，可计算出其电压放大倍数 $A_u = -\beta(r_{ce1} // r_{ce2} // R_L)/r_{be}$。

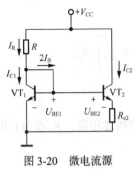

图 3-20 微电流源

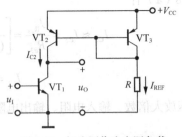

图 3-21 恒流源作为有源负载

3.4 集成运算放大器

3.4.1 基本运算放大器

1. 反相比例运算电路

图 3-22 所示电路是反相比例运算电路（Reverse Proportion Circuit）。输入信号从反相输入端输入，同相输入端通过电阻接地。由于理想集成运放 $A_{uo} \to \infty$ ，所以可以认为两个输入端之间的差模电压近似为零，即 $u_{id} = u_- - u_+ \approx 0$ ，即 $u_- = u_+$ ， u_o 具有一定数值。由于两个输入端之间的电压差近似为零，又不是短路，故称为"虚短"。由于理想集成运放的输入电阻 $R_{id} \to \infty$ ，故可以认为两个输入端电流为零，即 $i_- = i_+ \approx 0$ ，由此可认为输入端相当于断路，又不是断开，称为"虚断"。

根据"虚短"和"虚断"的特点，有 $u_- = u_+ = 0$ ， $i_- = i_+ = 0$ 。从图中可以知道，运放反相输入端等于同相输入端电压，同相输入端与地等电位，反相输入端等于同相输入端电位，称

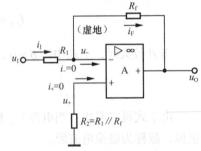

图 3-22 反相比例运算电路

为"虚地"。因此， $i_1 = \dfrac{u_1}{R_1}$ ， $i_F = \dfrac{u_- - u_O}{R_f} = -\dfrac{u_O}{R_f}$ 。又因 $i_- = 0$ ，故 $i_1 = i_F$ ，则可得

$$u_O = -\frac{R_f}{R_1}u_1 \qquad (3-7)$$

式（3-7）表明了 u_O 与 u_1 符合比例运算关系，式中负号表示输出电压与输入电压的相位（或极性）相反。从而电压放大倍数为

$$A_{uf} = \frac{u_O}{u_1} = -\frac{R_f}{R_1} \qquad (3-8)$$

改变 R_f 和 R_1 的数值，即可改变电压放大倍数。

由于偏置电流的影响，反相输入端外接电阻为 $R_1 /\!/ R_f$ ，同相输入端电阻 $R_2 = R_1 /\!/ R_f$ 时，才能使输入信号为零时，输出信号也为零。

2. 同相比例运算电路

图 3-23 所示电路为同相比例运算电路（the in-phase Proportion Circuit）。

由上述虚短、虚断性质可知 $u_- = u_+ = u_I$，$i_1 = i_F$，即

$$u_O = \left(1 + \frac{R_f}{R_1}\right)u_I \qquad (3\text{-}9)$$

则电压放大倍数为

$$A_{uf} = \frac{u_O}{u_I} = 1 + \frac{R_f}{R_1} \qquad (3\text{-}10)$$

式（3-9）表明，该电路与反相比例运算电路一样，u_O 与 u_I 同样符合比例运算关系，不过输出电压与输入电压相位（或极性）相同。

在图 3-23 中若去掉电阻 R_1，转变为如图 3-24 所示电路，这时

$$u_O = u_- = u_+ = u_I$$

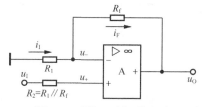

图 3-23　同相比例运算电路

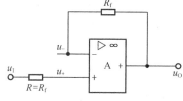

图 3-24　电压跟随器

这说明 u_O 与 u_I 大小相等，相位也相同，起到电压跟随的作用，称为电压跟随器（Voltage Follower）。其电压放大倍数为

$$A_{uf} = \frac{u_O}{u_I} = 1 \qquad (3\text{-}11)$$

3.4.2　集成运算放大器构成

1. 复合管

常用将两个双极型晶体管连接在一起构成一个更大电流放大系数的晶体管，称为达林顿连接。

如图 3-25 所示电路中的复合管，前管 VT$_1$ 为小功率管，后管 VT$_2$ 采用大功率管。等效参数为 $\beta \approx \beta_1\beta_2$，$r_{be} = r_{be1} + (1+\beta_1)r_{be2}$，习惯上称为达林顿管（Darlington Transistor）。这样复合后的达林顿管特性容易一致。

不同极性三极管组成的复合管，其连接原则和等效管型判断方法为：复合管的等效管型取决于前一只管子的管型；按两管相连

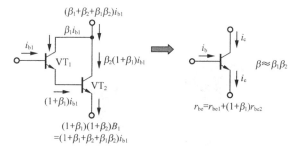

图 3-25　复合管的连接方式和等效模型

的电极电流流向一致的规则连接；复合管总电流放大系数为 $\beta = \beta_1\beta_2$。常见的复合管如图 3-26 所示，由于达林顿连接很常用，有单独封装的达林顿晶体管，如 2N998；也用在集成电路中，用来减小两管特性不一致的问题。

(a)

(b)

(c)

(d)

图 3-26　常用的复合管

复合管虽有电流放大倍数高的优点，但它的穿透电流 I_{CEO} 较大，且高频特性变差。为了减小穿透电流的影响，常在两只晶体管之间并接一个泄放电阻 R，如图 3-27 所示。R 的接入可将 VT_1 管的穿透电流分流，R 越小，分流作用越大，总的穿透电流越小。同时，R 的接入会使复合管的电流放大倍数下降。

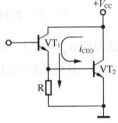

图 3-27　接有泄放电阻的复合管

2.　集成运放µA741

（1）封装和引脚

集成运放的型号很多，封装形式也多样，常用的封装形式有金属外壳、双列直插、陶瓷扁平、贴片封装等。µA741 器件的封装形式有双列直插和金属外壳封装两种类型，其外形如图 3-28 所示，其引脚分布如图 3-29 所示。集成运放引脚的多少取决于内部电路的功能。购买使用需注意引脚功能。

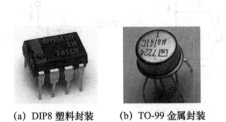

(a) DIP8 塑料封装　　(b) TO-99 金属封装

图 3-28　µA741 封装

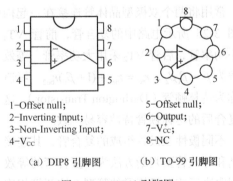

1-Offset null;　　　　5-Offset null;
2-Inverting Input;　　6-Output;
3-Non-Inverting Input;　7-V_{CC}^+;
4-V_{CC}^-　　　　　　　8-NC

（a）DIP8 引脚图　（b）TO-99 引脚图

图 3-29　µA741 引脚图

（2）内部电路

内部电路如图 3-30 所示。输入级是集成运放电路性能的关键，要求输入电流和漂移越小越好，差模电压增益、共模抑制比、差模和共模输入电压范围、输入电阻愈大愈好。由 VT_1-VT_4 组成共集-共基组态的差分放大电路。高 β 值的 VT$_1$、VT$_2$ 组成的共集电极电路提高了输入电阻，低 β 值的 VT$_3$、VT$_4$ 组成的共基极电路和 VT$_5$、VT$_6$、VT$_7$ 组成的镜像电流源作为有源负载，有利于提高输入级的电压增益，并可以改善频率响应。VT$_8$ 与 VT$_9$、VT$_{10}$ 与 VT$_{11}$、VT$_{12}$ 与 VT$_{13}$ 构成恒流源作为偏置电路，为各级提供稳定的偏置电流。中间级由 VT$_{16}$、VT$_{17}$ 组成，两管构成 NPN 型复合管为共射极放大电路，主要提供足够大的电压增益。VT$_{12}$ 与 VT$_{13}$ 为其有源负载，电容 C 消除自激振荡。输出级主要提供大的输出电压和电流，使输出功率大，带负载能力强。由 VT$_{14}$ 与 VT$_{20}$ 组成互补对称电路[参7.2节]，VT$_{18}$、R_7 和 R_8 为功率管 VT$_{14}$、VT$_{20}$ 提高偏置电压。VT$_{15}$ 和 VT$_{22}$ 用于输入信号过大或输出短路时，输出电流变大，保护功率管 VT$_{14}$ 和 VT$_{20}$。输出信号正半周时 R_9 的压降增大使 VT$_{15}$ 导通，限制了 VT$_{14}$ 的电流，保护功率管 VT$_{14}$。输出信号负半周时，VT$_{17}$ 射极为正半周，R_{11} 的压降增大使 VT$_{22}$ 导通，从而 VT$_{16}$、VT$_{17}$ 趋于截止，VT$_{17}$ 集电极电位升高，限制了 VT$_{20}$ 的电流，保护功率管 VT$_{20}$。

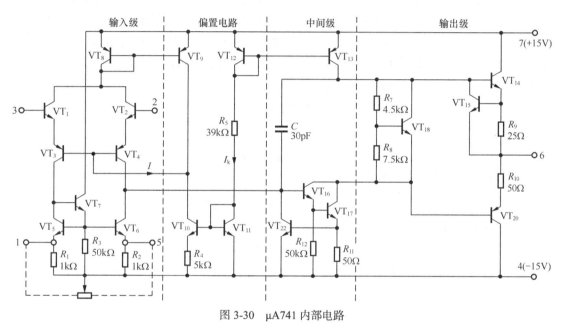

图 3-30　μA741 内部电路

*3. 集成运算放大器参数

（1）输入误差特性参数

为了更好地掌握集成运算放大器的各种实际应用，需要理解与其工作原理相关的一些参数。

在理想情况下，当输入电压为 0V 时，集成运算放大器的输出也为 0V，然而实际上输出电压并不为 0V，这个电压即为失调电压。例如，如果运放的两个输入端都为 0V，而在输出端测到 20mV 的直流输出电压。这表明电路本身产生了 20mV 的输出电压，这是我们所不希望出现的电压。为了让用户能够利用运放获得各种增益和极性，生产商给出了具体的运放输入补偿电压。输出失调电压受输入失调电压、同相输入端与反相输入端的电流差导致的失调电流两方面的影响。

① 输入失调电压 U_{IO}。在运算放大器的规格说明书上给出了 U_{IO} 的值。为了显示输入失调电压对输出的影响，分析如图 3-31 所示电路。

$$U_o = AU_i = A\left(U_{IO} - U_o\frac{R_1}{R_1+R_f}\right)$$

求解 U_o，得

$$U_o = U_{IO}\frac{A}{1+A[R_1/(R_1+R_f)]} \approx U_{IO}\frac{A}{A[R_1/(R_1+R_f)]}$$

从上式可以得出

$$U_o = U_{IO}\frac{R_1+R_f}{R_1} \tag{3-12}$$

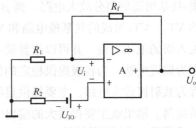

图 3-31 输入失调电压 U_{IO} 的影响

式（3-12）说明对于一个典型的运算放大器电路，其输入失调电压导致的输出失调电压的大小。对于 BJT 集成运放，$U_{IO}=1\sim5mV$，对 FET 运放 $U_{IO}=\pm20mV$ 左右。

② 输入失调电流 I_{IO} 导致的输出失调电压。两个输入端直流偏置电流的差别同样会导致输出失调电压。由于两个输入晶体管不可能完全匹配，因此它们的工作电流会有微小差别。如图 3-32 所示，对于一个典型的运算放大器电路，输出失调电压通过下面的方法可以确定。将输入晶体管的偏置电流替换为在两个输入端上下降的电压，如图 3-33 所示为得到的等效电路图。利用叠加原理，得出由输入偏置电流 I_{IB}^+ 导致的输出电压，用 U_o^+ 表示为

$$U_o^+ = I_{IB}^+ R_2(1+R_f/R_1)$$

同理，用 U_o^- 表示为

$$U_o^- = I_{IB}^- R_1(-R_f/R_1)$$

因此，总的输出失调电压为

$$U_o = U_o^+ + U_o^- = I_{IB}^+ R_2(1+R_f/R_1) - I_{IB}^- R_1(R_f/R_1) \tag{3-13}$$

定义失调电流 I_{IO} 为

$$I_{IO} = I_{IB}^+ - I_{IB}^-$$

I_{IO} 一般为输入偏置电流的 $5\%\sim10\%$，由于补偿电阻 R_2 通常等于电阻 $R_1//R_f$，因此将 $R_2=R_1//R_f$ 代入式（3-13），可得

$$U_o = I_{IB}^+ R_f - I_{IB}^- R_f = R_f(I_{IB}^+ - I_{IB}^-)$$

因此可得

$$U_o(I_{IO}\text{导致的失调}) = I_{IO}R_f \tag{3-14}$$

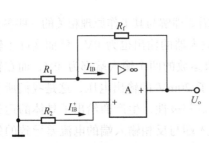

图 3-32 运算放大电路的输入失调电流

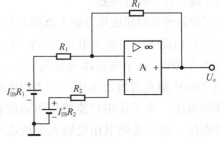

图 3-33 确定输出失调电压电路图

③ U_{IO} 和 I_{IO} 导致的总失调电压。由于运算放大器的输出失调电压取决于以上两种因素，因此总的输出失调电压可以表示为

$$|U_o(失调)| = |U_o(U_{IO}导致的失调)| + |U_o(I_{IO}导致的失调)| \qquad (3\text{-}15)$$

采用绝对值表示是因为失调电压的极性既可能为正也可能为负。

④ 输入偏置电流 I_{IB}。输入偏置电流与 I_{IO} 以及两个独立输入偏置电流 I_{IB}^+ 和 I_{IB}^- 都有关，定义为

$$I_{IB} = \frac{I_{IB}^+ + I_{IB}^-}{2} \qquad (3\text{-}16a)$$

一般 BJT 集成运放 I_{IB} 为 $10 \sim 100\text{nA}$，对 FET 集成运放 I_{IB} 为 $1 \sim 10\text{nA}$。利用 I_{IO} 和 I_{IB} 可以得到两个独立的偏置电流，得：

$$I_{IB}^+ = I_{IB} + I_{IO}/2 \qquad (3\text{-}16b)$$

$$I_{IB}^- = I_{IB} - I_{IO}/2 \qquad (3\text{-}16c)$$

（2）差模特性参数

差模电压增益 A_{ud} 是在标称电源电压和负载电阻条件下，输出电压 U_o 与差模输入电压 U_{id} 的比值，一般 A_{ud} 在 $80 \sim 140\text{dB}$。

最大差模输入电压 U_{IDM} 是集成运放的同相和反相输入端之间允许加的最大电压。

差模输入阻抗 R_{Id}（也称为输入阻抗）为运放工作在线性区时，对差模信号的输入等效电阻。差模输入阻抗包括输入电阻和输入电容，在低频时仅指输入电阻，一般产品也仅仅给出输入电阻。对 BJT 运放一般为 $10^5 \sim 10^6\Omega$；FET 运放一般大于 $10^9\Omega$。

（3）共模特性参数

共模抑制比等于差模增益与共模增益之比的绝对值，即 K_{CMR}（CCMR）$= |A_{od}/A_{oc}|$，用分贝表示。

最大共模输入电压 U_{ICM} 是运放允许的最大共模输入信号。当共模输入电压超过规定值，运放就要丧失对共模信号的抑制能力。一般 K_{CMR} 下降 6dB 时的共模输入电压称为最大共模输入电压。

共模输入电阻 R_{IC} 是运放对共模输入信号的输入等效电阻。

（4）频率参数——增益带宽

集成运算放大器具有高增益、宽频带的特性。在一些情况下，由于正反馈可能导致电路自激，为了保证其稳定性，运算放大器内部存在补偿电路，这就使得较高的开环增益随着频率的增加而降低，增益的降低称为滚降。大多数运算放大器的滚降速率为每十倍频程 20dB（-20dB/十倍频）。

运算放大器规格书中给出了开环电压增益，其值比较大，但通常运放电路带有反馈电阻，使得电路的电压增益比较小，此时称为闭环电压增益。增益的降低会带来一些电路性能的改善。

单位增益带宽 GBP 为运放的闭环增益为 1 倍条件下，将一个恒幅正弦小信号输入，从运放的输出端测得闭环电压增益下降 3dB 所对应的信号频率。单位增益带宽是一个很重要的指标，对于正弦小信号放大时，单位增益带宽等于输入信号频率与该频率下的最大增益的乘积。当知道要处理的信号频率和信号需要的增益后，可以计算出单位增益带宽，用以选择合适的运放，见式(3-17)。在单位增益处的频率由制造商给出，定义为单位增益带宽 B_1 或单位增益频率 f_1、增益带宽积（GBP 或 GB）。小信号处理时参考选型。

$$f_t = A_{ud}f_c \quad\quad\quad（3\text{-}17）$$

式中：f_c 为运算放大器的截止频率。

（5）大信号动态特性参数

① 转换速率（也称为摆率）SR 为在额定负载条件下，运算放大器工作在线性区，在大信号（含阶跃信号）状态下输出对时间的变化率，即

$$SR = \left|\frac{dU_o}{dt}\right|_{max} \text{V/μs} \quad\quad\quad（3\text{-}18）$$

反馈深度不同时，指标出入较大，故规定转换速率是在单位增益组态下的指标。设放大器输出电压为 $u_o = U_{om}\sin\omega t$，则摆率为 $du_o/dt = \omega U_{om}\cos\omega t$。

可见在 $t=0$ 时，输出电压转换速率达到最大值，即

$$SR = \left|\frac{du_o}{dt}\right|_{max} = \frac{du_o}{dt}\Big|_{t=0} = \omega U_{om} = 2\pi f U_{om} \quad\quad\quad（3\text{-}19）$$

转换速率描述了阶跃输入信号驱动下输出电压变化的最大速率，由于输出信号变化速度不会高于摆率，因此，如果输出电压的变化比转换速率快，会导致输出信号削波或失真。为防止输出失真，输出电压的变化速率要低于摆率，根据式（3-19）有

$$\omega U_{om} \leqslant SR \text{ 或 } 2\pi f U_{om} \leqslant SR$$

因此，最大信号频率为

$$\omega \leqslant \frac{SR}{U_{om}}\text{rad/s 或 } f \leqslant \frac{SR}{2\pi U_{om}}\text{Hz} \quad\quad\quad（3\text{-}20）$$

另外，式（3-20）中的最高频率 f 也要受到单位增益带宽的限制。因为摆率也可用频率范围来表示，定义为全功率带宽 BW 在正弦输入电压作用下，把运放接成单位增益情况下，不失真输出电压振幅达到额定值 U_{om} 的最高频率。因此有

$$SR = 2\pi BW U_{om} \quad\quad\quad（3\text{-}21）$$

转换速率对于大信号处理是一个很重要的指标，一般运放的转换速率 $SR \leqslant 10\text{V/μs}$，高速运放的转换速率 $SR > 10\text{V/μs}$。目前的高速运放最高转换速率 SR 可达到 6000V/μs，用于大信号处理时运放选型。

② 全功率带宽 BW 为在额定的负载时，运放的闭环增益为 1 倍条件下，将一个恒幅正弦大信号输入到运放的输入端，使运放输出幅度达到最大（允许一定失真）的信号频率。这个频率受到运放转换速率的限制。全功率带宽表征在大幅度稳态正弦信号输入时运放动态特征的一个重要参数，用于大信号处理时运放选型。

（6）其他参数

① 建立时间：建立时间定义为，在额定的负载时，运放的闭环增益为 1 倍条件下，将一个阶跃大信号输入到运放的输入端，使运放输出由 0 增加到某一给定值所需的时间。由于输入是阶跃大信号，输出信号达到给定值后会出现一定抖动，这个抖动时间称为稳定时间。稳定时间+上升时间=建立时间。对于不同的输出精度，稳定时间有较大差别，精度越高，稳定时间越长。建立时间是一个很重要的指标，用于大信号处理时运放选型。

② 电源电压增益比 K_{SVS} 也称电源电压灵敏度。是电源电压变化所引起的输入失调电压变化量与电源电压变化量之比。

3.4.3　运算放大器规格说明书[1]

本节介绍如何读懂运算放大器的规格书,以一种常用的双极性运算放大器 741 为例进行说明。最高额定值参数见表 3-1,电气特性见表 3-2 和表 3-3。

表 3-1　　　　　　　　　　　　运放 741 参数

工作在大气温度范围内的最高额定值(除特别注明外)

		μA741M	μA741C	单位
电源电压 V_{CC+}①		22	18	V
电源电压 V_{CC-}②		−22	−18	V
差分输入电压②		±30	±30	V
输入电压任意输入①③		±15	±15	V
失调零转换(N1/N2)和 V_{CC-} 之间的电压		±0.5	±0.5	V
输出短路的容限④		没有限制	没有限制	
在 25℃ 大气温度下连续的总功率损耗⑤		500	500	mW
工作温度范围		−55 ~ 125	0 ~ 70	℃
存储温度范围		−65 ~ 150	−65 ~ 150	℃
引线温度:离管壳 1.6mm(1/16 英寸),60s	J,JG 或 U 封装	300	300	℃
引线温度:离管壳 1.6mm(1/16 英寸),10s	D,P 或 PW 封装		260	℃

注:① 除特殊说明外,所有电压值是相对于 V_{CC+} 和 V_{CC-} 的中间点电压而言。

　　② 差分电压是指同相输入端相对于反相输入端的电压。

　　③ 输入电压的大小不能超过电压源的大小和 15V 中的较低者。

　　④ 输出端可以被短路至地或者电源的正、负端。仅对于 μA741M,当(或低于)外壳温度 125℃ 或大气温度 75℃ 时,短路时电压范围没有限制。

　　⑤ 在高于 25℃ 大气温度下工作,参照器件手册中的损耗衰减曲线。在 J 和 JG 封装中,μA741M 芯片是合金的;μA741C 芯片是玻璃的。

表 3-2　　　　　　在特定大气温度下的电气特性, $V_{CC±}$=±15V(除特别注明外)

参数	测试条件		μA741M			μA741C			单位
			最小值	典型值	最大值	最小值	典型值	最大值	
V_{IO} 输入失调电压	V_O=0V	25℃		1	5		1	6	mV
		全范围			6			7.5	
$\Delta V_{IO(adj)}$ 输入失调电压	V_O=0V	25℃		±15			±15		mV
I_{IO} 输入失调电流	V_O=0V	25℃		20	200		20	200	nA
		全范围			500			500	

---

[1] 本节为了与器件规格书一致,电压用 V 表示。

（续表）

参数	测试条件		μA741M			μA741C			单位
			最小值	典型值	最大值	最小值	典型值	最大值	
I_{IB} 输入偏置电流	$V_O=0V$	25℃		80	500		80	500	nA
		全范围			1500			800	
V_{ICR} 共模输入电压范围		25℃	±12	±13		±12	±13		V
		全范围	±12			±12			
V_{OM} 最大输出峰值电压	$R_L=10kΩ$	25℃	±12	±14		±12	±14		V
	$R_L=20kΩ$	全范围	±12			±12			
	$R_L=2kΩ$	25℃	±10	±13		±10	±13		
	$R_L \geqslant 2kΩ$	全范围	±10			±10			
A_{VD} 大信号差分电压放大倍数	$R_L \geqslant 2kΩ$	25℃	50	200		20	200		V/mV
	$V_O=±10V$	全范围	25			15			
r_i 输入电阻		25℃	0.3	2		0.3	2		MΩ
r_o 输出电阻	$V_O=0V$	25℃		75			75		Ω
C_i 输入电容		25℃		1.4			1.4		pF
CMRR 共模抑制比	$V_{IC}=V_{ICRmin}$	25℃	70	90		70	90		dB
		全范围	70			70			
k_{SVS} 电源电压灵敏度 $\Delta V_{IO}/\Delta V_{CC}$	$V_{CC}=$ ±(9～15)V	25℃		30	150		30	150	μV/V
		全范围			150			150	
I_{CS} 短路输出电流		25℃		±25	±40		±25	±40	mA
I_{CC} 电源电流	无负载, $V_O=0V$	25℃		1.7	2.8		1.7	2.8	mA
		全范围			3.3			3.3	
P_D 总功率损耗	无负载, $V_O=0V$	25℃		50	85		50	85	mW
		全范围			100			100	

工作特性, $V_{CC}±=±15V$, $T_A=15℃$

参数	测试条件	μA741M	μA741C	单位
		最小值　典型值　最大值	最小值　典型值　最大值	
t_r 上升时间	$V_I=20mV$, $R_L=2kΩ$ $C_L=100pF$	0.3	0.3	μs
过冲因素		5%	5%	
SR 单位增益下的摆率	$V_I=10V$, $R_L=2kΩ$ $C_L=100pF$	0.5	0.5	V/μs

表 3-3　　　　　　　　　　　　　　　　电气特性

μA741 的电气特性: $V_{CC}=±15V$, $T_A=25℃$

特　　性	最小值	典型值	最大值	单位
输入失调电压 V_{IO}		1	6	mV
输入失调电流 I_{IO}		20	200	nA

（续表）

特 性	最小值	典型值	最大值	单位
输入偏置电流 I_{IB}		80	500	nA
共模输入电压范围 V_{ICR}	±12	±13		V
最大输出峰值电压 V_{OM}	±12	±14		V
大信号差分电压放大倍数 A_{VD}	20	200		V/mV
输入电阻 r_i	0.3	2		ΩM
输出电阻 r_o		75		Ω
输入电容 C_i		1.4		pF
共模抑制比 CMRR	70	90		dB
电流源 I_{CC}		1.7	2.8	mA
总功率损耗 P_D		50	85	mW

输入失调电压 V_{IO}：输入失调电压的典型值为 1mV，最大值为 6mV。根据所用电路可以计算出输出失调电压，考虑最差情况，应采用最大值进行分析。典型值是使用运算放大器时通常期望获得的值。

输入失调电流 I_{IO}、输入偏置电流 I_{IB} 见表 3-3。

共模输入电压范围 V_{ICR}：给出了输入电压的变化范围（供电电压为 ±15V 时），为 ±（12~13）V。输入信号幅度超过此范围，将产生输出失真。这种情况应极力避免。

最大输出峰值电压 V_{OM}：此参数给出了输出电压的变化范围（供电电压为 ±15V 时）。电路的闭环增益不同，应限制输入信号使得输出范围在最坏情况下不能超过 ±12V，典型值为 ±14V。

大信号差分电压放大倍数 A_{VD}：运算放大器的开环电压增益。

输入电阻 r_i：运算放大器的开环输入阻抗。闭环输入阻抗变大。

输出电阻 r_o：运算放大器的开环输出电阻，典型值为 75Ω。对于这款运算放大器，制造商并未给出最小值和最大值。闭环输出阻抗变小，具体值取决于电路增益。

输入电容 C_i：影响高频响应，运算放大器的输入电容为 1.4pF，非常小，与导线的寄生杂散电容相似。

共模抑制比 CMRR：典型值为 90dB，但是可以低至 70dB。由于 90dB 等价于 31622.78，说明运算放大器对噪声（共模输入）的放大低于信号的放大 30000 多倍。

电流源 I_{CC}：运算放大器从供电的双电压源获得的电流典型值为 2.8mA，而最小值为 1.7mA。此参数有利于确定所使用电压源的尺寸，也可用于计算器件的功耗（$P_D=2V_{CC}I_{CC}$）。

总功率损耗 P_D：运算放大器总功耗的典型值为 50mW，最高可达 85mW。根据前一参数可以看到，当采用 ±15V 电源供电，得到 1.7mA 的电源电流，则总功耗为 50mW。供电电压降低，获得的电流也减小，因而总功耗也减小。

【例 3-1】 计算如图 3-24 所示电路的输出失调电压，规格书显示 V_{IO}=1mV，I_{IO}=20nA。

解：输入失调电压引起的输出失调电压为（式（3-12））

$$V_o(失调) = V_{IO} \frac{R_1 + R_f}{R_1} = 1mV \frac{2 + 150}{2} = 76mV$$

输入失调电流引起的输出失调电压为（式（3-14））

$$V_o(失调) = I_{IO} R_f = 20nA \cdot 150k\Omega = 3mV$$

总输出失调电压为（式（3-15））

$$V_o(失调)=V_o(V_{IO}导致的失调)+V_o(I_{IO}导致的失调)=76mV+3mV=79mV$$

【例 3-2】 计算运算放大器每个输入端的输入偏置电流，其具体参数有 I_{IO}=20nA，I_{IB}=80nA。

解： 由式（3-16b）和式（3-16c）得

$$I_{IB}^+ = I_{IB} + I_{IO}/2 = 80+10 = 90(nA)$$

$$I_{IB}^- = I_{IB} - I_{IO}/2 = 80-10 = 70(nA)$$

【例 3-3】 计算运算放大器的截止频率，其具体参数为 f_1=2MHz，A_{VD}=200V/mV。

解： 由式（3-17）可得

$$f_c = \frac{f_1}{A_{VD}} = \frac{2MHz}{200V/mV} = 10Hz$$

【例 3-4】 运算放大器的摆率为 SR=0.5 V/μs，当输入信号每 10μs 变化 0.1V 时，最大闭环增益为多大？

解： 由于 $V_o = AV_i$，利用 $\dfrac{\Delta V_o}{\Delta t} = A\dfrac{\Delta V_i}{\Delta t}$ 可得

$$A = \frac{\Delta V_o/\Delta t}{\Delta V_i/\Delta t} \leq \frac{SR}{\Delta V_i/\Delta t} = \frac{0.5V/\mu s}{0.1V/10\mu s} = 5$$

任何高于 5 的闭环电压增益都导致输出电压变换速率超过摆率，因此最大的闭环增益为 5。

【例 3-5】 如图 3-34 所示电路中输入信号幅度 V_i=25mV，计数输入信号的最大频率。

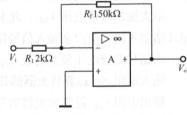

解： 闭环增益 A=75，输出电压为

$$V_{om}=AV_i=75\times25mV=1.875V$$

由式（3-20），可得到最大信号频率为

$$f_{max} = \frac{SR}{2\pi V_{om}} = \frac{0.5V/\mu s}{2\pi 1.875V} = 42kHz$$

图 3-34 例 3-1 运算放大器图

【例 3-6】 对于功耗为 500mW 的集成电路，计算±12V 双电源供电时的电流。

解： 设每个电源的功耗为总功耗的一半，则

$$P_D=2V_{CC}I_{CC}$$

$$I_{CC}=500mW/(2\times12V)=20.83\ mA$$

3.5　基本运算电路

集成运放可以构成基本的运算电路，如比例、乘法、加法、减法、积分、微分、对数、指数等运算，也可构成有源滤波器、比较器和斯密特触发器等应用。本节只介绍基本的运算电路。其他部分的应用将在后续的单元中介绍。

3.5.1　加、减法运算电路

1．加法电路

图 3-35 所示是对两个输入信号求和的加法电路（Summing Amplifier），信号由反相输入端引

入，同相输入端通过一个电阻接地。前节已指出，反相比例电路的反相输入端为"虚地"，根据"虚地"和"虚断"概念，可得 $u_- = u_+ = 0$ ， $i_1 + i_2 = i_F$ ，即 $\dfrac{u_{I1} - u_-}{R_1} + \dfrac{u_{I2} - u_-}{R_2} = \dfrac{u_- - u_O}{R_f}$ 。因此电路的输入与输出关系为

$$u_O = -R_f \left(\frac{u_{I1}}{R_1} + \frac{u_{I2}}{R_2} \right) \qquad (3\text{-}22)$$

当 $R_1 = R_2 = R$ 时，有

$$u_O = -\frac{R_f}{R} (u_{I1} + u_{I2}) \qquad (3\text{-}23)$$

2. 减法运算电路

图 3-36 所示为一个信号减去另一个信号的减法电路（Subtraction Circuit）。根据"虚短"和"虚断"概念得

$$\frac{u_{I1} - u_-}{R_1} = \frac{u_- - u_O}{R_f} \Rightarrow u_O = \left(1 + \frac{R_f}{R_1} \right) u_- - \frac{R_f}{R_1} u_{I1}$$

其中， $u_- = u_+ = \dfrac{R_f'}{R_1' + R_f'} \cdot u_{I2}$ ，则输出电压为

$$u_O = \frac{R_1 + R_f}{R_1} \cdot \frac{R_f'}{R_1' + R_f'} \cdot u_{I2} - \frac{R_f}{R_1} u_{I1} \qquad (3\text{-}24)$$

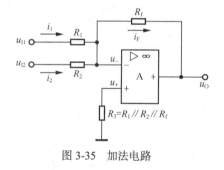

图 3-35 加法电路

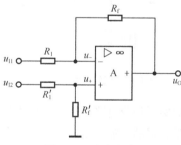

图 3-36 减法电路

如果 $R_1 = R_1'$ ， $R_f = R_f'$ ，可得输出电压为

$$u_O = \frac{R_f}{R_1} (u_{I2} - u_{I1}) \qquad (3\text{-}25)$$

上式表明，适当选择电阻参数，使输出电压与输入电压的差值成比例，即可构成减法运算电路。

3.5.2 积分与微分电路

1. 积分电路

积分电路（Inverting Integrator）如图 3-37 所示，因为 $i_- = i_+ = 0$ ，故 $u_- = u_+ = 0$ ，流过电阻 R

和流过电容 C 的电流相等，即 $i_C = i_I = u_1/R$。该电流对电容进行充电，电容两端电压即为输出电压，故

$$u_O = -\frac{1}{C}\int_{t_0}^{t}i_C\mathrm{d}t + u_C\big|_{t_0} = -\frac{1}{RC}\int_{t_0}^{t}u_1\mathrm{d}t + u_C\big|_{t_0} \qquad (3\text{-}26)$$

其中，$u_C\big|_{t_0}$ 是 t_0 时刻电容两端的电压，即初始值。

当输入信号 u_1 为图 3-38（a）所示的阶跃电压时，则输出为

$$u_O = -\frac{u_1}{RC}t + u_C\big|_{t_0} \qquad (3\text{-}27\text{a})$$

若 $t_0 = 0$（即初始值）电容两端的电压为零，则输出为

$$u_O = -\frac{u_I}{RC}t = -\frac{u_1}{\tau}t \qquad (3\text{-}27\text{b})$$

其中，积分时间常数 $\tau = RC$。当 $t = \tau$ 时，$u_O = -U_I$，时间 t 记为 t_1。当 $t > t_1$ 时，u_O 值逐渐增大，直到 $u_O = -U_{OM}$，这时运放进入饱和状态，积分作用停止，u_O 保持不变。如果此时去掉输入信号，即 $u_1 = 0$，而 $u_- = 0$，电阻两端等电位无电流，电容无放电回路，输出 u_O 将维持在 $-U_{OM}$ 值，如图 3-38（b）所示。只有当外加 u_1 变为负值时，电容将反向充电，输出电压从 $-U_{OM}$ 值开始增加。

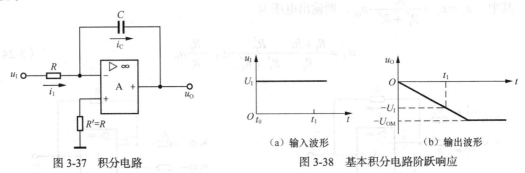

图 3-37　积分电路　　　　　　　　图 3-38　基本积分电路阶跃响应

（a）输入波形　　　　　　　　　（b）输出波形

然而实际积分电路的特性不可能与理想特性完全一致。其中误差来源很多，如运放的开环放大倍数是有限的、输入阻抗不为无穷大及失调电压、失调电流不为零等，使输入信号为零时，仍会产生缓慢变化的输出电压，这种现象称为积分漂移现象。

为了克服积分漂移现象，可在积分电容 C 上并联一个大电阻 R_2，如图 3-39 所示。由于电阻 R_2 的负反馈作用，可以有效抑制积分漂移现象，但 R_2C 的时间常数应远大于积分时间 t，否则也会造成较大的积分误差。

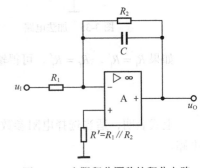

图 3-39　克服积分漂移的积分电路

运放构成的积分电路应用比较广泛，除了积分运算外，还可用于方波-三角波变换电路、示波器显示和扫描电路、模/数转换电路和波形发生器等。如图 3-40 所示，输入为方波时，输出为三角波。

2. 微分电路

微分电路（Inverting Differentiator）如图 3-41 所示。由于 $u_- = u_+ = 0$，$i_C = i_R$，则 $C\dfrac{\mathrm{d}u_I}{\mathrm{d}t} = -\dfrac{u_O}{R}$，

输出电压为

$$u_O = -i_R R = -RC\frac{du_I}{dt} \qquad (3\text{-}28)$$

上式表明，输出电压 u_O 与输入电压 u_I 的微分成正比。

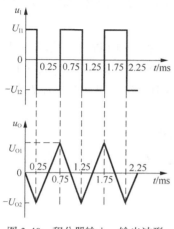

图 3-40　积分器输入、输出波形

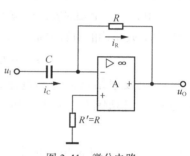

图 3-41　微分电路

当微分电路输入 u_I 如图 3-42 所示的阶跃信号时，其输出端在 u_I 发生突变时，将出现尖脉冲电压。尖脉冲的幅值与 RC 的大小和 u_I 的变化率有关，但最大值受运放输出饱和电压 $+U_{OM}$ 和 $-U_{OM}$ 的限制，当 u_I 不发生变化时，$\frac{du_I}{dt}=0$，即输出电压为零，并维持不变。

由于微分电路的输出电压与输入电压的变化率成正比，因此输出电压对输入电压的变化十分敏感，尤其是对高频干扰和噪声信号，电路的抗干扰性能较差。为此，常采用图 3-43 所示的实用微分电路，电路中增加 R_2 和 C_2。在正常工作频率范围内，使 $R_2 \ll \frac{1}{\omega C_1}$，$\frac{1}{\omega C_2} \gg R_1$。在高频情况下，上述关系不再存在，使高频时电压放大倍数下降，从而抑制了干扰。

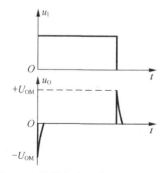

图 3-42　微分电路的输入、输出波形

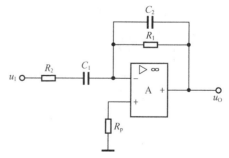

图 3-43　实用微分电路

123

3.5.3 对数和指数运算电路

1. 对数运算电路

对数和指数运算电路和加、减等运算电路的组合，实现了乘法、除法、幂等函数的运算，因此该电路得到很好的应用。

图 3-44 所示为对数运算电路（Logarithmic Amplifier），为了利用 PN 结的指数型伏安特性，图中三极管接成二极管的形式，构成反馈网络。这时因为 NPN 型三极管的 U_{CB} 接近于 0V，但大于零时，$U_{BE} > 0$，在一个相对宽广的范围内（$10^{-9}\text{A} < I_C < 10^{-8}\text{A}$），集电极电流 I_C 与基极-射极电压 U_{BE} 之间具有较精确的对数关系，即

$$i_C \approx i_E = I_{ES}(e^{u_{BE}/U_T} - 1) \approx I_{ES}e^{u_{BE}/U_T} \tag{3-29}$$

式中：I_{ES} 是发射结反向饱和电流，常温 300K 时，$U_T \approx 26\text{mV}$，一般 $u_{BE} >> U_T$，故 $e^{u_{BE}/U_T} - 1 \approx e^{u_{BE}/U_T}$。根据虚短、虚断可知

$$i_C = i = u_I / R \tag{3-30}$$

将式（3-29）代入式（3-30）得到

$$u_{BE} = U_T \ln \frac{u_I}{R} - U_T \ln I_{ES}$$

$$u_O = -u_{BE} = -U_T \ln \frac{u_I}{R} + U_T \ln I_{ES} \tag{3-31}$$

由图 3-44 可知，输出电压的幅值不能超过 0.7V。

2. 指数（反对数）运算电路

如图 3-45 所示电路，将对数运算电路中的三极管和 R 对调，即为指数运算电路（Exponential Amplifier）。

$$i_F \approx i_E = I_{ES}(e^{u_I/U_T} - 1) \approx I_{ES}e^{u_I/U_T}$$

$$u_O = -i_F R = -I_{ES}Re^{u_I/U_T} \tag{3-32}$$

值得一提的是，式（3-31）和式（3-32）输出电压 u_O 都包含对温度敏感的因子 U_T 和 I_{ES}，因此输出电压温漂比较严重，故实际的对数和指数运算电路都需采用有温度补偿的电路。

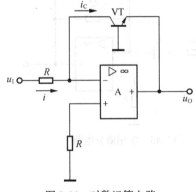

图 3-44　对数运算电路

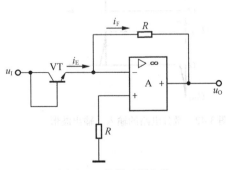

图 3-45　指数运算电路

单元任务 3　简易函数发生器制作

1. 知识目标
（1）掌握差分放大电路的构成，理解差模信号和共模信号的概念。
（2）掌握集成运算放大器的电路结构、转移特性、基本应用和计算分析方法。
2. 能力目标
（1）能独立查阅运算放大器的规格说明书。
（2）理解集成运算放大器的主要参数和基本应用。
（3）掌握学习资料的查询能力。
3. 素质目标
（1）养成严肃、认真的科学态度和良好的自主学习方法。
（2）培养严谨的科学思维习惯和规范的操作意识。
（3）养成独立分析问题和解决问题的能力，以及相互协作的团队精神。
（4）能综合运用所学知识和技能独立解决实训中遇到的实际问题，具有一定的归纳、总结能力。
（5）具有一定的创新意识，具有一定的自学、表达、获取信息等方面的能力。

同相比例放大电路和积分电路

1. 信　息
（1）了解集成运算放大器主要参数的含义
① 输入失调电压 V_{IO} 和失调电流 I_{IO}。
② 共模抑制比 CMRR。
③ 输入电阻 r_i。
④ 电源电压 V_{CC}。
⑤ 最大输出峰值电压 V_{OM}。
⑥ 共模输入电压范围 V_{ICR} 等参数。
（2）查询集成运算放大器 LM324 的主要参数
① 最高额定值填入表 3-4。

表 3-4　　　　　　　　　　　　　　LM324 最高额定值

	LM324	单　位
电源电压 V_{CC}		V
输入电压 V_i		V
总功率损耗 P_D		mW

② 电气特性填入表 3-5。

表 3-5　　　　　　　　　　　　　　　　LM324 电气特性

参　　数	LM324 典型值	单　　位
V_{IO} 输入失调电压		mV
I_{IO} 输入失调电流		nA
I_{IB} 输入偏置电流		nA
A_{VD} 大信号差分电压放大倍数		V/mV
CMR 共模抑制比		dB
I_{CC} 电源电流		mA
SR 摆率		V/μs
GBP 增益带宽积		MHz

（3）掌握集成运算放大器 LM324 的引脚排列

集成电路双列直插式封装的引脚的序号确定方法是：将引脚朝下，由顶部俯视，从缺口左侧或标记一侧的引脚处开始逆时针方向排列，依次为 1, 2, 3, …, n。LM324 引脚如图 3-46 所示。

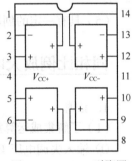

图 3-46　LM324 引脚图

2．决策

（1）用 LM324 设计一款同相比例运算放大电路，要求放大倍数 $A_u=13$，画出原理图（参考图 3-47），列出所需元器件清单，确定实施方案，画出实际电路连接图。

（2）输入信号 u_I 幅度为 20mV 的正弦信号，$f=1kHz$ 时，测量输出电压 u_O，并用示波器观察 u_I 和 u_O 波形的相位关系，记录填入表 3-6，并测量通频带。

（3）计算失调电压。

表 3-6

输入信号 u_I		20mV	u_I 波形	200mV	u_I 波形
输出电压 u_O	理论估算值				
	实测值		u_O 波形		u_O 波形
	误差				

（4）按图 3-48 所示连接实验电路（加 R_2 和不加 R_2 两种情况），输入 $f=100Hz$，幅度为 5V 的方波信号，用示波器观察 u_I 和 u_O 波形。

3．计划

（1）所需仪器仪表：万用表、示波器、信号发生器、电烙铁等。

（2）所需元器件：LM324、电阻、电路板、锡丝、导线等。

4. 实施

（1）用 LM324 设计同相比例运算放大电路和积分电路，画出设计原理图（如图 3-47 和图 3-48 所示），确定实际接线图。

（2）领取元器件及耗材，在电路板上焊接电路。

（3）正确连接电路，注意布线的合理性、芯片的安装方向、信号的连接方式。

（4）已知电源电压±10V，调试电路，观察波形并记录，最后结合理论分析问题。

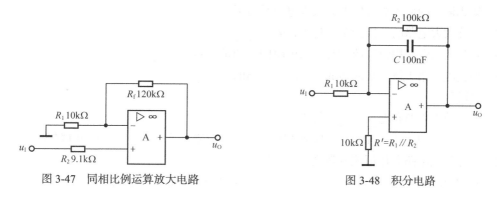

图 3-47 同相比例运算放大电路   图 3-48 积分电路

5. 检查

检查焊接质量，有无错接、漏焊、连焊、虚焊等现象，电源接线有无短路等。检验布局是否符合设计要求。

6. 评价

在完成上述设计与制作过程的基础上，撰写实训报告，并在小组内进行自我评价、组员评价，最后由教师给出评价，3 个评价相结合作为本次工作任务完成情况的综合评价。

单元小结

1. 集成运算放大器内部是一个具有高增益的直接耦合多级放大电路，通常由输入级、中间级、输出级和偏置电路 4 部分组成。采用电流源作为偏置电路和直接耦合方式使电路便于集成；采用差分放大电路作为输入级抑制温度漂移；采用电流源作为有源负载的复合管电路作为中间级以提高电压增益；采用互补对称的射极输出电路作为输出级以提高电路的带负载能力。

2. 差分放大电路具有抑制共模信号、减小温度漂移的特点，具有恒流源的差分放大电路，可进一步提高共模抑制比。差分放大电路两个输入端，输入信号分为差模信号和共模信号。对差模信号有很强的放大能力，对共模信号有很强的抑制能力。

3. 电流源的交流电阻很大，而直流电阻却很小，且有温度补偿作用，在集成电路中广泛应用。常作为放大电路的有源负载，并给电路提供偏置电流。常用的主要有镜像电流源、微电流源和多路比例电流源等。

4. 集成运放组成的各种线性应用电路中，将集成运放视为理想工作状态，开环电压增益 $A_{uo} \to \infty$，输入电阻 $R_{id} \to \infty$，共模抑制比 $K_{CMR} \to \infty$，两输入端视为"虚断""虚短"，得到 $u_- = u_+$，$i_- = i_+ \approx 0$。

5. 基本运算电路的反相和同相比例电路、加减法电路、积分和微分电路、对数和指数电路都带有负反馈，使集成运放工作在线性区。

自测题

一、填空题

1. 集成运放的输入级采用差分放大电路是为了_____。

2. 差分放大电路的共模抑制比越大，表明_____。

3. 差分放大电路用恒流源代替射极电阻的目的是提高_____。

4. 偏置电路用于设置集成运放各级放大电路的_____。

二、选择题

1. 差分放大电路具有_____特点。

    A. 稳定放大倍数   B. 提高输入电阻   C. 克服温漂   D. 扩展频带

2. 差分放大电路利用恒流源替换 R_e 是因为_____。

    A. 提高差模电压放大倍数   B. 提高共模电压放大倍数

    C. 提高共模抑制比   D. 提高差模输入电阻

3. 差分放大电路的作用是_____信号。

    A. 放大差模   B. 放大共模   C. 抑制共模   D. 抑制共模又放大差模

4. _____运算电路可将方波电压变成三角波电压。

    A. 比例   B. 微分   C. 积分

5. 根据下列要求，将应优先考虑使用的集成运放填入空格内。已知现有集成运放的类型是：①通用型；②高阻型；③高速型；④低功耗型；⑤高压型；⑥大功率型；⑦高精度型。

    （1）作为低频放大器，应选用_____。

    （2）作为宽频带放大器，应选用_____。

    （3）作为幅值为 1μV 以下微弱信号的测量放大器，应选用_____。

    （4）作为内阻为 100kΩ 信号源的放大器，应选用_____。

    （5）负载需 5A 电流驱动的放大器，应选用_____。

    （6）要求输出电压幅值为 ±80 的放大器，应选用_____。

    （7）宇航仪器中所用的放大器，应选用_____。

6. 差分放大电路由双端输入变为单端输入，差模电压放大倍数_____。

    A. 增大一倍   B. 减小一般   C. 不变

三、判断题

（1）一个理想的差分放大电路，只能放大差模信号，不能放大共模信号。   (   )

（2）集成运放电路采用直接耦合方式而非阻容耦合，是因为集成工艺难于制造大容量电容。   (   )

（3）集成运放只能放大直流信号，不能放大交流信号。   (   )

（4）差分放大电路由双端输出变为单端输出，共模电压放大倍数变大。   (   )

（5）电流源电路具有输出电流恒定，直流等效电阻大，交流等效电阻小的特点。   (   )

习题

3.1　差分放大电路如何抑制零点漂移?

3.2　集成运放有两个输入端, 怎样确定哪个是反相输入端?哪个是同相输入端?

3.3　差分放大电路中单端信号的分解有何作用?

3.4　集成运算放大器作为放大器使用时, 为什么不能开环?

3.5　积分、微分应如何理解?

3.6　如何理解虚短、虚断? 虚短在运放的非线性工作区还适用吗?

3.7　积分电路是如何把方波变为三角波的?

3.8　差分放大电路如图 3-49 所示, 三极管 VT_1, VT_2 相同, 已知放大倍数 $\beta=50$, $R_c=R_e=5.1k\Omega$, $R_b=1k\Omega$, $R_L=100k\Omega$, 差模输入信号 $u_{Id}=50mV$, 共模干扰信号 $u_{Ic}=1V$。设电位器滑动端在中间。求:

（1）VT_1 和 VT_2 的静态工作点 I_C, U_C 的值;

（2）输出信号电压 u_O 及共模抑制比 K_{CMR} 的值;

（3）若将负载电阻放在 VT_1 集电极对地之间, 重新计算 U_C, 再求 u_O 和共模抑制比 K_{CMR};

（4）差模输入电阻 R_{id}、共模输入电阻 R_{ic} 和输出电阻 R_o 的值。

3.9　电路如图 3-50 所示, 电路元件参数如图所示, 电路完全对称。试求:

（1）VT_1, VT_2 管的静态工作点 I_C 和 U_{CE};

（2）求 A_{ud}, R_{id}, R_{od}, R_{uc}, K_{CMR};

（3）试说明 R_2, R_3 增大对差分放大电路 A_{ud}, R_{id}, R_o 的影响。

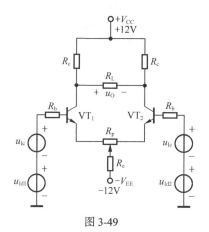

图 3-49

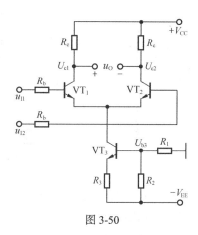

图 3-50

3.10　如图 3-51 所示差分放大电路, 已知 $V_{CC}=V_{EE}=15V$, $R_c=R_e=R_L=10k\Omega$, $R_b=2k\Omega$, 三极管放大倍数 $\beta=100$, $r_{be}=3.8k\Omega$。试求:

（1）VT_2 管的静态工作点 I_{C2} 和 U_{CE2};

（2）共模抑制比 K_{CMR}, R_{id}, R_o。

3.11　放大电路如图 3-52 所示, 试问当 $R_b=1.5M\Omega$ 和 $R_b=6.8M\Omega$ 时, 复合管分别处于什么状态, 并求出两种情况下的静态参数 I_B, I_C 和 U_{CE}。若复合管处于放大状态, 试计算电压增益 A_u, 其中 $\beta=50$, $U_{BE}=0.7V$, 三极管的饱和压降为 0.3V。

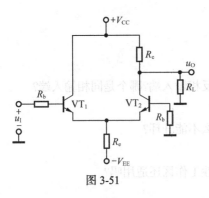

图 3-51

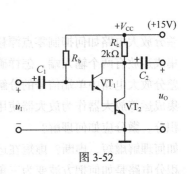

图 3-52

3.12 图 3-53 所示为带有分流电阻 R_e 的复合管，VT_1，VT_2 的电流放大系数分别为 β_1，β_2，输入电阻为 r_{be1}，r_{be2}，试求复合后的等效电流放大系数 β 和等效输入电阻 r_{be} 的表达式，并与无 R_E 时的复合管比较参数，并说明电阻 R_E 起什么作用。

3.13 集成运算放大器的一个单元电路如图 3-54 所示，假设 VT_1，VT_2 的参数完全相同，且 β 值足够大。试问：

（1）VT_1，VT_2 和 R 组成什么电路；

（2）写出 I_{C2} 的表达式，并说明 I_{C2} 和 I_R 的关系。

3.14 共发射极-共基极电路如图 3-55 所示，试求差模电压放大倍数。

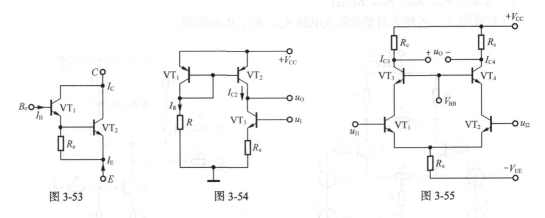

图 3-53   图 3-54   图 3-55

3.15 如图 3-56 所示电路为高精度运放原理图，试分析：

（1）指出同相输入端和反相输入端；

（2）VT_3，VT_4 和 VD_1，VD_2 有何作用；

（3）电流源 I_3 的作用。

3.16 输入失调电流补偿电路如图 3-57 所示，已知 $I_- = 100nA$，$I_+ = 75nA$，$R_1 = 10k\Omega$，$R_f = 20k\Omega$。要求没有输入时，输出为零，试计算平衡电阻 R_2 的大小。

3.17 图 3-58 所示为某运算电路的电压传输特性，试问：

（1）输入与输出电压之间的运算关系；

（2）电压放大倍数为多少；

（3）若输入电压为正弦信号时，最大不失真输出电压的有效值为多少。

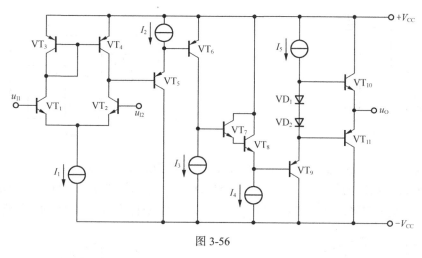

图 3-56

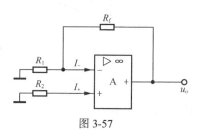

图 3-57

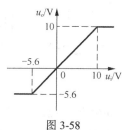

图 3-58

3.18 由运放组成的三极管 β 测量电路，如图 3-59 所示。试标出三极管 3 个电极的电压，如果电压表读数为 100mV，试求被测三极管的 β 值。

3.19 如图 3-60 所示电路，试计算电流 I_2。

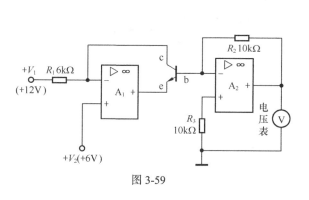

图 3-59

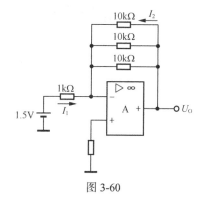

图 3-60

3.20 如图 3-61 所示，写出输出与输入电压的表示式。

3.21 试设计一个加法电路，使输入输出满足关系为 $u_O = 4u_{I1} + 5u_{I2}$。

3.22 如图 3-62 所示电路中，运放和模拟乘法器均为理想器件，已知 $u_{I1} > 0$，试求输出电压和输入电压的关系。

3.23 电流比例变换电路如图 3-63 所示，A 为理想运算放大器。试求：

（1）写出负载电流 I_o 的表达式；

（2）若 $R_1 = 10M\Omega$，$R_2 = 10k\Omega$，用 $50\mu A$ 的微安表头代替 R_L，问当微安表满量程时，被测电流 $I_i =?$

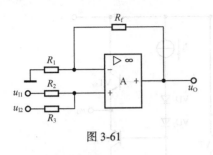

图 3-61

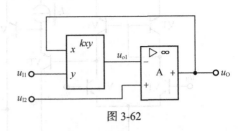

图 3-62

3.24 电压-电流变换电路如图 3-64 所示，设 A 为理想运算放大器。

（1）写出 I_o 与 U_i 间的关系式。若 $R = R_2 = 510\Omega$，$U_i = -1V$，当 R_1 从 $1k\Omega$ 变为 $2k\Omega$ 时，I_o=?

（2）设 $R = R_2 = 510\Omega$，$U_i = 2V$，当 R_1 由 0 增大到 $1k\Omega$ 时，输出电压 U_o 的变化范围是多少？

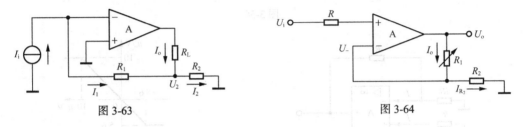

图 3-63   图 3-64

3.25 图 3-65 所示电流-电压变换电路中，A 为理想运算放大器。

（1）写出变换关系式 $U_o = f(I_i)$。

（2）当 I_i 在 $0 \sim 20mA$ 范围内变化时，U_o 的变化范围是多大？画出变换特性曲线。

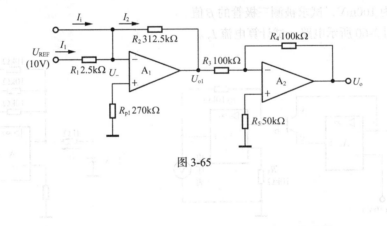

图 3-65

学习单元 4

放大电路中的负反馈

教学导航

单元任务	实用扩音器制作
建议学时	12 学时
完成项目任务所需知识	1. 反馈极性和负反馈类型判断。 2. 负反馈增益表达式及深度负反馈的分析计算。 3. 负反馈对电路性能的影响
知识重点	反馈极性、负反馈类型判断；负反馈增益表达式；负反馈对电路性能的影响；深度负反馈放大电路的电压放大倍数；自激振荡产生原因和消除
知识难点	深度负反馈的分析计算
职业技能训练	1. 会判断反馈类型。 2. 会计算深度负反馈时的增益。 3. 能对电路进行调试和故障分析。 4. 能分析反馈前后电路的性能改善。 5. 培养团队精神
推荐教学方法	任务驱动——教、学、做一体教学方法：从单元任务出发，通过课程听讲、教师引导、小组学习讨论、实际电路测试，掌握完成单元任务所需知识点和相应的技能

4.1 反馈的基本概念及分类

在自然科学与社会科学的诸多领域中，都存在着或用到反馈，例如，我们人体的感觉器官和大脑就是一个完整的信息反馈系统。自动控制系统中，利用反馈可使系统达到最佳工作状态。本单元主要讨论负反馈在放大电路中的应用。

4.1.1 反馈的概念

将放大电路输出量（电压或电流）的一部分或全部，通过一定的网络（反馈网络）反送回输入回路中，以改善放大电路性能的措施，称为反馈。

要判别一个电路是否存在反馈，只要分析放大电路的输出回路与输入回路之间是否存在相互联系的反馈网络（亦称反馈通路）。反馈网络通常由一个纯电阻或串、并联电容无源网络构成，也可以由有源网络构成。反馈网络的功能是将输出回路的电量（电压或电流）变换成与输入回路相同量纲的电量，送至输入回路中。

图 4-1（a）所示为集成运放构成的同相比例放大电路，电阻 R_f 从输出回路取得反馈信号 u_f 送到输入回路，故电阻 R_f 就是反馈元件。图 4-1（b）所示反馈元件为电阻 R_e。

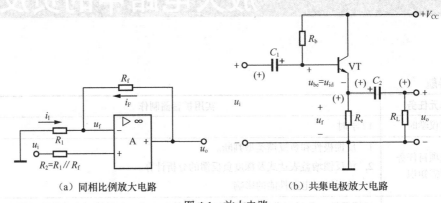

| （a）同相比例放大电路 | （b）共集电极放大电路 |

图 4-1　放大电路

4.1.2 反馈的分类

1. 正反馈与负反馈

由于反馈网络是将输出量送回输入回路影响输入量，因此必定又会影响输出量。对输出量的影响为：当输入量不变时，电路中引入反馈后，输出量变小称为负反馈，输出量变大称为正反馈。两者效果不同，电路引入负反馈后能够使放大后的输出信号维持稳定。正反馈将破坏放大电路的稳定性。因此在分析反馈电路前，先分清正反馈、负反馈，或者说反馈的极性为正或为负。

常采用瞬时极性法来判断正负反馈。方法是先假定在输入回路与反馈通路的连接处断开，再假定输入信号在某一瞬间对地的极性为（+），然后根据各级电路输出端与输入端信号的相位关系，标出电路各点的瞬时极性，从而可得到反馈信号的极性，最后判断反馈的极性是削弱还是增强了净输入信号，如果是削弱了净输入信号，可判断为负反馈，反之则为正反馈。

在图 4-1（b）所示电路中，假定 u_i 瞬时极性为（+），由于共集电极放大电路输出电压与输入电压同相位，所以输出端电压 u_o 也为（+）极性。由于因 $u_f = u_o$，即反馈信号与输出电压极性相同，这时电路的净输入信号为 $u_{id} = u_{be} = u_i - u_f$，使净输入信号减小，所以该电路构成负反馈。

由图 4-1（b）分析说明，当输入信号与反馈信号在输入的不同端子引入时，反馈信号与输入信号极性相同，使得净输入信号减小，这时为负反馈；若两者极性相反，使净输入信号增大，这时为正反馈。图 4-2（a）所示电路中，输入信号与反馈信号分别在反相输入端和同相输入端引入，而两者极性相反，使净输入 u_{id} 增加，故是正反馈。当输入信号和反馈信号在同一节点引入时，若两者极性相同，为正反馈；两者极性相反时，为负反馈。可知图 4-2（b）所示属于负反馈。

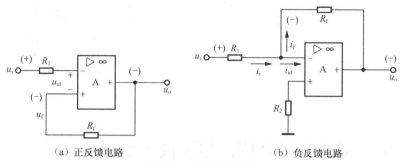

（a）正反馈电路　　　　　　　　　（b）负反馈电路

图 4-2　反馈极性判断

2. 直流反馈与交流反馈

在放大电路中存在交流分量和直流分量，在反馈中同样如此，如果反馈的是交流量，对输入的交流成分有影响，会影响电路的交流性能。若反馈的是直流量，影响电路的直流性能。分析直流分量，首先要画出直流通路，分析交流分量，要画出交流通路。如果直流通路中存在反馈，则称为直流反馈，若交流通路中存在反馈，则称为交流反馈。如图 4-2（b）所示电路含有交流和直流反馈，如图 4-3（a）所示电路含有直流反馈。直流负反馈主要用来稳定放大电路的静态工作点，交流负反馈则影响放大电路的动态性能。

3. 电压反馈与电流反馈

按反馈网络的取样对象不同，可将反馈分为电压反馈和电流反馈。若反馈的取样对象是输出电压，则称电压反馈，其反馈信号（电压或电流）与输出电压成正比。当取样对象是输出电流，则称为电流反馈，其反馈信号（电压或电流）正比于输出电流。

在判断过程中，假设输出电压 $u_o = 0$（输出负载短路），若反馈不存在，则为电压反馈；如果反馈仍然存在，则为电流反馈。图 4-3（a）所示电路为电压反馈；图 4-3（b）所示电路反馈网络 R_1 为电流反馈。

4. 串联反馈与并联反馈

按反馈网络在输入回路中的连接方式（或比较的方式）不同，反馈可分为串联反馈和并联反馈。反馈信号和输入信号以电压形式相加减，即在输入回路串联称为串联反馈。这时，反馈信号和输入信号不在同一节点引入，如图 4-2（a）电路所示。反馈信号以电流形式相加减，即在输入节点并联称为并联反馈。这时反馈信号和输入信号在同一节点引入，如图 4-3（a）电路所示。

如图 4-3（b）所示电路中 R_1、R_2 构成了反馈网络。输出电压为 0 时，反馈仍然存在，故为电流反馈。反馈网络 R_1 与输入端连接在一起，即为并联反馈，同样可以判断为负反馈。故该反馈网络为电流并联负反馈放大电路。在多级放大电路中，把输出量送回输入端的反馈称为级间反馈，而各级电路中各自的反馈称为本级反馈或局部反馈。多级放大电路分析时，以级间反馈为主。

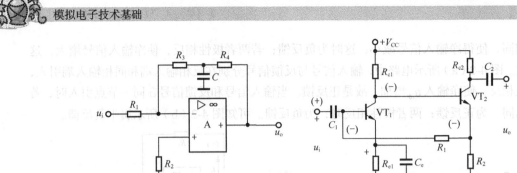

图 4-3 反馈电路

4.2　负反馈放大电路的方框图及一般表达式

4.2.1　负反馈放大电路的方框图

负反馈放大电路是由基本放大电路和反馈网络两部分组成。如图 4-4 所示的方框图中 $\dot{A}$ 表示基本放大电路的放大倍数，$\dot{F}$ 表示反馈网络的反馈系数，$\dot{A}_\mathrm{f}$ 表示具有负反馈放大电路的增益。负反馈放大电路的输入量、净输入量、反馈量和输出量分别用 $\dot{X}_\mathrm{i}$、$\dot{X}_\mathrm{id}$、$\dot{X}_\mathrm{f}$ 和 $\dot{X}_\mathrm{o}$ 来表示，X 为未知变量，既可以表示电压量，也可以表示电流量，根据电路的具体反馈而定。

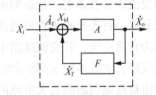

图 4-4　负反馈放大电路的方框图

图中箭头表示信号传输的方向。符号"$\oplus$"表示比较环节，用于比较输入信号 $\dot{X}_\mathrm{i}$ 和反馈信号 $\dot{X}_\mathrm{f}$。基本放大电路的输出信号 $\dot{X}_\mathrm{o}$ 与净输入信号 $\dot{X}_\mathrm{id}$ 之比，称为基本放大电路的放大倍数，也称为开环放大倍数，即

$$\dot{A} = \frac{\dot{X}_\mathrm{o}}{\dot{X}_\mathrm{id}} \tag{4-1}$$

反馈系数 F 是反馈网络的输出与输入信号之比，即反馈信号 $\dot{X}_\mathrm{f}$ 与放大电路的输出信号 $\dot{X}_\mathrm{o}$ 之比：

$$\dot{F} = \frac{\dot{X}_\mathrm{f}}{\dot{X}_\mathrm{o}} \tag{4-2}$$

净输入信号 $\dot{X}_\mathrm{id}$ 是 $\dot{X}_\mathrm{i}$ 和 $\dot{X}_\mathrm{f}$ 之差，即

$$\dot{X}_\mathrm{id} = \dot{X}_\mathrm{i} - \dot{X}_\mathrm{f} \tag{4-3}$$

4.2.2　负反馈放大电路增益的一般表达式

1.　一般表达式及其分析

负反馈放大电路的输出信号 $\dot{X}_\mathrm{o}$ 与输入信号 $\dot{X}_\mathrm{i}$ 之比，称为负反馈放大电路的放大倍数，也称闭环放大倍数（或闭环增益），即

$$\dot{A}_{\mathrm{f}} = \frac{\dot{X}_{\mathrm{o}}}{\dot{X}_{\mathrm{i}}} \tag{4-4}$$

将式（4-1）、式（4-2）和式（4-3）代入式（4-4）得

$$\dot{A}_{\mathrm{f}} = \frac{\dot{X}_{\mathrm{o}}}{\dot{X}_{\mathrm{i}}} = \frac{\dot{X}_{\mathrm{o}}}{\dot{X}_{\mathrm{id}} + \dot{X}_{\mathrm{f}}} = \frac{\dot{A}}{1 + \dot{A}\dot{F}} \tag{4-5}$$

式（4-5）表明 $\dot{A}$、$\dot{A}_{\mathrm{f}}$、$\dot{F}$ 三者之间的关系，引入反馈后，闭环增益 $\dot{A}_{\mathrm{f}}$ 为开环增益 $\dot{A}$ 的 $\dfrac{1}{\left|1 + \dot{A}\dot{F}\right|}$ 倍，是分析各种负反馈放大电路增益的一般表达式。

2. 反馈深度及增益近似表达式

在负反馈放大电路中，$\left|1 + \dot{A}\dot{F}\right|$ 总是大于1的，$\left|1 + \dot{A}\dot{F}\right|$ 的大小反映了反馈程度的强弱。$\left|1 + \dot{A}\dot{F}\right|$ 越大，反馈越深，故 $\left|1 + \dot{A}\dot{F}\right|$ 是衡量反馈程度的一个重要指标，称为反馈深度。同时在正反馈放大电路中，$\left|1 + \dot{A}\dot{F}\right| < 1$，故 $\left|\dot{A}_{\mathrm{f}}\right| > \left|\dot{A}\right|$，而负反馈中 $\left|\dot{A}_{\mathrm{f}}\right| < \left|\dot{A}\right|$。

若满足 $\dot{A}\dot{F} \gg 1$，则认为反馈加得很深，称之为"深度负反馈"，式（4-5）可简化为

$$\dot{A}_{\mathrm{f}} = \frac{\dot{A}}{1 + \dot{A}\dot{F}} \approx \frac{1}{\dot{F}} \tag{4-6}$$

式（4-6）表明，放大电路引入深度负反馈后，其闭环增益 $\dot{A}_{\mathrm{f}}$ 仅与反馈网络的反馈系数 $\dot{F}$ 有关，且等于反馈系数 $\dot{F}$ 的倒数。这时闭环增益与开环增益几乎无关，然而，反馈深度主要是靠增大 $\dot{A}$ 来实现的。由此可知，当反馈网络选用性能稳定的无源线性元件构成时，引入负反馈后，闭环增益是比较稳定的。

式（4-6）化简可得

$$\frac{\dot{X}_{\mathrm{o}}}{\dot{X}_{\mathrm{i}}} \approx \frac{\dot{X}_{\mathrm{o}}}{\dot{X}_{\mathrm{f}}} \tag{4-7}$$

则

$$\dot{X}_{\mathrm{i}} \approx \dot{X}_{\mathrm{f}} \tag{4-8}$$

式（4-7）表明，在深度负反馈条件下，反馈信号 $\dot{X}_{\mathrm{f}}$ 与外加输入信号 $\dot{X}_{\mathrm{i}}$ 近似相等，净输入信号 $\dot{X}_{\mathrm{id}} \approx 0$。式（4-8）是求取深度负反馈放大电路电压增益的依据。

以上涉及的 $\dot{X}_{\mathrm{i}}$、$\dot{X}_{\mathrm{f}}$ 及 $\dot{X}_{\mathrm{id}}$ 对于串联反馈均取电压量，即 $\dot{U}_{\mathrm{i}} \approx \dot{U}_{\mathrm{f}}$、$\dot{U}_{\mathrm{id}} \approx 0$；对于并联反馈均取电流量，即 $\dot{I}_{\mathrm{i}} \approx \dot{I}_{\mathrm{f}}$、$\dot{I}_{\mathrm{id}} \approx 0$，$\dot{X}_{\mathrm{o}}$ 对电压负反馈取 $\dot{U}_{\mathrm{o}}$，电流负反馈取 $\dot{I}_{\mathrm{o}}$。

如图 4-5 所示框图，试分析反馈类型。

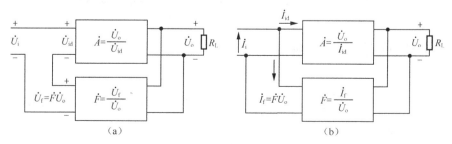

图 4-5　反馈放大电路

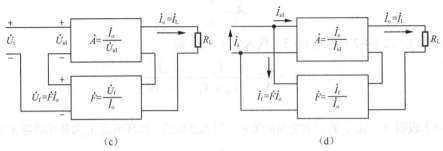

图 4-5　反馈放大电路（续）

图 4-5 所示电路的开环增益、反馈系数和闭环增益总结在表 4-1 中。

表 4-1　　　　图 4-5 所示电路开环增益、反馈系数和闭环增益总结

	（a）电压串联负反馈	（b）电压并联负反馈	（c）电流串联负反馈	（d）电流并联负反馈
开环增益 $\dot{A}$	$\dot{U}_o/\dot{U}_{id}$	$\dot{U}_o/\dot{I}_{id}$	$\dot{I}_o/\dot{U}_{id}$	$\dot{I}_o/\dot{I}_{id}$
反馈系数 $\dot{F}$	$\dot{U}_f/\dot{U}_o$	$\dot{I}_f/\dot{U}_o$	$\dot{U}_f/\dot{I}_o$	$\dot{I}_f/\dot{I}_o$
闭环增益 $\dot{A}_f$	$\dot{U}_o/\dot{U}_i$	$\dot{U}_o/\dot{I}_i$	$\dot{I}_o/\dot{U}_i$	$\dot{I}_o/\dot{I}_i$

4.3　负反馈对放大电路性能的影响

为了方便分析负反馈对放大电路性能的影响，设输入信号处于放大电路的中频段，$\dot{A}$、$\dot{F}$、$\dot{A}_f$ 均为实数，写为 A、F、A_f。

4.3.1　提高增益的稳定性

由于环境温度、负载的变化和器件老化等原因，电路元件参数和放大器件的特性发生变化，导致放大电路的增益改变。引入负反馈后，可提高放大倍数的稳定性。

如果对式（4-5）求微分运算，可得

$$\frac{dA_f}{A_f} = \frac{1}{1+AF} \cdot \frac{dA}{A} \qquad (4-9)$$

这表明，引入负反馈后，闭环放大倍数的相对变化量 $\dfrac{dA_f}{A_f}$ 相对于无反馈时的开环放大倍数变化量 $\dfrac{dA}{A}$，减小了 $1/(1+AF)$ 倍。可见反馈越深，放大电路的增益稳定度越好。

4.3.2　降低增益，扩宽频带

由式（4-5）知，$\dot{A}_f = \dfrac{\dot{A}}{1+\dot{A}\dot{F}} < \dot{A}$，故可得图 4-6 所显示的负反馈放大电路的增益 $|\dot{A}_f|$ 比无反馈放大电路的增益 $|\dot{A}|$ 小。

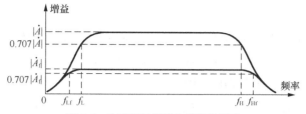

图 4-6　负反馈对增益和带宽的影响

值得说明的是，负反馈的应用虽然导致电压增益的降低，但是提高了带宽 BW，无反馈时，通频带为 $BW = f_H - f_L$。引入负反馈后，$f_{Lf} = f_L/(1+AF)$，$f_{Hf} = (1+AF)f_H$。由于 $f_H \gg f_L$，可近似认为 $BW \approx f_H$，故使放大电路的闭环通频带为开环时的 $(1+AF)$ 倍。

当 $\dot{A}F \geqslant 1$ 时，$\dot{A}_f \approx 1/\dot{F}$。对于一个具体的放大电路，由于电路中的有源器件和电容效应，开环增益在高频时会下降。对于采用电容耦合的放大器来说，开环增益在低频时也会下降。一旦开环增益 $\dot{A}$ 降得很低，$\dot{A}F$ 不再远大于 1，结论 $\dot{A}_f \approx 1/\dot{F}$ 也不成立。

4.3.3　减小非线性失真，抑制反馈环内的干扰和噪声

由于放大电路中采用的三极管是非线性器件，当输入信号的幅度较大，器件可能工作在特性曲线的非线性区，使输出波形出现非线性失真。放大电路开环时输出波形如图 4-7（a）所示。引入负反馈后输出波形如图 4-7（b）所示，可以看出，引入负反馈后使输出波形趋于正弦波，减小了非线性失真。

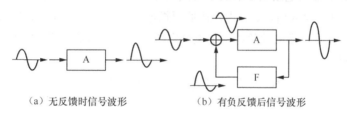

（a）无反馈时信号波形　　　　　（b）有负反馈后信号波形

图 4-7　非线性失真的改善

引入负反馈后也起到抑制电路内部干扰和噪声的作用，其原理与改善非线性失真相同，故电路性能得到改善。应该注意的是，电路的闭环增益减小了。可通过屏蔽和滤波的方法来消除输入信号中的干扰和噪声。

4.3.4　对输入、输出电阻的影响

在实际应用的负反馈放大电路中，大多用集成运放作为基本放大电路，再根据不同需要引入不同方式的反馈。我们应知道，串联反馈增大输入阻抗，并联反馈则减小输入阻抗。电压反馈减小输出阻抗，电流反馈则增大输出阻抗。我们认为比较理想的情况是输入阻抗高和输出阻抗低，这可以通过电压串联负反馈来实现，故我们首先来分析该类型的放大电路。

1.　对输入电阻的影响

负反馈放大电路对输入电阻的影响，主要取决于串联、并联反馈类型，而与输出端取样方式没有关系。如图 4-8 所示，电压串联反馈电路中：

化简后：

$$U_i = U_{id} + U_f = U_{id} + FU_o = U_{id} + AFU_{id} = (1+AF)I_iR_i$$

$$R_{if} = U_i/I_i = (1+AF)R_i \qquad (4-10)$$

如图 4-9 所示，在电压并联反馈电路中：

$$R_{if} = U_i/I_i = \frac{U_i}{I_{id}+I_f} = \frac{U_i}{I_{id}+FU_o} = \frac{U_i}{I_{id}+FAI_{id}} = \frac{1}{1+AF}\frac{U_i}{I_{id}} = \frac{R_i}{1+AF} \qquad (4-11)$$

可见串联反馈使输入电阻增大 $(1+AF)$ 倍，并联反馈使输入电阻减小为 $1/(1+AF)$ 倍。

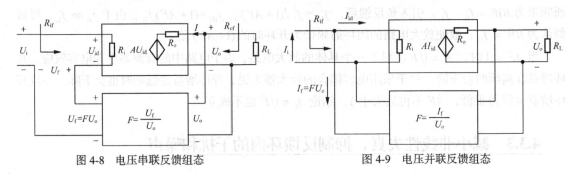

图 4-8 电压串联反馈组态 　　　　　　　　　　图 4-9 电压并联反馈组态

2. 对输出电阻的影响

负反馈放大电路的输出电阻主要取决于反馈取样方式，与电压、电流反馈类型有关，而与输入端连接方式无关。如图 4-8 所示，在电压串联反馈电路中，通常采用加压求流法计算输出电阻，令 $U_i = 0$，即短路，在输出端去掉负载，加上外电压 U，忽略反馈回路的分流 I_{of}，则由 U_o 产生电流 I 求解输出电阻：

$$U = IR_o + AU_{id} = IR_o - AU_f = IR_o - AFU \quad (U_i = 0, U_{id} = -U_f)$$

化简后，等式变为

$$U + AFU = IR_o$$

从而得到输出电阻为

$$R_{of} = U/I = R_o/(1+AF) \qquad (4-12)$$

如图 4-10 所示电流串联电路中，令 $U_i = 0$，则 $U_{id} = -U_f$。

$$I = \frac{U}{R_o} - AU_{id} = \frac{U}{R_o} + AU_f = \frac{U}{R_o} - AFI$$

$$R_{of} = U/I = R_o(1+AF)$$

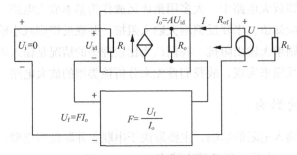

图 4-10 电流串联反馈组态

反馈组态对输入、输出电阻的影响可以总结为表 4-2。

表 4-2　　　　　　　　　反馈组态对输入、输出电阻的影响

	电压串联	电压并联	电流串联	电流并联
R_{if}	$(1+AF)R_i$	$R_i/(1+AF)$	$(1+AF)R_i$	$R_i/(1+AF)$
	增大	减小	增大	减小
R_{of}	$R_o/(1+AF)$	$R_o/(1+AF)$	$R_o(1+AF)$	$R_o(1+AF)$
	减小	减小	增大	增大

同时我们要说明的是，在深度负反馈条件下，$|1+\dot{A}\dot{F}| \gg 1$，放大电路的闭环输入电阻和闭环输出电阻可以近似看作零或无穷大。

表 4-3 归纳出反馈类型、基本定义、判断方法及对放大电路性能的影响等。

表 4-3　　　　　　　放大电路中的反馈类型、判断方法和对放大电路性能的影响

反馈类型		定　义	判断方法	对放大电路性能的影响
1	正反馈	反馈信号使净输入信号（u_{id} 或 i_{id}）增强	反馈信号与输入信号作用于同一节点时，瞬时极性相同；作用于不同节点时，瞬时极性相反	使放大倍数增加，电路工作可能不稳定
	负反馈	反馈信号使净输入信号（u_{id} 或 i_{id}）减弱	反馈信号与输入信号作用于同一节点时，瞬时极性相反；作用于不同节点时，瞬时极性相同	使放大倍数减小，且改善放大电路的性能
2	直流反馈	反馈信号为直流信号	直流通路中存在反馈	直流负反馈稳定静态工作点
	交流反馈	反馈信号为交流信号	交流通路中存在反馈	交流负反馈改善放大电路动态性能
3	电压反馈	反馈信号（u_f 或 i_f）从输出电压取样，即与 u_o 成正比	反馈信号从输出电压 u_o 端取出（令 $u_o=0$（将负载 R_L 短接），反馈信号消失）	电压负反馈能稳定输出电压 u_o，减小输出电阻
	电流反馈	反馈信号（u_f 或 i_f）从输出电流取样，即与 i_o 成正比	反馈信号与输出端 u_o 无联系（令 $u_o=0$，反馈信号依然存在）	电流负反馈能稳定输出电流 i_o，增大输出电阻
4	串联反馈	反馈信号为电压量，即反馈信号 u_f 与输入信号 u_i 在输入回路中以串联形式出现	输入信号和反馈信号在不同节点引入（如三极管 b 极与 e 极，或运放的反相端与同相端等）	串联负反馈增大输入电阻
	并联反馈	反馈信号为电流量，即反馈信号 i_f 与输入信号 i_i 在输入回路中以并联形式出现	输入信号和反馈信号在同一节点引入	并联负反馈减小输入电阻
5	本级反馈	反馈信号返送到本级输入回路	反馈信号与本级输出回路有联系	本级负反馈改善本级放大电路的性能
	级间反馈	反馈信号返送到前级电路的输入回路	反馈信号与后级输出回路有联系	级间负反馈改善放大电路各项性能

4.4　4 种实用的负反馈放大电路

一般来说，有 4 种基本的反馈连接方式，即电压串联负反馈、电压并联负反馈、电流串联负

反馈和电流并联负反馈等。在电路的求解过程中如果 $AF \gg 1$，则可利用式（4-6）的形式进行化简或直接利用其结论式（4-8）计算。

4.4.1　电压串联负反馈

【例 4-1】 图 4-11 所示为集成运放构成的电压串联负反馈放大电路，集成运放的增益 $A=10^5$，电阻 $R_1=1.8\text{k}\Omega$，$R_2=200\Omega$。试计算放大电路的闭环增益。

解： 反馈系数

$$F = \frac{R_2}{R_1 + R_2} = \frac{200}{200 + 1800} = 0.1$$

根据式（4-5）可得闭环增益

$$A_\text{f} = \frac{A}{1 + AF} = \frac{100000}{1 + 0.1 \times 100000} = 9.999$$

因 $AF \gg 1$，故为深度负反馈，根据式（4-6）得 $A_\text{f} \approx \dfrac{1}{F} = \dfrac{1}{0.1} = 10$，即可直接求出结果。可见只要判断电路为深度负反馈，可利用式（4-6）进行简化计算。

【例 4-2】 图 4-12 所示为射极跟随器，其电路提供了电压串联反馈。其中电阻 R_e 为反馈网络。试求电路的放大倍数。

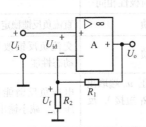
图 4-11　电压串联负反馈电路

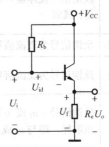
图 4-12　射极跟随器

解： 无反馈时，即 $U_\text{f} = 0$，有

$$A = \frac{U_\text{o}}{U_\text{i}} = \frac{\beta I_\text{b} R_\text{e}}{U_\text{i}} = \frac{\beta R_\text{e}(U_\text{i}/r_\text{be})}{U_\text{i}} = \frac{\beta R_\text{e}}{r_\text{be}} \qquad (4\text{-}13)$$

反馈系数

$$F = \frac{U_\text{f}}{U_\text{o}} = 1$$

则 $A_\text{f} = \dfrac{U_\text{o}}{U_\text{i}} = \dfrac{A}{1 + AF} = \dfrac{\beta R_\text{e}/r_\text{be}}{1 + \beta R_\text{e}/r_\text{be} \times 1} = \dfrac{\beta R_\text{e}}{r_\text{be} + \beta R_\text{e}}$，由于 $\beta R_\text{e} \gg r_\text{be}$，所以

$A_\text{f} \approx 1$。如已知为深度负反馈 $AF \gg 1$，有 $U_\text{i} = U_\text{f}$，则 $A = \dfrac{U_\text{o}}{U_\text{i}} = \dfrac{U_\text{o}}{U_\text{f}} = 1$，也可直接求出。

4.4.2　电压并联负反馈

如图 4-13 所示电路，假设集成运放为理想运放。其中 $I_\text{id} \approx 0\text{A}$，电压增益为无穷大，从而可

以得到

$$A = \frac{U_o}{I_{id}} = \infty \qquad （4-14）$$

$$F = \frac{I_f}{U_o} = -\frac{1}{R_2} \qquad （4-15）$$

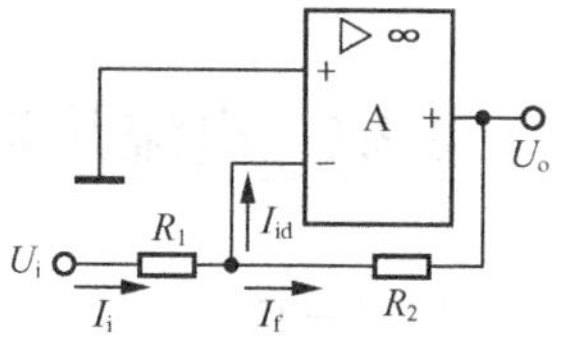

图 4-13 电压并联反馈

从而闭环增益为

$$A_f = \frac{U_o}{I_i} = \frac{A}{1+AF} \approx \frac{1}{F} = -R_2 \,(AF \gg 1) \qquad （4-16）$$

从而闭环电压增益为

$$A_{uf} = \frac{U_o}{U_i} = \frac{U_o}{I_i R_1} = A_f \frac{1}{R_1} = \frac{-R_2}{R_1} \left(I_i = \frac{U_i}{R_1} \right) \qquad （4-17）$$

4.4.3 电流串联负反馈

电流串联反馈是对输出电流取样，返回相应的电压与输入信号串联。图 4-14 所示为三极管构成放大电路，输出电流通过 R_e 产生一个反馈电压。交流通路如图 4-15 所示。无反馈时 $U_f = 0$，可以得到：

开环增益：

$$A = \frac{I_o}{U_i} = \frac{-\beta I_b}{I_b r_{be}} = \frac{-\beta}{r_{be}} \qquad （4-18）$$

反馈系数：

$$F = \frac{U_f}{I_o} = \frac{-I_o R_e}{I_o} = -R_e \qquad （4-19）$$

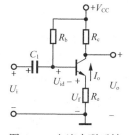

图 4-14 电流串联反馈

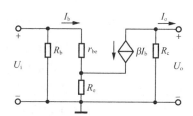

图 4-15 图 4-14 的交流等效图

有反馈时，可以得到

$$A_f = \frac{I_o}{U_i} = \frac{A}{1+AF} = \frac{-\beta}{r_{be} + \beta R_e} \qquad （式（4-18）和式（4-19）代入）$$

如果求得 $AF > 1$，则

$$A_f = \frac{-\beta}{r_{be} + \beta R_e} \approx -\frac{1}{R_e}$$

可以求出闭环电压增益为

$$A_{uf} = \frac{U_o}{U_i} = \frac{I_o R_c}{U_i} = \frac{-\beta R_c}{r_{be} + \beta R_e} \approx \frac{-R_c}{R_e}$$

$$R_i = R_b \,// \,[r_{be} + (1+\beta)\,R_e] \qquad （4-20）$$

$$R_o = R_c \qquad （4-21）$$

4.4.4 电流并联负反馈

如图 4-16 所示电路，其中 $I_{id} \approx 0A$ ，电压增益为无穷大，从而可以得到

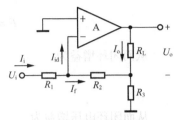

$$A = \frac{I_o}{I_{id}} = \infty \qquad （4-22）$$

图 4-16　电流并联反馈

可见满足深度负反馈条件 $AF \gg 1$ 。由 $(I_o + I_f)R_3 = -I_f R_2$ 化简为 $I_f = -I_o \times R_3/(R_2 + R_3)$ 得

$$F = \frac{I_f}{I_o} = -\frac{R_3}{R_2 + R_3} \qquad （4-23）$$

$$A_f = \frac{I_o}{I_i} = \frac{A}{1+AF} \approx \frac{1}{F} = -\left(1 + \frac{R_2}{R_3}\right) \qquad （4-24）$$

$$A_{uf} = \frac{U_o}{U_i} = \frac{I_o R_L}{I_i R_1} = -\frac{R_L}{R_1}\left(1 + \frac{R_2}{R_3}\right) \qquad （4-25）$$

4.5 负反馈放大电路的自激振荡

我们所讨论的负反馈放大电路均是工作在中频区时的情况。在中频区放大电路有 $\varphi_{af} = \varphi_a + \varphi_f = 2n \times 180°$ ，其中 $n=0, 1, 2\cdots$ 。在高频区和低频区时放大电路的增益会有所不同，并伴随着相位的变化。即相对应于中频区，在高频区和低频区又产生了附加相移。

随着频率的变化，相移也发生了改变，如果这时反馈信号增加了输入信号，则负反馈放大电路就变为正反馈而进入振荡。在深度负反馈时，反馈越深，放大电路性能改善越好，但电路组成不合理，反馈过深时，可能出现即使输入信号为零，放大电路也会产生一定幅度、一定频率的信号输出，这种现象称为自激振荡。如果放大电路振荡在某些低频或高频，就无法使放大器正常工作。合理的负反馈放大电路设计时要求电路在所有的频率上稳定，而不仅仅是在工作的频率范围内。因为一个短暂的干扰有可能会使表面上稳定的放大器突然进入振荡，因此有必要消除自激振荡。

4.5.1 自激振荡的产生和稳定条件

1. 产生自激振荡的条件

随着频率的变化如果 $\varphi_{af} = \varphi_a + \varphi_f = (2n+1) \times 180°$ ，则输入信号和反馈信号就由同相变为反相。式（4-3）中的 $\dot{X}_{id}$ 将变大，使电路成为正反馈。如果没有输入信号， $\dot{X}_{id} = -\dot{X}_f = -\dot{F}\dot{X}_o$ ，此信号再从输入端放大到输出端为 $-\dot{A}\dot{F}\dot{X}_o$ 。如果这个信号等于 $\dot{X}_o$ ，即 $-\dot{A}\dot{F} = 1$ ，则放大电路将产生自激振荡。

可以写成模和相位角的形式，即自激振荡的条件为

幅度条件 $\qquad\qquad\qquad\qquad |\dot{A}\dot{F}| = 1 \qquad\qquad\qquad\qquad （4-26）$

相位条件 $\qquad\qquad \varphi_a + \varphi_f = (2n+1) \times 180°, n = 0, 1, 2, \cdots \qquad\qquad （4-27）$

2. 稳定条件

为了使负反馈放大电路能稳定工作，必须破坏式（4-26）和式（4-27）所满足的条件。要求在 $\varphi_\mathrm{a} + \varphi_\mathrm{f} = (2n+1) \times 180°$ 的情况下，满足 $\left| \dot{A}\dot{F} \right| < 1$。这也就成了判断负反馈放大电路稳定性的条件。

4.5.2　消除自激振荡的方法

消除自激振荡的方法有减小反馈系数、接入校正网络等。大多采用相位校正网络，补偿校正的方法是，在放大电路和反馈网络中增加适当的阻容元件，改变频率特性，破坏自激条件，使电路工作稳定。

1. 电容滞后补偿

把补偿电容 C 并接到放大电路中时间常数最大的回路上，进而改变放大电路的频率特性，从而在相移 180° 时，幅值条件不再满足自激振荡，即高频时 $\left| \dot{A}\dot{F} \right| < 1$，如图 4-17 所示。

2. RC 滞后补偿

RC 串联补偿相对于电容补偿，使放大电路的频带变宽，如图 4-18 所示。RC 串联补偿一般放在前级输出电阻和后级输入电阻均较大，极间电容较小的位置来消除自激振荡。

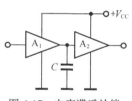

图 4-17　电容滞后补偿

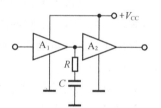

图 4-18　RC 滞后补偿

3. 密勒效应补偿

集成器件内部，在电压放大倍数较大一级的输出和输入之间跨接小电容，利用密勒效应，相当于输入回路接入大电容，从而达到滞后补偿的目的。如图 4-19 所示电路中密勒电容 C 相当于在 $\mathrm{VT_2}$ 基极与地之间接入大电容。

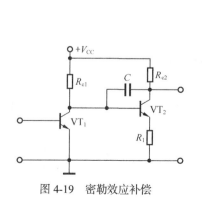

图 4-19　密勒效应补偿

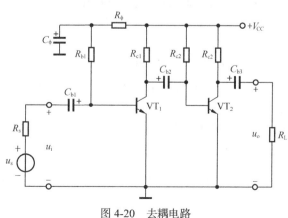

图 4-20　去耦电路

145

4.5.3 去耦电路

去耦电路用于消除公用直流电源内阻引起的寄生振荡。在多级放大电路中，由于公用的直流电源存在内阻，各级的交流电流经过该内阻相互影响。在内阻上产生的交流电压，对电路的某一级可能形成正反馈，使放大电路自激。在图 4-20 中对第一级形成正反馈，消除自激的有效方法是接入去耦电路，图中 R_ϕ 和 C_ϕ 组成去耦电路。在电源内阻上产生的交流电压经 R_ϕ 与 C_ϕ 分压后，再加在 R_{b1} 上，满足 $R_\phi \gg 1/\omega_L C_\phi$，即可削弱对第一级的正反馈，使电路保持正常工作，式中 ω_L 是电路的下限频率。

单元任务 4   实用扩音器制作

1. 知识目标

（1）掌握反馈类型的判断方法。

（2）掌握深度负反馈放大电路的增益计算。

2. 能力目标

（1）会判断反馈极性、反馈类型。

（2）会计算负反馈放大电路的增益表达式。

（3）掌握负反馈对放大电路性能的影响。

（4）能分析计算深度负反馈电路的增益。

3. 素质目标

（1）养成严肃、认真的科学态度和良好的自主学习方法。

（2）培养严谨的科学思维习惯和规范的操作意识。

（3）养成独立分析问题和解决问题的能力，以及相互协作的团队精神。

（4）能综合运用所学知识和技能独立解决实训中遇到的实际问题，具有一定的归纳、总结能力。

（5）具有一定的创新意识，具有一定的自学、表达、获取信息等方面的能力。

多级负反馈放大电路的应用

1. 信息

（1）了解负反馈类型的判断。

（2）深度负反馈放大电路的特点，多级负反馈放大电路的计算。

2. 决策

（1）测量静态工作点，负反馈放大电路如图 4-21 所示。用万用表或示波器测量第一级和第二级的静态工作点，记录填写表 4-4。

（2）分析反馈类型，计算电压放大倍数 $A_{uf} = \dfrac{U_o}{U_i} \approx \dfrac{U_o}{U_f} = \dfrac{R_{E1} + R_f}{R_{E1}}$，反馈系数 $F = \dfrac{R_{E1}}{R_f + R_{E1}}$。

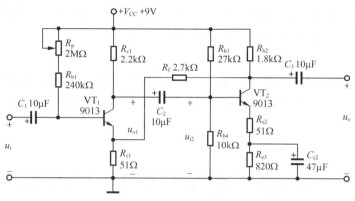

图 4-21 参考电路图

表 4-4

闭环	U_{BQ}	U_{EQ}	U_{CQ}	$I_{CQ}=(V_{CC}-U_{CQ})/R_C$
第一级				
第二级				

（3）测量电压放大倍数，输入、输出电阻。将 $f=1$kHz，$U_{sm}=10$mV 的正弦信号送入放大电路，用示波器观测输入和输出波形，并测量 U_{im}，U_{sm}，带负载时的输出电压 U_{Lm}，空载时的输出电压 U_{om} 数值，记录表 4-5 中。根据测量数据和学习单元 2 中单元任务 2.3 计算 R_i，R_o，R_{if}，R_{of}。

表 4-5

U_{sm}	U_{im}	U_{Lm}	U_{om}	A_{uf}	R_i	R_{if}	R_o	R_{of}

（公式 $R_i = \dfrac{U_i}{U_s - U_i} R_s$ ， $R_o = \left(\dfrac{U_o}{U_L} - 1\right) R_L$ ， $R_{if} = (1+AF)R_i$ ， $R_{of} = \dfrac{R_o}{1+AF}$ ）

（4）输入交流正弦信号 U_s 不变，接上负载，改变信号的频率，找出上、下限截止频率 f_H，f_L，计算通频带 BW 与学习单元 2 中单元任务 2.5 中通频带比较，验证开环和负反馈时的频带如何变化。

3．计划

（1）所需仪器仪表：万用表、示波器、信号发生器、电烙铁等。

（2）所需元器件：三极管、电阻、电容、电路板、锡丝、导线等，元器件参数如图 4-21 所示。

4．实施

（1）由三极管构成的两级放大电路，画出原理图，确定实际接线图。

（2）领取元器件及耗材，在电路板上焊接电路。

（3）正确连接电路，注意布线的合理性、器件的安装方向、信号的连接方式。

（4）调试电路，观察波形并记录，结合理论进行分析。

5. 检查

检查焊接质量，有无错接、漏焊、连焊、虚焊等现象，电源接线有无短路等。检验设计结构是否符合设计要求。对出现的问题进行分析并记录解决方案。

6. 评价

在完成上述设计与制作过程的基础上，撰写实训报告，并在小组内进行自我评价、组员评价，最后由教师给出评价，3 个评价相结合作为本次工作任务完成情况的综合评价。

单元小结

1. 在放大电路中，将电路输出量（电压或电流）的一部分或全部，通过一定的网络（反馈网络）返送回输入回路，以影响放大电路性能的措施称反馈。反馈分正反馈和负反馈，用瞬时极性法进行判断，正反馈使输出量增大，负反馈使输出量减小，在放大电路中广泛采用的是负反馈。反馈信号分为交流信号和直流信号，交流负反馈改善电路的动态性能，直流负反馈稳定电路的静态工作点。

2. 负反馈放大电路有 4 种类型：电压串联负反馈、电流串联负反馈、电压并联负反馈、电流并联负反馈。反馈信号与输入信号在输入回路中以电压形式出现为串联反馈；反馈信号与输入信号在输入回路中以电流形式出现为并联反馈。串联负反馈提高输入电阻；并联负反馈降低输入电阻。反馈量取自输出电压时，是电压反馈；反馈量取自输出电流时，是电流反馈。电压负反馈稳定输出电压，降低输出电阻；电流负反馈稳定输出电流，增大输出电阻。

3. 负反馈放大电路闭环放大倍数的增益表达式 $\dot{A}_{\mathrm{f}} = \dfrac{\dot{A}}{1 + \dot{A}\dot{F}}$。当 $\dot{A}\dot{F} \gg 1$ 时，称为深度负反馈，这时 $\dot{A}_{\mathrm{f}} \approx 1/\dot{F}$。由此得出 $\dot{X}_{\mathrm{i}} \approx \dot{X}_{\mathrm{f}}$、$\dot{X}_{\mathrm{id}} \approx 0$，可以近似计算负反馈放大电路闭环增益 $\dot{A}_{\mathrm{uf}}$。

4. 负反馈放大电路中，直流反馈能稳定放大电路的静态工作点。交流负反馈能改善放大电路性能：提高增益稳定性；降低增益，扩宽频带；减小非线性失真，抑制干扰；改善输入、输出电阻。设计电路时，应根据要求引入适当的反馈。

5. 负反馈改善放大电路的性能是以牺牲增益为代价的。反馈越深，电路性能改善的效果越显著，反馈过深，可能会带来自激振荡。负反馈放大电路产生了自激振荡是由于 $\dot{A}\dot{F}$ 的附加相移达到 $\pm180°$，其幅值 $|\dot{A}\dot{F}| \gg 1$，负反馈变成了正反馈。消除自激振荡的方法多采用 RC 滞后补偿网络。

自测题

一、填空题

（1）在放大电路中，直流负反馈在电路中的主要作用是_____，交流负反馈在电路中的主要作用是_____。

（2）由集成运算放大器组成的深度负反馈放大电路中，基本放大电路的两输入端具有_____和_____的特点。

（3）某仪表放大电路要求增大输入电阻，输出电流稳定，应选择_____反馈。

（4）为了稳定放大电路的输出电压，那么对于高内阻的信号源来说，放大电路应引入＿＿＿＿反馈。

（5）在深度负反馈放大电路中，净输入信号约为＿＿＿＿，输入信号约等于＿＿＿＿信号。

二、选择题

（1）构成反馈的元器件＿＿＿＿。

    A. 只能是电阻、电容等无源元件

    B. 只能是晶体管、集成运放等有源器件

    C. 既可以是有源器件，也可以是无源元件

（2）要减小放大电路的输出电阻时，应引入＿＿＿＿。要增大放大电路的输入电阻时，应引入＿＿＿＿。

    A. 电压负反馈　串联负反馈　　　　　B. 电流负反馈　并联负反馈

（3）负反馈能抑制的干扰和噪声是＿＿＿＿。

    A. 输入信号中的干扰和噪声　　　　　B. 输出信号中的干扰和噪声

    C. 反馈环内的干扰和噪声　　　　　　D. 反馈环外的干扰和噪声

（4）负反馈放大电路产生自激振荡的条件是＿＿＿＿。

    A. $\dot{A}\dot{F}=0$　　　　B. $\dot{A}\dot{F}=1$　　　　C. $\dot{A}\dot{F}=-1$　　　　D. $\dot{A}\dot{F}=\infty$

（5）共射极基本放大电路，发射极串入电阻引入负反馈＿＿＿＿。

    A. 一定会产生高频自激振荡　　　　　B. 一定满足自激振荡的相位条件

    C. 一定不会产生高频自激振荡　　　　D. 不能确定

三、判断题

（1）放大电路的输出回路有通路引回到输入回路，则说明电路引入了反馈。　　　（　　　）

（2）放大电路引入负反馈后，则负载变化时，输出电压基本不变。　　　　　　　（　　　）

（3）直接耦合放大电路引入的是直流反馈，阻容耦合放大电路引入的是交流反馈。（　　　）

（4）既然电压负反馈可以稳定输出电压，那么它也就稳定了负载电流。　　　　　（　　　）

（5）负反馈放大电路中，放大器的放大倍数越大，闭环放大倍数越稳定。　　　　（　　　）

（6）负反馈可以提高放大电路放大倍数的稳定性。　　　　　　　　　　　　　　（　　　）

（7）在深度负反馈条件下，闭环放大倍数 $\dot{A}_f \approx 1/\dot{F}$。与放大电路中三极管的参数几乎无关，因此管子的参数也就没有意义，可任意选择三极管。　　　　　　　　　　　　　　　（　　　）

（8）阻容耦合放大电路的耦合电容、旁路电容越多，引入负反馈后，越容易产生低频振荡。

                                                        （　　　）

习题

4.1　如何理解"开环""闭环"？

4.2　如何判断是电压反馈还是电流反馈？

4.3　负反馈的闭环增益是如何稳定的？其原理是什么？

4.4　如何消除自激振荡？

4.5　判断图 4-22 所示电路的反馈类型，并说明哪些元器件组成反馈通路。假设电路为深度负反馈，计算电路的闭环电压增益 A_{uf}，对交流信号电容可看成短路。

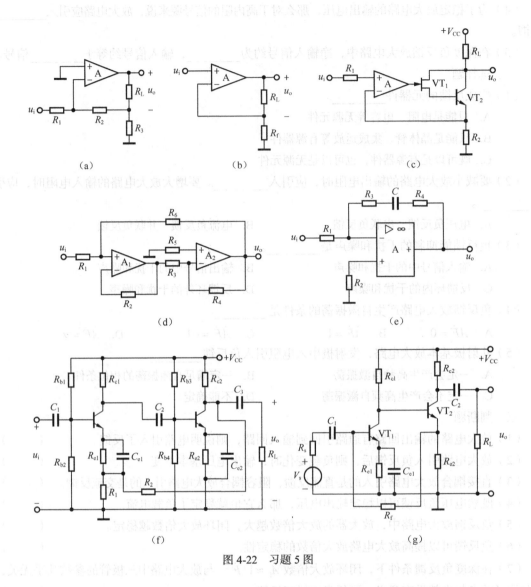

图 4-22 习题 5 图

4.6 判断图 4-23 所示电路是否引入反馈，如果引入反馈则判断其反馈类型，对交流信号电容可看成短路。

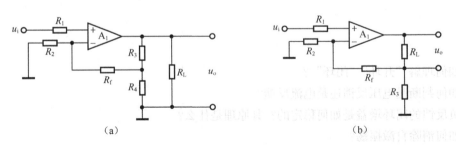

图 4-23 习题 6 图

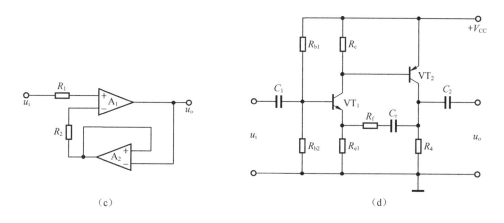

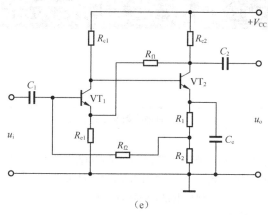

图 4-23　习题 6 图（续）

4.7　某放大电路输入信号电压为 1mV，输出电压为 1V。加入反馈后，为了达到同样输出时需要输入信号为 10mV，试求该电路的反馈深度和反馈系数。

学习单元 5

集成运算放大器的应用

单元任务	简易函数发生器制作
建议学时	6 学时
完成单元任务 所需知识	1. 理解高通、低通、带通、带阻有源滤波器电路工作原理与性能。 2. 掌握单门限电压比较器、迟滞比较器的分析与应用。 3. 了解检波器、采样保持电路对信号的处理。 4. 了解乘法器原理。 5. 集成运放正确选型与使用
知识重点	有源滤波电路；迟滞比较器；集成运放的使用
知识难点	有源滤波电路的幅频特性；迟滞比较器工作原理
职业技能训练	1. 能分析滤波电路性能，会选择合适的滤波器。 2. 会分析计算滤波电路的增益表达式。 3. 能理解滤波电路的截止频率和带宽。 4. 能对电路进行调试和故障分析。 5. 培养团队精神
推荐教学方法	任务驱动——教、学、做一体教学方法：从单元任务出发，通过课程听讲、教师引导、小组学习讨论、实际电路测试，掌握完成单元任务所需知识点和相应的技能

5.1 有源滤波器

5.1.1 基本概念

滤波器就是让一部分频率的信号通过，而另外一部分频率的信号受到抑制。在滤波器内信号能够顺利通过的频率部分称为通带；信号受到衰减或被抑制的频率部分称为阻带。通带和阻带的分界频率称为截止频率，理想滤波器的幅频特性如图 5-1 所示。在通带内增益为常数，在阻带内增益为 0。实际滤波器与理想滤波器有一定的差距，在通带和阻带之间有一定频段的过渡范围。

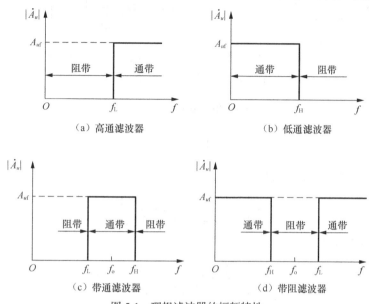

（a）高通滤波器　　　　　　　　（b）低通滤波器

（c）带通滤波器　　　　　　　　（d）带阻滤波器

图 5-1　理想滤波器的幅频特性

按处理信号的类型分为模拟滤波器和数字滤波器。

按通过信号的频段分为高通、低通、带通、带阻滤波器。如图 5-1 所示，高通滤波器（High-pass Filter，HPF）是允许信号中的高频部分通过，抑制低频或直流部分。低通滤波器（Low-pass Filter，LPF）是允许信号中的低频或直流部分通过，抑制高频部分或干扰和噪声。带通滤波器（Band-pass Filter）是允许一定频段的信号通过，抑制高于和低于该频段的信号、干扰和噪声。带阻滤波器（Band-stop Filter）是抑制一定频段的信号，允许该频段外的信号通过。

按采用元器件不同分为无源滤波器和有源滤波器。无源滤波器是仅由无源元件组成的滤波器，如电阻、电容、电感。其电路简单，可靠性较高，但是允许通过的信号有一定的能量损耗，负载效应明显，不适用于低频域。有源滤波器是由无源元件和有源器件组成，如电阻、电容、集成运放等。相对于无源滤波器，其允许通过的信号没有能量损耗，并可以进行放大，负载效应不明显。多级连接时相互影响小，常利用级联的方法构成高阶滤波器，且器件较小。但通带的范围受到有源器件带宽的限制，不适合用于高压、高频、大功率的场合。

5.1.2　低通滤波电路

1．一阶低通有源滤波电路

一阶低通有源滤波电路如图 5-2（a）所示，该电路由 RC 低通滤波电路与电压跟随器组成。因为电压跟随器具有很高的输入阻抗、很低的输出阻抗，具有很强的带负载能力。如果电路既具有低通滤波功能，又具有电压放大作用，可以采用如图 5-2（b）所示的电路，可以看出由低通滤波电路与同相比例放大电路组成。

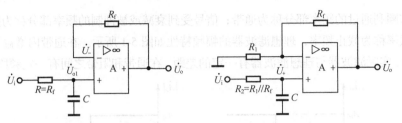

（a）具有电压跟随器的低通滤波器　　　（b）带同相比例放大电路的低通滤波器

图 5-2　一阶低通有源滤波电路

如图 5-2（a）所示电路中电压跟随器的电压增益为

$$\dot{A}_{uf} = \frac{\dot{U}_o}{\dot{U}_{o1}}$$

RC 低通电路的增益复数形式为

$$\dot{A}_p = \frac{\dot{U}_{o1}}{\dot{U}_i} = \frac{1/\mathrm{j}\omega C}{R + 1/\mathrm{j}\omega C} = \frac{1}{1 + \mathrm{j}\omega RC} \tag{5-1}$$

故电路的增益表达式为

$$\dot{A}_u = \frac{\dot{U}_o}{\dot{U}_i} = \frac{\dot{U}_{o1}}{\dot{U}_i} \times \frac{\dot{U}_o}{\dot{U}_{o1}} = \frac{1}{1 + \mathrm{j}\omega RC} \times \dot{A}_{uf} \tag{5-2}$$

设 f 为外加信号频率，将 $\omega = 2\pi f$ 带入上式中，同时令 $f_n = \dfrac{1}{2\pi RC}$，则复数频率特性表达式为

$$\dot{A}_u = \frac{\dot{U}_o}{\dot{U}_i} = \frac{1}{1 + \mathrm{j}\dfrac{f}{f_n}} \times \dot{A}_{uf} \tag{5-3}$$

式中的 f 为一次幂，故式（5-3）所示滤波电路为一阶低通有源滤波电路。

因 $\dot{A}_{uf}$ 为实数，式（5-3）可得

$$|\dot{A}_u| = \frac{A_{uf}}{\sqrt{1 + \left(\dfrac{f}{f_n}\right)^2}} \tag{5-4}$$

由式（5-4）可以画出图 5-3 所示的幅频特性图。显然可看出：

当 $f = f_n$ 时，$|\dot{A}_u| = \dfrac{A_{uf}}{\sqrt{2}}$，频率特性将下降为 $-3\mathrm{dB}$，称为低通截止频率或称为特征频率；

当 $f \leqslant 0.1 f_n$ 时，频率特性为 0dB，有 $|\dot{A}_u| = A_{uf}$，即为通带的电压放大倍数。

当 $f \geqslant 10 f_n$ 时，频率特性下降到 $-20\mathrm{dB}$ 以下，阻带以 $-20\mathrm{dB}/$十倍频程衰减。因此可以看出对频率大于 f_n 的干扰信号，其电压放大倍数减小，从而抑制干扰信号。但衰减率只为 $-20\mathrm{dB}/$十倍频程，与理想的低通滤波器相比还有一定的差别，如果要求响应曲线以 $-40\mathrm{dB}/$十倍频程或 $-60\mathrm{dB}/$十倍频程的斜率下降，则需要采用二阶、三阶或更高阶次的滤波电路。

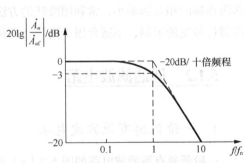

图 5-3　一阶低通有源滤波电路的幅频响应

2.　二阶低通有源滤波电路

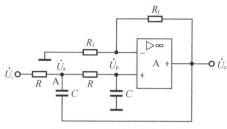

图 5-4　二阶低通滤波电路

集成运放在 RC 滤波电路中作为高增益有源器件使用，可组成无限增益多反馈环型滤波电路，当作为有限增益有源器件使用时，则可组成压控电压源滤波电路。图 5-4 所示为压控电压源低通滤波电路，可以看出由二阶 RC 滤波电路和同相比例放大电路组成，其中同相比例放大电路就是压控电压源。放大电路具有高输入阻抗，低输出阻抗。

由图可以看出集成运放的同相输入端电压为

$$\dot{U}_\mathrm{p}=\frac{\dot{U}_\mathrm{o}}{\dot{A}_{uf}} \tag{5-5}$$

再由 U_p 和 U_a 的关系为

$$\dot{U}_\mathrm{p}=\frac{\dot{U}_\mathrm{a}}{1+\mathrm{j}\omega RC} \tag{5-6}$$

对于 A 点利用 KCL 得到

$$\frac{\dot{U}_\mathrm{i}-\dot{U}_\mathrm{a}}{R}-(\dot{U}_\mathrm{a}-\dot{U}_\mathrm{o})\mathrm{j}\omega C-\frac{\dot{U}_\mathrm{a}-\dot{U}_\mathrm{p}}{R}=0 \tag{5-7}$$

将上述三式联立，可以求出电路的增益为

$$\dot{A}_u=\frac{\dot{U}_\mathrm{o}}{\dot{U}_\mathrm{i}}=\frac{\dot{A}_{uf}}{1+(3-\dot{A}_{uf})\mathrm{j}\omega RC+(\mathrm{j}\omega RC)^2} \tag{5-8a}$$

令 $f_\mathrm{n}=\dfrac{1}{2\pi RC}$，$Q=\dfrac{1}{3-\dot{A}_{uf}}$（$\dot{A}_{uf}$ 为实数）。

则式（5-8a）可变换为

$$\dot{A}_u=\frac{\dot{A}_{uf}}{1-\left(\dfrac{f}{f_\mathrm{n}}\right)^2+\mathrm{j}\dfrac{1}{Q}\cdot\dfrac{f}{f_\mathrm{n}}} \tag{5-8b}$$

式（5-8b）为二阶低通滤波电路的典型表达式，其中 f_n 为低通截止频率，Q 称为等效品质因数。由式（5-8b）可得压控电压源低通滤波电路的幅频特性表达式为

$$20\lg\left|\frac{\dot{A}_u}{\dot{A}_{uf}}\right|=20\lg\frac{1}{\sqrt{\left[1-\left(\dfrac{f}{f_\mathrm{n}}\right)^2\right]^2+\left(\dfrac{f}{f_\mathrm{n}Q}\right)^2}} \tag{5-9}$$

式（5-9）表明，当 $f=0$ 时，$\left|\dot{A}_u\right|=A_{uf}$，当 $f\to\infty$ 时，$\left|\dot{A}_u\right|=0$。显然，这正是低通滤波电路所具有的特性。图 5-5 所示为不同 Q 值时的幅

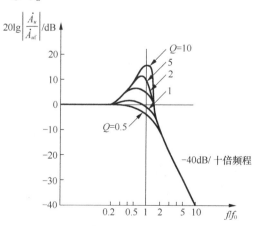

图 5-5　低通滤波器的幅频特性

155

频特性，根据 Q 值，$A_{uf} < 3$ 电路才能稳定工作。从图中可以看出，当 Q 增大时，幅频响应将出现峰值。当 $f/f_n = 1$ 时，$20\lg\left|\dot{A}_u/\dot{A}_{uf}\right| = 3\text{dB}$ ；当 $f/f_n = 10$ 时，$20\lg\left|\dot{A}_u/\dot{A}_{uf}\right| = -40\text{dB}$ 。这表明二阶低通滤波电路比一阶低通滤波电路的滤波效果好很多，为−40dB/十倍频程。当进一步增加滤波电路的阶数，其幅频特性就更接近理想特性。

5.1.3 高通滤波器

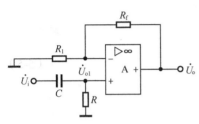

图 5-6 一阶高通有源滤波电路

1. 一阶高通有源滤波电路

一阶高通有源滤波电路如图 5-6 所示，由 RC 高通滤波与同相比例放大电路组成。

如图 5-6 所示电路中同相比例放大电路的电压增益为

$$\dot{A}_{uf} = \frac{\dot{U}_o}{\dot{U}_{o1}}$$

RC 高通电路的增益复数形式为

$$\dot{A}_p = \frac{\dot{U}_{o1}}{\dot{U}_i} = \frac{R}{R + 1/j\omega C} = \frac{1}{1 + 1/j\omega RC} \quad (5\text{-}10)$$

故电路的增益表达式为

$$\dot{A}_u = \frac{\dot{U}_o}{\dot{U}_i} = \frac{\dot{U}_{o1}}{\dot{U}_i} \times \frac{\dot{U}_o}{\dot{U}_{o1}} = \frac{1}{1 + 1/j\omega RC} \times A_{uf} \quad (5\text{-}11)$$

设 f 为外加信号频率，将 $\omega = 2\pi f$ 带入上式中，同时令 $f_n = \dfrac{1}{2\pi RC}$ ，则复数频率特性表达式为

$$\dot{A}_u = \frac{\dot{U}_o}{\dot{U}_i} = \frac{1}{1 - j\dfrac{f_n}{f}} \times A_{uf} \quad (5\text{-}12)$$

式中的 f 为一次幂，故式（5-12）所示滤波电路为一阶高通有源滤波电路。

由式（5-12）可得

$$\left|\dot{A}_u\right| = \frac{A_{uf}}{\sqrt{1 + \left(\dfrac{f_n}{f}\right)^2}} \quad (5\text{-}13)$$

由此式可以画出图 5-7 所示的幅频特性曲线，从图中可看出：

当 $f = f_n$ 时，$\left|\dot{A}_u\right| = \dfrac{A_{uf}}{\sqrt{2}}$ ，频率特性将下降为−3dB，称为高通截止频率；

当 $f \leqslant 0.1 f_n$ 时，频率特性下降到−20dB 以下，其衰减率为+20dB/十倍频程；

当 $f \geqslant 10 f_n$ 时，频率特性为 0dB，有 $\left|\dot{A}_u\right| = A_{uf}$ ，即

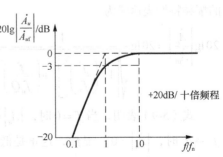

图 5-7 一阶高通有源滤波电路的幅频响应

为通带的电压放大倍数。因此可以看出对频率小于 f_n 的信号，其电压放大倍数将减小，从而起到抑制低频信号的作用，电路的阻带衰减率为+20dB/十倍频程。

2. 二阶高通有源滤波电路

其实低通电路和高通电路存在对偶关系，将电路中的 R、C 对换即可。因此二阶压控电压源高通滤波电路如图 5-8 所示。

参考二阶低通滤波电路的计算过程或利用对偶性，可以求出电路的增益为

$$\dot{A}_u = \frac{A_{uf}}{1-\left(\dfrac{f_n}{f}\right)^2 - \mathrm{j}\dfrac{1}{Q}\cdot\dfrac{f_n}{f}} \tag{5-14}$$

式中 A_{uf} 为同相比例电路的放大倍数，高通截止频率 $f_n = \dfrac{1}{2\pi RC}$ ，等效品质因数 $Q = \dfrac{1}{3-A_{uf}}$ ，$A_{uf} < 3$ 时，电路才能稳定工作。

由式（5-14）可得高通滤波电路的幅频特性表达式为

$$20\lg\left|\frac{\dot{A}_u}{\dot{A}_{uf}}\right| = 20\lg\frac{1}{\sqrt{\left[1-\left(\dfrac{f_n}{f}\right)^2\right]^2 + \left(\dfrac{f_n}{fQ}\right)^2}} \tag{5-15}$$

由式（5-15）可以得到，当 $f \to \infty$ 时，$\left|\dot{A}_u\right| = A_{uf}$ 。图 5-9 所示为不同 Q 值时的幅频特性曲线。当 $f \ll f_n$ 时，二阶高通滤波电路的幅频特性以+40dB/十倍频程的斜率上升。

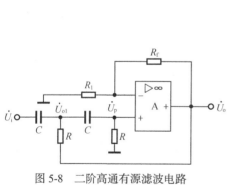

图 5-8　二阶高通有源滤波电路

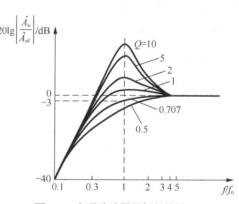

图 5-9　高通滤波器的幅频特性

5.1.4　带通和带阻滤波器

1. 带通有源滤波器

带通滤波器可以由低通滤波器和高通滤波器串联组成，如图 5-10 所示，两者同时通过的频段，即为带通频段。必须保证低通滤波器的截止频率 f_H 大于高通滤波器的截止频率 f_L 。图 5-11 所示为二阶有源压控电压源带通滤波电路，R、C 组成的低通滤波电路和 R_1、C_1 组成的高通滤波电路

串联构成带通滤波电路。

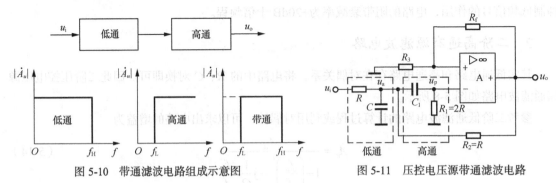

图 5-10　带通滤波电路组成示意图

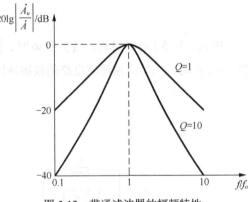

图 5-11　压控电压源带通滤波电路

根据图 5-11，可以写出增益表达式为

$$\dot{A}_u = \frac{A}{1 + jQ\left(\dfrac{f}{f_o} - \dfrac{f_o}{f}\right)} \tag{5-16}$$

式中 $A = \dfrac{A_{uf}}{3 - A_{uf}}$，$A_{uf}$ 为同相比例电路的放大倍数，等效品质因数 $Q = \dfrac{1}{3 - A_{uf}}$，中心频率

$f_o = \dfrac{1}{2\pi RC}$。当 $f = f_o$ 时，增益最大为 A。根据
式（5-16）可以求出其幅频特性如图 5-12 所示。
$A_{uf} \to 3$，Q 值越大，通频带越窄，越接近于理
想带通滤波器。带通滤波电路常用于音响电路的
分频通道中，以提高音质。

2. 带阻有源滤波器

带阻滤波器可以由低通滤波器和高通滤波器
并联组成，带阻滤波电路组成示意图如图 5-13 所
示，两者共同抑制了某一频段，即为带阻频段。

图 5-12　带通滤波器的幅频特性

同样要保证低通滤波器的截止频率 f_H 小于高通滤波器的截止频率 f_L。陷波滤波电路属于带阻滤
波器（Q 值高），在抗干扰电路中经常使用。图 5-14 所示为双 T 带阻滤波电路。根据理论计算，
其增益为

$$\dot{A}_u = \frac{A_{uf}\left[1 + \left(\dfrac{jf}{f_o}\right)^2\right]}{1 + \left(\dfrac{jf}{f_o}\right)^2 + \dfrac{1}{Q} \cdot \dfrac{jf}{f_o}} = \frac{A_{uf}}{1 + \dfrac{1}{Q} \cdot \dfrac{jf \cdot f_o}{f_o^2 - f^2}} \tag{5-17}$$

式中同相比例电压倍数为 A_{uf}，阻带中心频率为 $f_o = \dfrac{1}{2\pi RC}$，等效品质因数 $Q = \dfrac{1}{2(2 - A_{uf})}$。

可以看出，当 A_{uf} 值从 1 趋向 2 时，等效品质因数 Q 从 0.5 趋向无穷大，阻带宽度越窄，选频越
好，幅频特性如图 5-15 所示，多用于检测仪表和电子系统中。

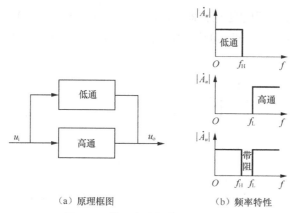

（a）原理框图　　　　　　（b）频率特性

图 5-13　带阻滤波电路组成示意图

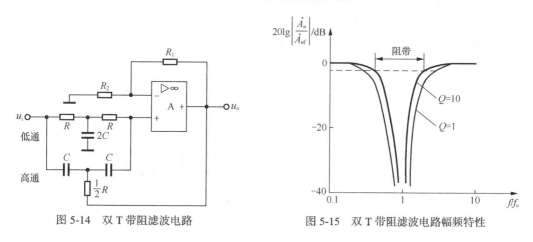

图 5-14　双 T 带阻滤波电路　　　　　图 5-15　双 T 带阻滤波电路幅频特性

5.2　电压比较器

在控制过程中，经常用到电压比较器（Voltage Comparator），用来比较输入电压信号 u_I 和参考电压信号 U_{REF} 之间的大小，以输出高电平或者低电平来控制输出装置。

5.2.1　单门限电压比较器

1.　工作原理

运算放大器工作在非线性区时，其输出电压只有两个数值，一个为正饱和电压 $+U_{om}$，另一个为负饱和电压 $-U_{om}$。当输入比较信号 u_I 经过参考电压 U_{REF} 时，输出电压就从一个饱和值跳到另一个饱和值。图 5-16 所示为同相输入单门限电压比较器和其传输特性，因此有

当 $u_I > U_{REF}$ 时，$u_O = +U_{om}$；

当 $u_I < U_{REF}$ 时，$u_O = -U_{om}$。

图 5-17 所示为反相输入单门限电压比较器和其传输特性，因此可得

当 $u_I > U_{REF}$ 时，$u_O = -U_{om}$；

当 $u_I < U_{REF}$ 时，$u_O = +U_{om}$。

同样，如果 $U_{REF}=0$ ，称为过零比较器（Zero Crossing Comparator）。在比较器中，输出电压从一个极性的饱和值跳到另一个极性的饱和值所对应输入电压的大小，称为门限电压或阈值电压 U_{th}（Threshold Voltage）。

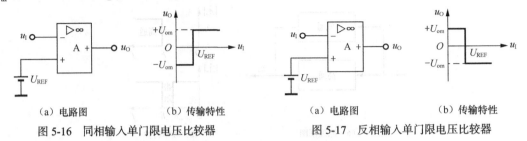

| （a）电路图 | （b）传输特性 | （a）电路图 | （b）传输特性 |

图 5-16　同相输入单门限电压比较器　　　　图 5-17　反相输入单门限电压比较器

【例 5-1】 电路如图 5-18 所示，运算放大器为理想运放，输出电压 $+U_{om}=+10V$ ， $-U_{om}=-10V$ ，输入信号 $u_1=3\sin\omega t$ 。试画出输出信号波形。

解：本题为过零电压比较器，因此输出波形如图 5-19 所示。

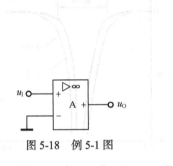

图 5-18　例 5-1 图

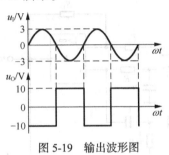

图 5-19　输出波形图

2. 应用

如图 5-20（a）所示过零比较器电路用于波形变换，输入的正弦信号经过过零比较器后为方波信号 u_{O1} ，如图 5-20（b）所示。方波信号 u_{O1} 在经过微分电路后输出尖脉冲信号 u_{O2} ，尖脉冲信号再经过二极管构成的限幅电路就可得到正脉冲信号 u_O 。

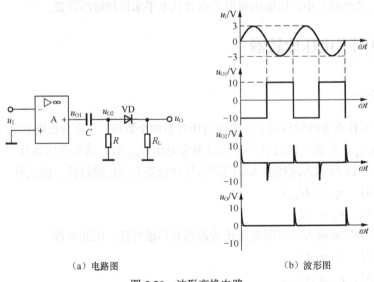

| （a）电路图 | （b）波形图 |

图 5-20　波形变换电路

5.2.2　迟滞比较器

单门限电压比较器电路简单，灵敏度较高，但是其抗干扰能力差。当输入信号在门限电压附近有干扰时，输出信号将时而为正饱和电压 $+U_{om}$，时而为负饱和电压 $-U_{om}$，使输出信号不稳定，而迟滞比较器能较好地克服其干扰。图 5-21 所示为迟滞比较器电路，反相输入端开环，引入输入信号，同相输入端引入正反馈。

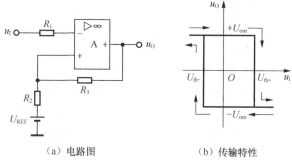

（a）电路图　　　　　　　（b）传输特性

图 5-21　迟滞比较器

因为电路中引入正反馈，故 u_O 只有 $+U_{om}$ 或 $-U_{om}$ 两个输出状态。相应的集成运放同相输入端 u_p 也有两个阈值电压，分别为：

上限阈值电压：$U_{th+} = \dfrac{R_3}{R_2 + R_3} U_{REF} + \dfrac{R_2}{R_2 + R_3}(+U_{om})$ ；

下限阈值电压：$U_{th-} = \dfrac{R_3}{R_2 + R_3} U_{REF} + \dfrac{R_2}{R_2 + R_3}(-U_{om})$ 。

其中输入电压和输出电压之间的变化由传输特性曲线可以看出：当输入信号 u_I 从小逐渐增大时，$u_I > U_{th+}$ 时，输出电压 u_O 才翻转为 $-U_{om}$；而当输入信号 u_I 从大逐渐减小时，$u_I < U_{th-}$ 时，输出电压 u_O 才翻转为 $+U_{om}$。这种具有滞后回环传输特性的比较器被称为迟滞（滞回）比较器（Hysteresis Comparator）或施密特触发器（Schmitt Trigger）。$U_H = U_{th+} - U_{th-}$ 称为回差电压。

图 5-22（a）所示为过零比较器的输入含有干扰时的输出波形，可以知道抗干扰能力差，而采用迟滞比较器输入信号含有干扰信号时，如果干扰信号变化幅度小于回差电压，就能有效抑制干扰信号，如图 5-22（b）所示。因此本电路具有一定的抗干扰能力。

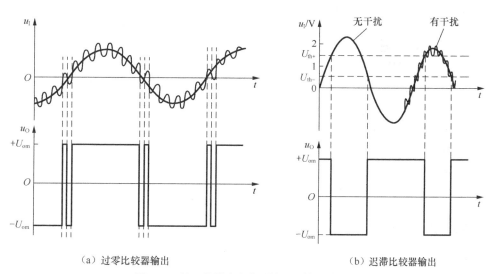

（a）过零比较器输出　　　　　　　　　（b）迟滞比较器输出

图 5-22　输入信号中含有干扰时的输出波形图

161

5.2.3 集成电压比较器

用通用集成运放可构成比较器电路，但是普通运放的响应速度、传输延迟时间等指标有时难以达到电路要求，因此通常选用集成电压比较器来实现高精度的比较电路。

集成电压比较器按每一器件内所含电压比较器的个数可分为单、双和四电压比较器。按功能不同可分为通用型、高速型、低功耗型、低电压型和高精度型等。按输出方式可分为普通、集电极（或漏极）开路输出和互补输出 3 种。集电极（或漏极）开路输出的比较器，使用时应在输出端与电源之间接一上拉电阻。此外，有的集成电压比较器带有选通端，用来控制比较器是处于工作状态还是禁止状态。所谓工作状态，是电路处于比较器的电压传输特性工作状态；所谓禁止状态，是指比较器不具有电压传输特性工作状态，而是处于高阻状态，即从输出端看进去相当于开路。

通用型集成电压比较器有 AD790（单）、MC1414（双）、LM339（四），它们响应时间分别为 45ns、40ns 和 1.3μs；高速型的有 EL5285I（双）、AD9696（单）和 TA8504（单），它们的响应时间分别为 6ns、7ns 和 2.6ns；低功耗型 LM393（双）采用双/单电源供电，电源电流仅为 0.4mA。

5.3 检波器和采样保持电路

1. 检波器

检波器（Detector）又称为线性整流电路。图 5-23 所示电路为线性半波整流电路，该电路能有效地克服二极管的门槛电压和非线性等因素对检波性能的影响，因此实现高精度变换。

假设输入信号 u_I 为正弦信号，当 $u_I > 0$ 时，$u_{O1} < 0$，二极管 VD_2 正偏导通，VD_1 反偏截止，$u_O = 0\,\text{V}$。当 $u_I < 0$ 时，$u_{O1} > 0$，二极管 VD_2 反偏截止，VD_1 正偏导通，电路构成了反相比例运算电路，故 $u_O = -(R_f / R_1)u_I$。可见 u_O 绝对值大于二极管的正向导通电压 U_D，电路就能正常工作。故电路能检波的最小输入电压峰值为 $U_{\text{imin}p} = U_D / A_{uO}$，其中 A_{uO} 为开环差模电压放大倍数。图 5-24 所示为 $R_1 = R_f$ 时的输入和输出波形。

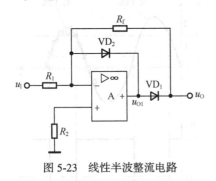

图 5-23 线性半波整流电路

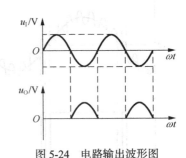

图 5-24 电路输出波形图

2. 采样保持电路

图 5-25 所示电路为采样保持电路（Sample and Hold Circuit，S/H）。电路由模拟开关结型场效应管、缓冲放大的集成运放、存储电路等构成。工作过程为采样和保持两个周期，其中 CTRL 端

为周期控制信号。当控制信号为低电平时，场效应管 VT 导通，对输入信号进行采样，电容 C 上的电压值跟踪输入信号 u_I，经过电压跟随器输出为 u_O，如图 5-26 所示。此时输出信号跟踪输入信号的变化，为采样周期。当控制信号为高电平时，场效应管 VT 截止，电容 C 保持输入信号，并经跟随器输出，为保持周期。

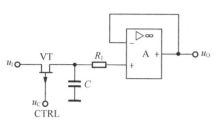

图 5-25 采样保持电路

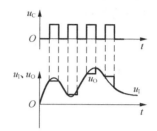

图 5-26 控制和输入输出波形图

5.4 乘法器的应用

1. 模拟乘法器工作原理

根据对数和指数运算电路可实现乘法运算，在乘法运算的基础上可实现平方、均方根、除法等运算，还用于构成各种函数发生器、调制解调和锁相环等电路。其数学原理如下：

$$u_o = \ln^{-1}(\ln u_x + \ln u_y) = u_x u_y$$

根据以上数学原理可得乘法器框图如图 5-27 所示。

图 5-27 乘法器原理框图

2. 模拟乘法器的应用

（1）乘法运算

乘法器能够实现乘法运算，其符号如图 5-28 所示，输出电压 u_o 与输入 u_x 和 u_y 的乘积成正比，所以

$$u_o = k u_x u_y$$

（2）平方运算

当 $u_x = u_y = u_i$ 时，$u_o = k u_i^2$，即为平方运算，如图 5-29 所示。当输入为正弦信号时，其输出 $u_o = k(\sqrt{2}U_i \sin \omega t)^2 = kU_i^2(1 - \cos 2\omega t)$，这时即实现了倍频的输出信号。

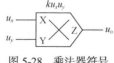

图 5-28 乘法器符号

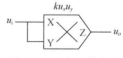

图 5-29 平方运算电路

（3）除法运算

图 5-30 所示为除法运算电路。根据虚短和虚断的概念，有 $\dfrac{u_i}{R_1} = \dfrac{-u_{o1}}{R_2}$，又因为 $u_{o1} = k u_o u_x$，所以得到

$$u_o = -\frac{R_2}{kR_1} \cdot \frac{u_i}{u_x}$$

同时，为了保证该运放工作于负反馈状态，要求 $u_x > 0V$。$u_x < 0V$ 时，可通过反相器引入，故乘法器电路属于二象限乘法器。

（4）开平方运算

图 5-31 所示为开平方运算电路。根据虚短和虚断的概念，有 $\frac{u_i}{R} = \frac{-u_1}{R}$，即 $u_1 = -u_i$，又因为 $u_1 = ku_o^2$，故有

$$u_o = \sqrt{-\frac{u_i}{k}}$$

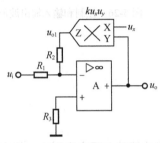

图 5-30　除法运算电路

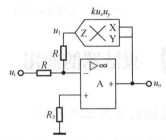

图 5-31　开平方运算电路

由于电路通过乘法器构成负反馈，故该电路要求输入信号 u_i 为负值。如图 5-32 所示电路，在乘法器的输出端经过反相器来构成开平方运算即可实现正电压运算，其输出 $u_o = \sqrt{\dfrac{R_2}{kR_1}u_i}$。

（5）均方根运算

图 5-33 所示为均方根电路，其中 $u_{o1} = ku_{i1}^2$，$u_{o2} = ku_{i2}^2$，根据虚短和虚断可以得到 $u_{o3} = -k(u_{i1}^2 + u_{i2}^2)$。因此可以得到

$$u_o = \sqrt{-\frac{R_2}{R_1 k}(-k)(u_{i1}^2 + u_{i2}^2)} = \sqrt{\frac{R_2}{R_1}(u_{i1}^2 + u_{i2}^2)}$$

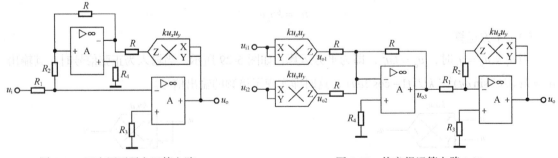

图 5-32　正电压开平方运算电路

图 5-33　均方根运算电路

（6）调制和解调

在通信、广播、遥控等领域都会用到调制和解调，利用模拟乘法器很容易实现调制和解调。以无线电调幅广播为例，在调制过程中，音频信号是通过高频信号来传输的，这个高频信号称为载波信号，音频信号为调制信号。调制就是将音频信号"装载"于高频信号的过程。如图 5-34 所

示电路中，两个输入端分别为载波信号 $u_c = U_c \cos \omega_c t$ 和调制信号 $u_s = U_s \cos \omega_s t$，故输出电压为

$$u_{o1} = k U_s U_c \cos \omega_s t \cos \omega_c t = \frac{k U_s U_c}{2} [\cos(\omega_c + \omega_s)t + \cos(\omega_c - \omega_s)t] \qquad (5\text{-}18)$$

式中 $k U_s U_c \cos \omega_s t$ 是已调制信号的振幅，随调制信号 u_s 而变化的，故称为调幅（AM）。从式（5-18）也可以看出，输出电压的频谱只有两个边频（$\omega_c + \omega_s$）和（$\omega_c - \omega_s$）组成。音频信号 ω_s 不是单一频率，而是一个频带，如 20Hz ~ 3kHz 的音频信号，在载波信号的调制后，下边频（$\omega_c - \omega_s$）和上边频（$\omega_c + \omega_s$）称为下边带和上边带，两个边带是以载波频率为中心的频带。乘法器输出端再加一个带通滤波器，滤掉上边带，保留下边带。输出电压为

$$u_o = \frac{k U_s U_c}{2} \cos(\omega_c - \omega_s)t$$

解调是从调幅信号中"取出"音频信号的过程，即调制的逆过程。如图 5-35 所示，也可由模拟乘法器和滤波器构成解调。输入端分别为调幅波 $u_1 = U_1 \cos(\omega_c - \omega_s)t$ 和载波信号 $u_c = U_c \cos \omega_c t$，其输出电压为

$$u_{o2} = \frac{k U_c U_1}{2} [\cos \omega_s t + \cos(2\omega_c - \omega_s)t]$$

图 5-34　振幅调制器　　　　　　　　　　图 5-35　振幅解调器

再通过低通滤波器滤除频带为 $(2\omega_c - \omega_s)$ 的信号，即可取出调制信号 $u_o = \dfrac{k U_c U_1}{2} \cos \omega_s t$。

因载波频率较高，调制或解调用的模拟乘法器一般选用开关乘法器，如 MC1596 型乘法器。

5.5　使用集成运算放大器注意事项

5.5.1　合理选型

集成运放应用较为广泛，在选型和使用过程中都要注意使用要求，以免损坏器件。在使用时，应根据集成运放的性能要求选用。按其性能指标分为高放大倍数的通用型、高精度、高速、高输入阻抗、低功耗、大功率和电压比较器等专用型，应根据电路要求和成本控制合理选择。

5.5.2　保护措施

集成运放在使用时，必须在电路中加入保护措施。因为当电源电压接反或电压突变、输入信号电压过大、输出负载短路、过载等情况，都能造成器件损坏。

1. 输入保护

当集成运放工作在开环或正反馈时，会因为输入信号电压过大而损坏。图 5-36（a）所示采用两个二极管限制输入差模信号幅度来保护电路。图 5-36（b）所示为输入共模信号的限制。

2. 输出保护

如图 5-36（c）所示，输出端接电阻 R 可以限制运放的输出电流，防止器件因为输出端短路造成器件损坏。同时为了防止输出端触及高压引起过流或击穿，还可在输出端加稳压管限幅保护电路。

3. 电源端的保护

集成运放的电源端串接二极管如图 5-36（c）所示方式，用于防止接入运放的电源极性接反。因为二极管具有单向导电特性，能可靠的保护器件，电源极性接反时，VD_1、VD_2 不会导通，从而保护了器件。

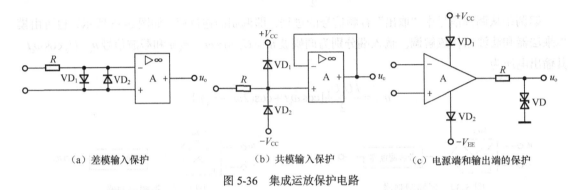

|（a）差模输入保护 | （b）共模输入保护 | （c）电源端和输出端的保护 |

图 5-36　集成运放保护电路

4. 调试时的保护

运放电路在调试过程中电源接地端子应可靠接地；更换元器件应切断电源；应先进行消振和调零，若器件内部有补偿网络，不需再消振。当出现干扰时，应采用抗干扰或抑制干扰的措施。

5.5.3　双电源改用单电源

为了方便使用，有时会将双电源改为单电源。一般情况下，对电源进行分压以提供偏置电压来设置合适的静态工作点，在交流量的输入、输出端加入耦合电容。图 5-37 所示为双电源改为单电源的使用。

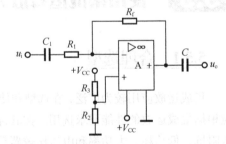

图 5-37　双电源改为单电源反相比例放大电路

单元任务 5　简易函数发生器制作

1. 知识目标
（1）掌握有源滤波器的类型。
（2）掌握滤波器的幅频特性分析计算。
2. 能力目标
（1）会分析计算滤波器的截止频率。

（2）在使用过程中能够选择合适的滤波电路。

3.　素质目标

（1）养成严肃、认真的科学态度和良好的自主学习方法。

（2）培养严谨的科学思维习惯和规范的操作意识。

（3）养成独立分析问题和解决问题的能力，以及相互协作的团队精神。

（4）能综合运用所学知识和技能独立解决实训中遇到的实际问题，具有一定的归纳、总结能力。

（5）具有一定的创新意识，具有一定的自学、表达、获取信息等方面的能力。

低通滤波器设计

1.　信息

（1）了解有源滤波器的分类。

（2）会设计和使用低通有源滤波器，并能进行基本的分析计算。

2.　决策

（1）由同相比例放大电路构成的低通滤波器，截止频率 $f_H = 160\text{Hz}$，画出电路原理图，列出所需元器件清单，确定实施方案。参考电路如图 5-38 所示。

（2）计算通频带和放大倍数，并与实际测量值比较。

3.　计划

（1）所需仪器仪表：万用表、示波器、信号发生器、电烙铁等。

（2）所需元器件：集成运放 LM324、电阻、电容、电路板、焊锡丝、导线等。

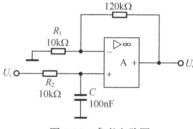

图 5-38　参考电路图

4.　实施

（1）由同相比例放大电路构成的低通滤波电路，画出原理图，确定实际接线图。

（2）领取元器件及耗材，在电路板上焊接电路。

（3）正确连接电路，注意布线的合理性、集成芯片的安装方向、信号的连接方式。

（4）调试电路，观察波形并记录，结合理论进行分析。

5.　检查

检查焊接质量，有无错接、漏焊、连焊、虚焊等现象，电源接线有无短路等。检验设计结构是否符合设计要求。对出现的问题进行分析并记录解决方案。

6.　评价

在完成上述设计与制作的基础上，撰写实训报告，并在小组内进行自我评价、组员评价，最后由教师给出评价，3 个评价相结合作为本次工作任务完成情况的综合评价。

单元小结

滤波器是将一部分频率的信号通过，而另外一部分频率的信号受到抑制。在滤波器内信号能够顺利通过的频率部分称为通带；信号受到衰减或被抑制的频率部分称为阻带。通带和阻带的分界频率称为截止频率。在通带内增益为常数，在阻带内增益为 0。

按处理信号的类型分为模拟滤波器和数字滤波器。按通过信号的频段分为高通、低通、带通、带阻滤波器。高通滤波器是允许信号中的高频部分通过，抑制低频或直流部分。低通滤波器是允许信号中的低频或直流部分通过，抑制高频部分或干扰和噪声。带通滤波器是允许一定频段的信号通过，抑制高于和低于该频段的信号、干扰和噪声。带阻滤波器是抑制一定频段的信号，允许该频段外的信号通过。按采用元器件不同分为无源滤波器和有源滤波器。无源滤波器由电阻、电容元件组成。有源滤波器由电阻、电容和有源器件组成。有源滤波器在通频带内具有一定的增益、负载 R_L 对滤波器特性影响小等优点，有源滤波器的阶数越高，在阻带衰减速度越快。

有源滤波电路由 RC 高通、低通网络和集成运放构成的放大电路组成。各类滤波电路特性见表 5-1。

表 5-1　　　　　　　　　　　　　　滤波电路特性

类　型		截止频率		通频带电压放大倍数	品质因数	阻带幅频特性
一阶	高通	下限	$f_n = \dfrac{1}{2\pi RC}$	A_{uf} 不限	—	+20dB/十倍频程
	低通	上限			—	−20dB/十倍频程
二阶	高通	下限		$A_{uf} < 3$	$Q = \dfrac{1}{3-A_{uf}}$	+40dB/十倍频程
	低通	上限				−40dB/十倍频程
	带通	中心频率 $f_o = \dfrac{1}{2\pi RC}$		$A_{uf} < 3$	$Q = \dfrac{1}{3-A_{uf}}$	Q 值越大，通频带越窄
	带阻			$A_{uf} < 2$	$Q = \dfrac{1}{2(2-A_{uf})}$	Q 值越大，阻带宽度越窄

集成运放非线性应用时输出端只有高电平 U_{OM} 和低电平 $-U_{OM}$ 两种状态。集成运放开环可组成单值比较器，正反馈组态可组成滞回比较器。比较器翻转时的输入电压为门限电压，滞回比较器的上、下门限电压之差称为回差电压，门限电压可用翻转瞬间 $u_+ = u_-$ 的条件进行分析计算。检波器和采样保持电路实现对信号的处理。模拟乘法器是用于信号运算和处理的一种专用集成电路，可构成函数发生器、调制、解调、锁相环等电路，还可实现平方、均方根、除法等运算电路。

集成运放在使用过程中，应根据电路性能指标要求选择合适的集成运放类型。集成运放要加输入、输出保护和电源保护，在调试过程中也要注意保护电源接地端子应可靠接地，更换元器件应切断电源。双电源改为单电源时，要配置好静态参数，再加入交流耦合电容。

自测题

一、填空题

（1）为了获得信号中的低频段信号，应选用_____滤波电路。

（2）已知输入信号的频率为 15 ~ 55kHz，为了防止干扰信号的混入，应选用_____滤波电路。

（3）滤波器按其通过信号频段不同，可分为_____滤波器、_____滤波器、_____滤波和_____滤波器。

（4）为了防止集成运放因电源接反烧坏器件，一般在电源线中串接_____来实现保护。

二、选择题

（1）希望抑制50Hz的交流电源干扰，应选用中心频率为50Hz的_____滤波电路。

    A．高通   B．低通   C．带通   D．带阻

（2）一阶高通有源滤波电路，其截止频率 f_L 与无源高通 RC 电路有关，其关系式表示为_____。

    A．$\dfrac{1}{RC}$ B．$\dfrac{1}{2\pi\sqrt{RC}}$ C．$\dfrac{1}{2\pi RC}$

（3）实现增益可以控制的放大电路，可以采用_____运算电路。

    A．除法   B．乘法   C．对数   D．指数

三、判断题

（1）要使高通滤波电路达到+80dB/十倍频程，应选择四阶高通滤波电路。   （   ）

（2）二阶带通滤波电路中，通带增益大小无任何限制。   （   ）

（3）单门限电压比较器比滞回比较器抗干扰能力强，而滞回比较器比单门限电压比较器灵敏度高。   （   ）

（4）函数 $Y=CX^2$ 可以由乘法器电路实现。   （   ）

习题

5.1 集成运放注意哪些保护措施？

5.2 集成运放在使用中应注意哪些问题？

5.3 一阶低通滤波器如图 5-39 所示，已知 R_1=51kΩ，R=100kΩ，C=0.01μF，（1）试求通带电压放大倍数 A_u；（2）计算通带截止频率 f_H。

5.4 一阶低通滤波电路如图 5-40 所示，已知 R_f=100kΩ，$R=R_1$=10kΩ，若要求通带截止频率 f_H=50Hz，试估算滤波电容 C 应取多大，并求通带放大倍数 A_u。

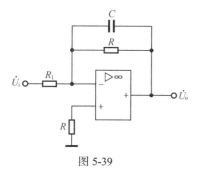

图 5-39

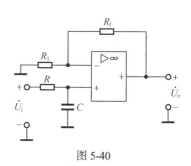

图 5-40

5.5 请判断图 5-41 中各电路为何种类型的滤波器（低通、高通、带通还是带阻滤波器，有源还是无源，几阶滤波）。

5.6 电路如图 5-42 所示，A_1、A_2 为理想运放，写出 $A_{u1} = u_{o1}/u_i$ ， $A_u = u_o/u_i$ 的表达式；根据推导的 A_{u1}、 A_u 表达式，判断它们属于什么类型的滤波电路。

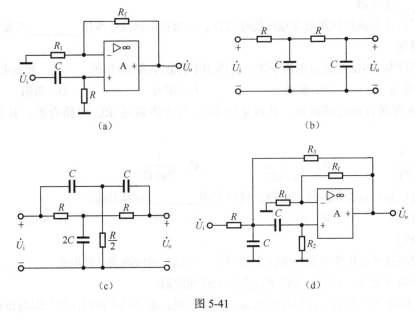

图 5-41

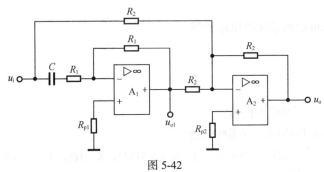

图 5-42

5.7 试求出图 5-43 所示各电路的电压传输特性。

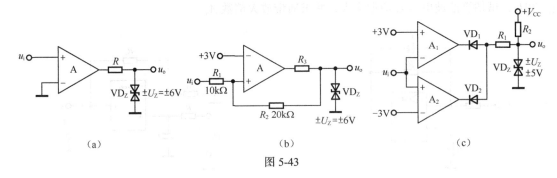

图 5-43

5.8 如图 5-44 所示电路中，已知 $U_{REF} = 2V$，$U_Z = 6.3V$，$U_D = 0.7V$。试分析电压传输特性，并画出当 $u_i = 5\sin\omega t\,V$ 时的输出 u_o 波形。

5.9 如图 5-45 所示电路中，已知运放的最大输出电压为 $\pm10V$，$U_{REF}=2V$，设 VD 为理想二极管。试分析电路的传输特性，当 $u_i = 10\sin\omega t\,V$ 时，试画出 u_o 的波形。

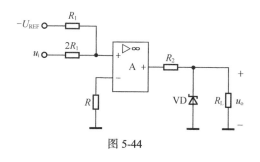

图 5-44

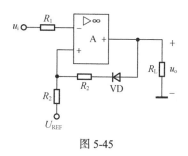

图 5-45

5.10 如图 5-46 所示运算电路中，运算放大器 A、乘法器和二极管均为理想器件，$k = 0.1\,\mathrm{V}^{-1}$。试求：

（1）若输入电压为 $u_i = 2.5\sin\omega t\,\mathrm{V}$，试画出输出电压 u_o 的波形图；

（2）说明二极管 $\mathrm{VD_1}$、$\mathrm{VD_2}$ 在电路中的作用。

5.11 由集成运算放大器、乘法器构成的电路如图 5-47 所示，设所有元器件均为理想特性。试求：

（1）为使电路工作在负反馈状态，u_i 的极性应有何限制，二极管 VD 有何作用；

（2）欲使 $u_o = 5\sqrt{u_i}$，当 $R_2 = 15\mathrm{k\Omega}$、$k = 0.1\,\mathrm{V}^{-1}$ 时，R_1 的值是多少？

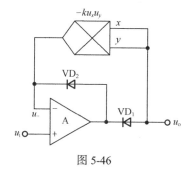

图 5-46

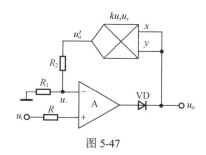

图 5-47

学习单元 **6**

波形发生和信号转换电路

单元任务	简易函数发生器制作/FM 无线话筒
建议学时	14 学时
完成单元任务所需知识	1. 自激振荡的条件及其工作原理。 2. 掌握 RC、LC、石英晶体振荡器的工作原理。 3. 非正弦波发生电路的组成及工作原理
知识重点	1. 正弦波振荡电路产生的条件及其工作原理。 2. 非正弦波发生电路的组成及工作原理
知识难点	1. RC 正弦波振荡电路的分析计算，LC 正弦波振荡电路的平衡条件。 2. 矩形波、锯齿波发生器的工作原理与分析计算
职业技能训练	1. 能读懂、识别各种振荡电路，并能进行功能测试。 2. 能分析正弦波振荡电路结构的特点。 3. 能利用网络查找器件的资料，并能深入理解振荡电路的工作原理。 4. 能阅读简单的英文技术资料，理解器件的参数含义。 5. 能对器件的功能进行测试和判断。 6. 培养团队精神
推荐教学方法	任务驱动——教、学、做一体教学方法：从单元任务出发，通过课程听讲、教师引导、小组学习讨论、实际电路测试，掌握完成单元任务所需知识点和相应的技能

6.1 正弦波发生器

6.1.1 正弦波自激振荡的条件

不需要任何输入信号，只需加直流电源，就可以产生一定输出信号的电子电路称之为振荡电路。按振荡电路输出波形不同，分为正弦波振荡电路和非正弦波振荡电路。

如图 6-1 所示电路，电路不需要外加输入信号即可输出信号，这时 $\dot{X}_{\mathrm{f}}=\dot{X}_{\mathrm{id}}$，输出为一稳定的波形，则要求电路满足：

$$\left.\begin{array}{l}\dot{X}_{\mathrm{o}}=\dot{A}\dot{X}_{\mathrm{id}}\\ \dot{X}_{\mathrm{f}}=\dot{F}\dot{X}_{\mathrm{o}}\\ \dot{X}_{\mathrm{f}}=\dot{X}_{\mathrm{id}}\end{array}\right\}\Rightarrow\dot{A}\dot{F}=1$$

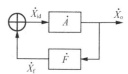

图 6-1　振荡电路方框图

且满足正反馈，因此要求 $\varphi_{\mathrm{AF}}=\varphi_{\mathrm{A}}+\varphi_{\mathrm{F}}=\pm 2n\pi$（$n=0,1,2,3\cdots$）。

1. 振荡条件

根据以上分析，在正弦波振荡电路中，其一要求电路中必须引入正反馈；其二要有外加的选频网络来确定振荡频率。因此有

幅度条件　　　　　　　　　　　　$\left|\dot{A}\dot{F}\right|=1$　　　　　　　　　　　　　　　（6-1）

相位条件　　　　　　$\varphi_{\mathrm{AF}}=\varphi_{\mathrm{A}}+\varphi_{\mathrm{F}}=\pm 2n\pi$（$n=0,1,2,3\cdots$）　　　　　（6-2）

式（6-2）中，φ_{F} 是反馈电路的相移，φ_{A} 是放大电路的相移；如果 $\varphi_{\mathrm{A}}+\varphi_{\mathrm{F}}=0°$、$360°\cdots$即为同相。如果正反馈信号足够大，满足振荡的幅度条件，即可产生振荡。上式即为正弦波振荡的平衡条件。

2. 起振条件和稳幅电路

在振荡电路接通电源时，由于电路中存在噪声，该噪声包含了各种频率的谐波信号，输出端就会有微小的噪声或扰动信号。该输出信号经过选频网络能选出一定频率为 f_0 的正弦波信号，经正反馈送入基本放大电路不断放大后输出，如果这时 $\left|\dot{A}\dot{F}\right|>1$，则输出信号迅速由小变大，经过正反馈和若干次的选频放大，最后电路应满足 $\left|\dot{A}\dot{F}\right|=1$，以维持输出幅值不变。由于放大电路中放大器件的非线性限制了输出电压幅值的增大，最终 $\left|\dot{A}\dot{F}\right|>1$ 逐渐降到 $\left|\dot{A}\dot{F}\right|=1$，输出信号也就稳定进入正常振荡状态。也可通过外加稳幅电路实现正常振荡。因此电路的起振条件为

幅度条件　　　　　　　　　　　　$\left|\dot{A}\dot{F}\right|>1$　　　　　　　　　　　　　　　（6-3）

相位条件　　　　　　$\varphi_{\mathrm{AF}}=\varphi_{\mathrm{A}}+\varphi_{\mathrm{F}}=\pm 2n\pi$（$n=0,1,2,3\cdots$）

3. 振荡器的组成及分类

振荡器由放大电路、反馈网络、选频网络和稳幅环节 4 部分组成。放大电路是为了保证电路能够从起振到稳定动态平衡的过程中，使电路获得一定幅值的输出量；反馈网络实现正反馈，从而满足相位平衡条件；选频网络选择单一频率的信号来符合正反馈，形成单一频率的正弦波输出，选频网络往往由 R、C 和 L、C 等元件组成；反馈网络与选频网络有些是同一网络。稳幅环节是为了使输出信号幅值稳定，一般采用放大器件本身的非线性实现稳幅。

正弦波振荡器通常根据选频网络的不同，分为 RC 正弦波振荡器、LC 正弦波振荡器及石英晶体正弦波振荡器。

6.1.2 RC 正弦波振荡器

1. RC 串并联正弦波振荡器

（1）RC 串并联振荡电路

RC 串并联振荡电路如图 6-2 所示，由运算放大器、R_3 和 R_4 负反馈网络构成放大电路，R_1、C_1、R_2、C_2 构成 RC 串并联网络起到选频和正反馈的作用。C_1R_1、C_2R_2、R_3、R_4 正好构成一个桥路，又称文氏电桥振荡电路。

（2）RC 串并联选频网络的选频特性

RC 串并联网络如图 6-3 所示。RC 串联的阻抗用 Z_1 表示，RC 并联的阻抗用 Z_2 表示。

$$Z_1 = R_1 + (1/\mathrm{j}\omega C_1) \qquad Z_2 = R_2 /\!/ (1/\mathrm{j}\omega C_2) = \frac{R_2}{1 + \mathrm{j}\omega R_2 C_2}$$

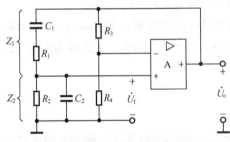

图 6-2 RC 串并联正弦波振荡器

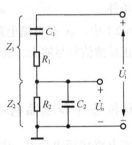

图 6-3 RC 串并联网络

RC 串并联网络的反馈系数为

$$\dot{F} = \frac{\dot{U}_o}{\dot{U}_i} = \frac{Z_2}{Z_1 + Z_2} = \frac{R_2 /(1 + \mathrm{j}\omega R_2 C_2)}{R_1 + (1/\mathrm{j}\omega C_1) + [R_2 /(1 + \mathrm{j}\omega R_2 C_2)]}$$

$$= \frac{1}{\left(1 + \dfrac{R_1}{R_2} + \dfrac{C_2}{C_1}\right) + \mathrm{j}\left(\omega R_1 C_2 - \dfrac{1}{\omega R_2 C_1}\right)} \tag{6-4}$$

令式（6-4）的虚部为 0，即可求出谐振频率为

$$f_0 = \frac{1}{2\pi\sqrt{R_1 R_2 C_1 C_2}} \tag{6-5}$$

一般取 $R_1 = R_2 = R$，$C_1 = C_2 = C$，于是谐振频率为

$$f_0 = \frac{1}{2\pi RC} \tag{6-6}$$

式（6-6）称电路的固有谐振频率，其幅频特性和相频特性分别为

$$\left|\dot{F}\right| = \frac{1}{\sqrt{\left(1 + \dfrac{R_1}{R_2} + \dfrac{C_2}{C_1}\right)^2 + \left(\omega R_1 C_2 - \dfrac{1}{\omega R_2 C_1}\right)^2}} = \frac{1}{\sqrt{9 + \left(\dfrac{f}{f_0} - \dfrac{f_0}{f}\right)^2}} \tag{6-7}$$

$$\varphi_{\mathrm{F}}=-\arctan\frac{\omega R_1C_2-\dfrac{1}{\omega R_2C_1}}{1+\dfrac{R_1}{R_2}+\dfrac{C_2}{C_1}}=-\arctan\frac{\dfrac{\omega}{\omega_0}-\dfrac{\omega_0}{\omega}}{3}=-\arctan\frac{\dfrac{f}{f_0}-\dfrac{f_0}{f}}{3}\qquad(6\text{-}8)$$

因此，根据式（6-7）和式（6-8）可画出电路的幅频特性和相频特性曲线如图 6-4 所示。当 $f=f_0=\dfrac{1}{2\pi RC}$ 时，$\dot{F}$ 的幅值 $\left|\dot{F}\right|=1/3$ 达到最大，相位角 $\varphi_{\mathrm{F}}=0°$，即 $\dot{U}_{\mathrm{f}}$ 与 $\dot{U}_0$ 同相；而当 f 偏离 f_0 时，$\left|\dot{F}\right|$ 急剧下降，φ 向 $\pm90°$ 的方向变化，说明 RC 串并联电路具有选频特性。

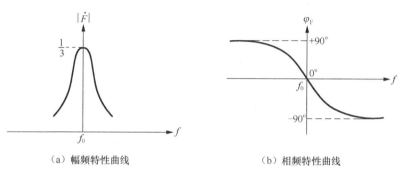

（a）幅频特性曲线　　　　　　　　　　（b）相频特性曲线

图 6-4　RC 串并联网络的频率特性曲线

当串并联选频网络在 $f=f_0$ 时，U_{f} 幅值最大，相移 $\varphi_{\mathrm{F}}=0°$，因此，采用同相放大电路就能满足式（6-2）的相位平衡条件。

（3）实用 RC 串并联振荡器

如图 6-2 所示的 RC 串并联正弦波振荡电路中，当 $R_1=R_2=R$，$C_1=C_2=C$ 时，RC 串并联正弦波振荡电路在固有振荡频率 f_0 时，幅值最大，相移为零。只要改变 R、C 的数值，就可调节振荡频率。为了同时改变 R_1、R_2 值或 C_1、C_2 值，一般采用双联电位器或双联电容器来实现。

由于在固有振荡频率 f_0 时，反馈系数最大为 1/3，要产生自激振荡，集成运放构成的同相比例放大电路的放大倍数要大于 3，可满足放大电路的幅值条件 $\left|\dot{A}\dot{F}\right|>1$ 和相位条件 $\varphi_{\mathrm{AF}}=\varphi_{\mathrm{A}}+\varphi_{\mathrm{F}}=\pm2n\pi$。当振荡电路接近稳定振荡时，应满足振荡平衡条件 $\left|\dot{A}\dot{F}\right|=1$。为此在起振时 $R_3>2R_4$，在接近稳定时 $R_3=2R_4$。为此 R_3 可采用负温度系数的热敏电阻，在起振时，电路的电流小，温度低，电阻较大，在稳定时，电流较大，温度也升高，电阻减小，进而稳定运行，满足 $R_3\geqslant2R_4$。或 R_4 采用正温度系数的热敏电阻，也可实现正弦波振荡电路，应满足 $R_4\leqslant R_3/2$。如图 6-5 所示正弦波振荡器是采用负温度系数的热敏电阻实现起振和稳幅。

图 6-6 所示电路是采用二极管的非线性自动实现稳幅的正弦波振荡器。因为在输出信号正负半周，二极管只有一个会导通。若二极管参数相同，则在起振时输出信号幅值较小，导通的二极管通过电流较小，正向交流电阻 r_{d} 较大，输出信号幅值增大，二极管导通电流加大，正向交流电阻减小，只要满足 $A_{\mathrm{f}}\geqslant3$，即可实现自动稳幅的目的。

RC 串并联振荡电路具有结构简单，容易起振，输出幅度比较稳定，频率调节方便等优点，但振荡频率不高，在小于 1MHz 的场合应用较广泛。

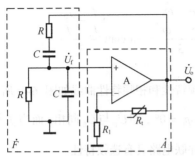

图 6-5　采用热敏电阻的正弦波振荡器

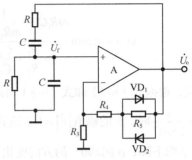

图 6-6　采用二极管的正弦波振荡器

*2. RC 移相式正弦波振荡器

如图 6-7 所示 RC 移相式振荡器由一反相输入比例放大电路和一个三级 RC 超前移相电路组成。由于运放为反相输入放大电路，相移 $\varphi_A=180°$，三级 RC 超前移相电路的移相范围为 $0°\sim270°$，在某一频率处，如果移相 $\varphi_F=180°$，即可满足振荡的相位条件 $\varphi_F+\varphi_A=360°$。这时只要放大电路的增益足够大，满足幅值条件就可以振荡。改变移相网络中电容 C 和电阻 R 的位置构成三级 RC 滞后移相电路，也可满足振荡条件。图 6-7 中第三级移相网络的电阻为放大电路的输入电阻，一般取 $R=R_1=R_2=R_3$，$C=C_1=C_2=C_3$，由振荡平衡条件可以得到[1]：

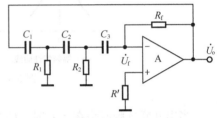

图 6-7　RC 移相式振荡器

振荡频率：
$$f_o=\frac{1}{2\pi\sqrt{6}RC} \tag{6-9}$$

起振幅值条件：
$$R_f>29R \tag{6-10}$$

RC 移相振荡电路具有结构简单、经济的优点。但选频较差，频率调节不便，输出幅值不够稳定，波形较差。一般用于振荡频率固定且稳定性要求不高的场合，频率范围为几赫兹到几十千赫兹。

*3. 双 T 选频网络正弦波振荡器

图 6-8 所示电路为双 T 选频网络振荡电路，由 RC 组成双 T 网络并有选频特性。当 R_3 小于 $R/2$ 时，满足起振的幅值条件，其振荡频率近似为

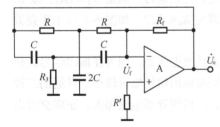

$$f_o\approx\frac{1}{5RC} \tag{6-11}$$

选频网络的移相 $\varphi_F=180°$，因此放大电路采用反相比例放大，可满足振荡的相位条件 $\varphi_F+\varphi_A=360°$。由于选频网络的反馈系数较小，要求放大电路的放大倍数足够大，才能满足振荡的幅值条件。双 T 选频网络振荡器的选频特性更好，频率稳定性更高，失真小，因此在低频振荡器中

图 6-8　双 T 选频网络振荡器

---

[1] 对式（6-9）和式（6-10）的计算见参考文献[13]第 148～150 页。

应用广泛。但频率调节不易，一般作为产生固定频率的正弦波。

6.1.3　LC 正弦波振荡器

LC 正弦波振荡器结构与 RC 正弦波振荡器结构相同，包括放大电路、反馈网络、选频网络和稳幅电路。选频网络是由 LC 并联谐振电路构成，反馈网络也因不同类型的 LC 正弦波振荡器而有所不同。

常用的 LC 正弦波振荡电路有变压器反馈式、电感三点式和电容三点式 3 种，它们的共同特点是用 LC 谐振回路作为选频网络，采用 LC 并联回路。

1. LC 并联谐振电路的频率特性

LC 并联谐振电路如图 6-9（a）所示。图中 R 表示电感和回路其他损耗总的等效电阻，$\dot{i}$ 是输入电流，$\dot{i}_L$ 是流经 L、R、C 的回路电流。我们来分析一下它的谐振频率、谐振时的输入阻抗及谐振时回路电流与输入电流之间的关系。

（1）谐振频率

LC 并联回路总阻抗 $Z = \dfrac{\dfrac{1}{j\omega C}(R+j\omega L)}{\dfrac{1}{j\omega C}+(R+j\omega L)}$，一般情况下，$\omega L >> R$，故

$$Z \approx \frac{\dfrac{1}{j\omega C}\cdot j\omega L}{R+j\left(\omega L-\dfrac{1}{\omega C}\right)} = \frac{\dfrac{L}{C}}{R+j\left(\omega L-\dfrac{1}{\omega C}\right)} \qquad (6\text{-}12)$$

当 Z 的虚部为零时（即 $\omega L=1/(\omega C)$），电路发生并联谐振，电路呈纯电性，则并联谐振角频率

$$\omega_0 = \frac{1}{\sqrt{LC}} \qquad (6\text{-}13)$$

谐振频率为

$$f_0 = \frac{1}{2\pi\sqrt{LC}} \qquad (6\text{-}14)$$

（2）品质因数

并联谐振时阻抗 Z_0 最大，有 $Z_0 = \dfrac{L}{RC}$。

谐振回路的品质因数为

$$Q = \frac{\omega_0 L}{R} = \frac{1}{R\omega_0 C} = \frac{1}{R}\sqrt{\frac{L}{C}} \qquad (6\text{-}15)$$

品质因数 Q 是反映 LC 回路损耗大小的重要指标，R 代表了损耗，R 与品质因数有关，R 越小，品质因数 Q 越大。把式（6-15）代入 $Z_0 = \dfrac{L}{RC}$ 可以得到

$$Z_0 = \frac{Q}{\omega_0 C} = Q\omega_0 L = Q\sqrt{L/C}$$

LC 并联回路谐振时，阻抗呈纯阻性，且 Q 值越大，谐振时阻抗 Z_0 越大。

（3）LC 并联回路的选频特性

引入 Q 后，阻抗可写为 $Z = \dfrac{Z_0}{1 + jQ\left(\dfrac{\omega}{\omega_0} - \dfrac{\omega_0}{\omega}\right)}$，相应的频率特性如图 6-9（b）、（c）所示。由

图 6-9 可知，当信号频率 $f=f_0$ 时，Z 最大且为纯阻性，$\varphi=0°$。当 $f \neq f_0$ 时，Z 减小。当 $f/f_0<1$ 即 $f<f_0$ 时，Z 呈感性，$\varphi>0°$。当 $f>f_0$ 时，Z 呈容性，$\varphi<0°$。同时 Q 值越大，谐振阻抗 Z_0 也越大，幅频特性越尖锐，相位随频率变化的程度也越急剧，说明电路选择有用信号（频率为 f_0）的能力越强，即选频效果越好。

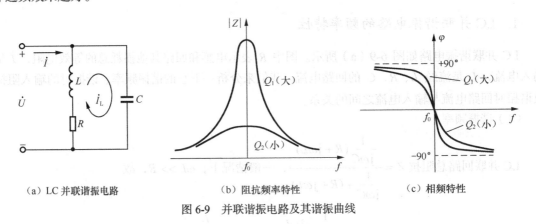

（a）LC 并联谐振电路　　　　　（b）阻抗频率特性　　　　　（c）相频特性

图 6-9　并联谐振电路及其谐振曲线

2. 变压器反馈式 LC 正弦波振荡器

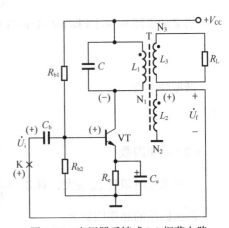

变压器反馈式 LC 振荡电路如图 6-10 所示。放大电路由三极管 VT 组成分压偏置共射电路。输入耦合电容 C_b 和发射极旁路电容 C_e 容量较大，在 LC 谐振频率上，交流阻抗小，被视为短路。L_1 和 C 并联构成选频网络，并作为放大电路的集电极负载。变压器二次侧绕组 L_2 作为反馈网络，将输出的一部分反馈到输入端，并构成正反馈。调整反馈线圈 L_2 的匝数或改变在同一磁棒上 L_1、L_2 的相对位置可改变反馈信号的强度，即改变反馈系数来满足正反馈的幅度条件。变压器二次侧绕组 L_3 接输出负载。在反馈输入端 K 处断开，用瞬时极性法进行判断。设三极管基极上的瞬时极性为正，则集电极为负，L_1 的瞬时极性为上正下负。由同名端概念可知，N_2 上端瞬时极性为正，反馈至 K 处的

图 6-10　变压器反馈式 LC 振荡电路

瞬时极性为正，为正反馈，满足振荡的相位平衡条件。振荡器的振荡频率近似为 LC 网络的固有谐振频率，为

$$f_0 = \frac{1}{2\pi\sqrt{LC}} \approx \frac{1}{2\pi\sqrt{L_1 C}} \tag{6-16}$$

式（6-16）中，L 为谐振回路总电感量，C 为谐振回路总电容量。为满足起振条件，三极管

的电流放大系数 β 要满足[2]：

$$\beta > \frac{r_{be}RC}{M}\qquad(6\text{-}17)$$

式（6-17）中，M 为电感 L_1 与 L_2 间的互感，R 是副边折合到谐振回路中的等效总损耗电阻。

变压器耦合 LC 振荡电路易于起振，用可变电容器可使输出正弦波信号的频率连续可调。振荡频率一般为几兆赫兹至十几兆赫兹，由于变压器绕组存在匝间分布电容的影响，故振荡频率不能太高。

3. 电感三点式振荡器

电感三点式振荡电路如图 6-11 所示，放大电路由共发射极电路构成，C_e 为射极旁路电容，对谐振频率的交流视为短路，因发射极交流接地，故为共发射极放大电路。选频网络由 L_1、L_2 和 C 并联而成。L_2 上的反馈电压 $\dot{U}_f$ 经 C_b 送至三极管的输入端（基极），并构成正反馈。从 K 点断开，读者试自行分析其相位平衡条件。

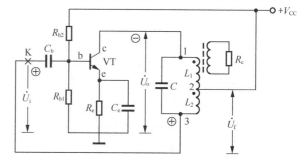

图 6-11　电感三点式振荡电路

电感三点式振荡电路的振荡频率近似等于 LC 并联回路的谐振频率，即

$$f_0 \approx \frac{1}{2\pi\sqrt{LC}} = \frac{1}{2\pi\sqrt{(L_1+L_2+2M)C}}\qquad(6\text{-}18)$$

其中，M 是电感 L_1 与 L_2 间的互感。要满足起振条件则[3]

$$\beta > \frac{r_{be}(L_1+M)}{R(L_2+M)}\qquad(6\text{-}19)$$

式（6-19）中，R 是副边折合到谐振回路中的等效总损耗电阻。

电感三点式振荡电路简单，只有一个电感耦合较好，易于起振，反馈线圈常选择为整个线圈的 1/8 和 1/4。但由于反馈信号取自电感 L_1，电感对高次谐波的感抗大，因而反馈信号中含有高频谐波分量，输出波形较差。常用于对波形要求不高的场合，其振荡频率通常在几十兆赫以下。

4. 电容三点式振荡器

电容三点式振荡电路原理图如图 6-12（a）所示，三极管接成分压式偏置电路，C_b 为耦合电容，C_e 为旁路电容，该电路的交流通路如图 6-12（b）所示。用瞬时极性法标出各点瞬时极性如图 6-12（b）所示，可知，反馈信号 $\dot{U}_f$ 与输入端信号 $\dot{U}_i$ 同相位，满足相位平衡条件。

该电路的振荡频率为

$$f_0 = \frac{1}{2\pi\sqrt{LC}} = \frac{1}{2\pi\sqrt{L\dfrac{C_1C_2}{C_1+C_2}}}\qquad(6\text{-}20)$$

---

[2] 起振条件的计算见参考文献[2]第 361～363 页。

[3] 起振条件的计算见参考文献[2]第 366～367 页。

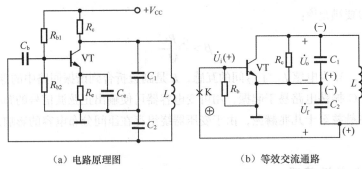

（a）电路原理图　　　　　　　　　（b）等效交流通路

图 6-12　电容三点式振荡电路

同样，要满足起振条件必须有[4]

$$\beta > \frac{r_{be}C_2}{RC_1} \tag{6-21}$$

式中 R 为 R_c、R_L、LC 回路中损耗电阻折算到管子 ce 极的等效电路与 R_i 的并联。反馈系数约等于 C_1/C_2，C_1/C_2 比值增加，则反馈系数增加，有利于起振。同时造成 R 减小，使放大电路的放大倍数减小，又不利于起振。因此比值不能太大，通常选择$(C_1/C_2){\leqslant}1$，也不能太小，一般通过实验调整来决定。

电容三点式振荡电路中的反馈电压取自电容 C_2 两端，因此反馈电压中的高次谐波分量小，输出波形较好。但三极管的极间电容与 C_2、C_1 并联，因此电路的振荡频率可达 100MHz 以上。由于极间电容随温度变化，故会影响振荡频率的稳定性。

为克服振荡电路频率稳定性的缺点和便于频率的调节，一般采用改进型电路，如图 6-13 所示。在 LC 并联回路中多加电容 C_3 即可，又称为克拉波电路，如图 6-13（a）所示，交流通路如图 6-13（b）所示，其中忽略了 R_c 和 R_e。一般情况下 C_3 取值较小，只要 $C_3{\ll}C_1$，$C_3{\ll}C_2$，回路总电容 C 主要取决于 C_3。而影响振荡频率稳定性的三极管极间电容 C_{ce}、C_{bc}、C_{cb}，它们是直接并接在 C_1、C_2 上的，没有影响到 C_3，故减小极间电容对振荡频率的影响，C_3 数值越小，影响就越小，频率稳定性也就越高。但是 C_3 过小，有可能不满足起振而停止振荡。电路的振荡频率为

$$f_0 = \frac{1}{2\pi\sqrt{L\dfrac{1}{\dfrac{1}{C_1}+\dfrac{1}{C_2}+\dfrac{1}{C_3}}}} \approx \frac{1}{2\pi\sqrt{LC_3}} \tag{6-22}$$

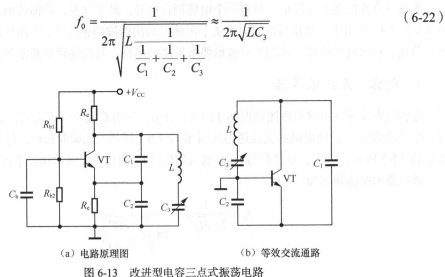

（a）电路原理图　　　　　　　　　（b）等效交流通路

图 6-13　改进型电容三点式振荡电路

---

[4] 起振条件的计算见参考文献[2]第 368～369 页。

根据以上电路的分析可知，LC 构成选频网络时，只要 Q 值越大，选择性就越好，频率的稳定度也会越好。由品质因数 $Q=(1/R)\sqrt{L/C}$ 可知，要提高 Q 值，就要减小 LC 回路的等效损耗 R 或者增大 L 或减小 C。实际使用中，增大电感要使电感的体积增大，线圈的损耗和分布电容也增大；电容过小，三极管的极间电容和线圈的分布电容都会影响振荡频率。一般 LC 并联谐振回路的 Q 值最高为数百，频率稳定度 $\Delta f/f$ 为 $10^{-4}\sim10^{-5}$。而石英晶体谐振频率稳定度可达 $10^{-10}\sim10^{-11}$。在频率稳定性要求高的场合，常采用石英晶体振荡器，且具有较宽的频带，缺点是频率不可调。

6.1.4 石英晶体振荡器

1. 石英晶体的基本特性

石英晶体是从石英晶体柱上按一定方位角切割下来的薄片或称之为晶片，在表面涂敷上银层作为电极，加上引线后封装而成。外壳可为金属，也可为玻璃。它的结构示意图如图 6-14 所示，为圆形、正方形或矩形等。

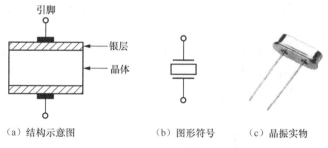

（a）结构示意图   （b）图形符号   （c）晶振实物

图 6-14 石英晶体图形

当在石英晶片上施加外力，使之产生机械形变，则会在两电极上产生极性相反、数值相等的电荷；反之，若在两极间施加电压，晶片会产生由电压极性决定的机械形变，这种现象称之为压电效应（Piezoelectric Effect）。

改变两极间交变电压频率，晶片的振动幅度和流过晶片回路的交变电流都会随之改变。当外加交变电压的频率与晶片的固有振动频率（由晶片切割的方位角和几何尺寸决定）相等时，晶片机械振动的幅度最大，振动最强，这时称为压电谐振，它与 LC 回路的谐振现象十分相似。

2. 石英晶体的等效电路

石英晶体谐振器等效电路如图 6-15（a）所示。当晶体不振动时，可看成电容器 C_0，称为静电电容。其大小与晶片的几何尺寸、电极面积有关，一般为几至几十皮法。当晶体振荡时，机械振荡的惯性用电感 L 等效，一般数值为几十毫亨至几百亨。晶片的弹性用电容 C 等效，数值在 $0.0002\sim0.1\text{pF}$。晶片振动时因摩擦造成的损耗用电阻 R 来等效，数值在 100Ω 左右。由于晶片的等效电感很大，电容很小，电阻也小，因此品质因数 Q 很大。

从石英晶体谐振器的等效电路可以知道，具有两个谐振频率。

（1）当 L、C、R 支路发生串联谐振时，它的等效阻抗最小为 R，串联谐振频率为

$$f_s=\frac{1}{2\pi\sqrt{LC}} \tag{6-23}$$

此时，由于 C_0 数值很小，它的容抗比等效电阻大很多，因此可近似认为石英晶体对于串联谐振频率 f_s 呈纯阻性，等效阻抗最小。

（2）频率高于 f_s 时，L、C、R 支路呈感性，与 C_0 发生并联谐振，并联谐振频率 f_p 为

$$f_p = \frac{1}{2\pi\sqrt{L\dfrac{C_0 C}{C_0 + C}}} \tag{6-24}$$

由于 $C \ll C_0$，因此 f_p 和 f_s 非常接近。根据石英晶体的等效电路可画出电抗频率特性曲线如图 6-15（b）所示，仅在 $f_p > f_s$ 很窄的范围内石英晶体呈感性，其他频率石英晶体呈容性。

3. 晶体振荡电路

根据石英晶体在振荡电路中的作用不同，石英晶体振荡电路可分为串联型石英晶体振荡电路（Series-mode Crystal Oscillators）和并联型石英晶体振荡电路（Parallel-mode Crystal Oscillators）。

（1）串联型石英晶体振荡电路

石英晶体发生串联谐振时呈纯阻性，相移是零，若把石英晶体作为放大电路的反馈网络，又起选频作用，只要放大电路的相移也是零，则满足相位条件。这种电路称为串联型石英晶体正弦波振荡电路，如图 6-16 所示。VT_1 组成共基极放大器，VT_2 组成共集电极电路。设放大输入端（VT_1 发射极）瞬时极性为 ⊕，集电极也为 ⊕，VT_2 发射极也为 ⊕，经石英晶体反馈到 VT_1 发射极瞬时极性为 ⊕，构成正反馈，满足相位起振条件。幅值平衡条件通过调节电阻 R_p 的大小来满足。如果阻值过大，则反馈量太小，不能起振；若阻值太小，反馈量过大，输出波形会出现失真。

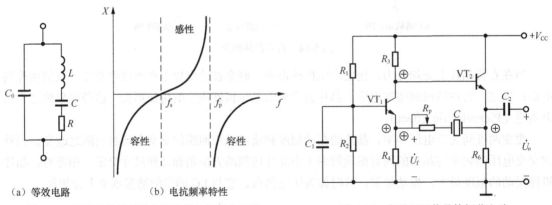

（a）等效电路　　　　（b）电抗频率特性

图 6-15　石英晶体的等效电路及其电抗频率特性

图 6-16　串联型石英晶体振荡电路

（2）并联型石英晶体振荡电路

由于石英晶体仅在 $f_p > f_s$ 很窄的范围内呈感性，可将它与两个外接电容器构成电容三点式正弦波振荡电路，这种电路称为并联型石英晶体正弦波振荡电路，如图 6-17（a）所示。由于 f_p 与 f_s 极接近，石英晶体的阻抗呈感性的频率范围极窄，所以并联型石英晶体正弦波振荡电路的振荡频率稳定度高。图 6-17（b）所示为其交流等效电路，因与改进的电容三点式振荡器相同，读者试根据电路图自行分析其相位平衡条件，其振荡频率为

$$f_0 = \frac{1}{2\pi\sqrt{L\dfrac{C(C_0 + C')}{C + C_0 + C'}}} \tag{6-25}$$

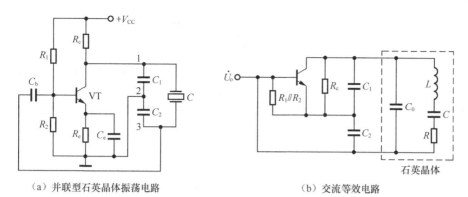

（a）并联型石英晶体振荡电路　　　　　　　　（b）交流等效电路

图 6-17　并联型石英晶体振荡器

式（6-25）中 $C' = \dfrac{C_1 C_2}{C_1 + C_2}$ ，故 $f_p > f_0 > f_s$，此时石英晶体呈感性。由于 $C \ll C_0 + C'$，因此 C 起主要作用，振荡频率近似为

$$f_0 \approx \frac{1}{2\pi\sqrt{LC}} = f_s \qquad （6\text{-}26）$$

式（6-26）可知，振荡频率基本由晶振的固有频率 f_s 决定。与外接电容 $C'(C_1、C_2)$的关系很小，也就是说外接电容 C_1、C_2 引起的频率漂移很小，故频率稳定度很高。

石英晶体特性较好，仅需两根引线，安装简单，所以石英晶体在正弦波振荡电路和方波发生电路中获得广泛应用。

6.2　非正弦波发生器

6.2.1　方波和矩形波发生器

1．方波发生器

方波（square wave）发生器是非正弦发生器中应用最广泛的电路，数字电路中的时钟信号就由方波发生器提供。

（1）电路组成和工作原理

方波发生器电路如图 6-18（a）所示。它由滞回比较器和具有延时作用的 RC 反馈网络组成。

根据 5.2 节滞回比较器的工作原理可知，图 6-18（a）所示滞回比较器的输出电压为 $u_O = \pm U_{om} = \pm U_Z$。当电源接通，在 $t=0$ 时刻，电容两端电压 $u_C = 0$，设 $u_O = +U_Z$，此时同相输入端电压（即阈值电压）为

$$U_{th1} = u_+ = \frac{R_1}{R_1 + R_2} u_O = \frac{R_1}{R_1 + R_2} U_Z \qquad （6\text{-}27）$$

输出电压 $u_O = U_Z$ 经 R 向 C 充电，u_C 按指数规律上升，如图 6-18（b）曲线①所示。当电容电压上升至 $u_C = U_{th1}$ 时，电路状态发生翻转，输出电压由 $u_O = +U_Z$ 突变为 $u_O = -U_Z$。此时，同相端输入电压突变为

$$U_{th2} = u_+ = \frac{R_1}{R_1 + R_2} u_O = -\frac{R_1}{R_1 + R_2} U_Z \qquad （6\text{-}28）$$

此时，电容 C 上电压因放电而开始下降，如图 6-18（b）曲线②所示，放电完毕后电容反向充电，当 $u_C = u_- = U_{th2}$，电路发生翻转，$u_O = +U_Z$。电容反向放电，当放电完毕进行正向充电，当 $u_C = U_{th1}$ 时，电路又发生翻转，输出由 $+U_Z$ 突变为 $-U_Z$。如此反复，在输出端即产生方波，u_O 波形如图 6-18（b）所示。

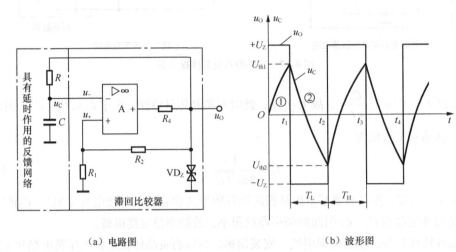

（a）电路图   （b）波形图

图 6-18　方波发生器

（2）振荡频率

根据上述分析可知，方波的频率与电容的充放电时间常数有关。如果反馈网络 RC 的乘积越大，则充放电时间越长，方波的频率也就越低。因此调节 RC 网络的时间常数，可改变方波频率。从图 6-18（b）中 u_C 波形可知，在放电的半个周期内，u_C 初始时刻的值为 U_{th1}，u_C 经半个周期 $T/2$ 后的数值为 U_{th2}，同时当 $t \to \infty$ 时，$u_C \to -U_Z$。根据一阶电路响应的三要素法有

$$U_{th2} = -U_Z + (U_{th1} + U_Z)e^{\frac{T/2}{RC}} \qquad （6\text{-}29）$$

将 U_{th1}、U_{th2} 的数值代入式（6-29），可求得方波的周期为

$$T = 2RC \ln\left(1 + 2\frac{R_1}{R_2}\right) \qquad （6\text{-}30）$$

由式（6-30）不难看出，适当选取 R_1、R_2、R、C 的数值，可改变输出波形的周期或频率，但不能改变输出波形占空比。如果 $\ln(1 + 2R_1 / R_2) = 1$，即 $R_1 \approx 0.86R_2$，周期 $T = 2RC$。

2. 矩形波发生器

（1）电路组成和工作原理

根据方波发生器电路的工作原理可知，如果电容 C 充放电的通路不同，则时间常数不同，可调节输出信号的占空比[5]。改变电容 C 充放电时间即占空比可调的矩形波发生器如图 6-19（a）所示。

图 6-19（a）利用二极管 VD_1、VD_2 把电容的充电、放电电路隔开。当输出为正电平 $u_O = U_Z$

---

[5] 占空比定义见学习单元 8 中式（8-13）。

时，VD_1 导通，VD_2 截止，电容 C 经 R_p'、VD_1、R_4 正向充电（与图 6-19（b）中曲线①相对应），充电时间常数由电阻 R_4、二极管 VD_1 导通动态电阻 r_{d1}、电位器 R_p 上半部分电阻 R_p' 及电容 C 决定。当输出为负电平 $u_{O2}=-U_Z$ 时，VD_1 截止，VD_2 导通，电容 C 经 R_4、VD_2、R_p'' 放电、反向充电时（与图 6-19（b）中曲线②相对应），放电、反向充电常数由 R_4、VD_2 导通动态电阻 r_{d2}、电位器 R_p 下半部分电阻 R_p'' 及电容 C 决定。调节电位器 R_p，即可调节占空比。当 R_p 的动触点向下移动，充电时间常数增大，放电时间常数减小，占空比增大。反之，R_p 动触点向上移动，占空比减小。

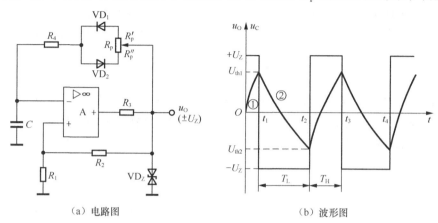

（a）电路图　　　　　　　　　　　（b）波形图

图 6-19　占空比可调矩形波发生器

（2）振荡周期

在 R_p 调节过程中，电路振荡周期不变，同样根据一阶电路响应的三要素法可以分别得到充放电时间，从而得到周期为

$$T = (R_p + r_{d1} + r_{d2} + 2R_4) \cdot C \cdot \ln\left(1 + 2\frac{R_1}{R_2}\right) \tag{6-31}$$

占空比 D 为：

$$D = \frac{R_p' + r_{d1} + R_4}{R_p + r_{d1} + r_{d2} + 2R_4} \tag{6-32}$$

可见，调节 R_p 可改变信号的占空比 D，改变 R_1、R_2、R_4、R_p、C 可改变信号的周期 T。

6.2.2　三角波和锯齿波发生器

1. 三角波发生器

根据积分电路的知识可知，方波信号经过积分电路后输出信号即为三角波。因此利用滞回比较器和积分电路可构成三角波发生器。图 6-20（a）所示电路为典型的三角波发生器。其中滞回比较器由集成运放 A_1 构成，积分电路由集成运放 A_2 构成。滞回比较器的输入端从 A_1 的同相端引入，信号从积分电路的输出端送入，可见当 $u_+>0$ 时，$u_{O1}=+U_Z$；当 $u_+<0$ 时，$u_{O1}=-U_Z$。A_1 同相端电压由 u_{O1} 和 u_O 共同确定，根据叠加定理可以求得集成运放 A_1 同相端电压 u_+：

$$u_+ = u_{O1}\frac{R_2}{R_1 + R_2} + u_O\frac{R_1}{R_1 + R_2} \tag{6-33}$$

如果令 $u_+=0$，则可以求得滞回比较器的阈值电压：

$$u_O = \pm U_{th} = \pm \frac{R_2}{R_1} U_Z \qquad (6\text{-}34)$$

设某一时刻 t_1，滞回比较器输出 $u_{O1}=+U_Z$，积分电路开始反向积分，积分输出电压为

$$u_O = u_O(t_1) - \frac{1}{R_3 C} U_Z(t - t_1) \qquad (6\text{-}35)$$

可见，输出电压 u_O 按线性规律减小；而当某一时刻 t_2，u_O 减小到 $u_O = -U_{th} = -R_2 U_Z/R_1$ 时，滞回比较器输出电压发生跳变为 $u_{O1}=-U_Z$，这时积分电路开始正向积分，积分输出电压为

$$u_O = u_O(t_2) + \frac{1}{R_3 C} U_Z(t - t_2) \qquad (6\text{-}36)$$

这时，u_O 按线性规律增加，当增加到 $u_O = +U_{th} = R_2 U_Z/R_1$ 时，滞回比较器输出 $u_{O1}=+U_Z$，此时，积分电路开始反向积分，输出电压 u_O 按线性规律减小，如此重复。由于正向积分和反向积分时间常数相当，所以 u_O 输出电压为三角波，u_{O1} 输出电压为方波，波形如图 6-20（b）所示。

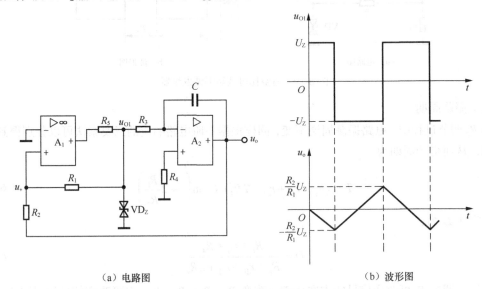

（a）电路图　　　　　　　　　　　　　　　　（b）波形图

图 6-20　三角波发生器

根据式（6-36）可以得到 $\dfrac{R_2}{R_1} U_Z = -\dfrac{R_2}{R_1} U_Z + \dfrac{1}{R_3 C} U_Z \dfrac{T}{2}$，因此信号的周期 T 为

$$T = \frac{4 R_2 R_3 C}{R_1} \qquad (6\text{-}37)$$

根据式（6-37）可求得输出信号的周期或频率，改变参数 R_1、R_2、R_3、C 可改变输出波形的频率。

2. 锯齿波发生器

同矩形波发生电路的工作原理相类似，锯齿波发生电路只要改变三角波发生电路中正向积分和反向积分的时间常数即可，因此锯齿波发生器如图 6-21（a）所示。

图 6-21（a）中，电路正向积分时，二极管 VD$_2$ 导通，因此正向积分时间常数为（$R_p'' + r_{d2} + R_3$）

C，电路反向积分时，二极管 VD_1 导通，因此反向积分时间常数为 $(R'_p+r_{d1}+R_3)C$。因此，只要调节电位器 R_p 使 $R''_p \neq R'_p$，则输出 u_O 的波形为锯齿波，如图 6-21（b）所示。锯齿波信号周期 T 的计算如同三角波信号的周期，只要求得一个周期内波形的上升时间 T_1 和下降时间 T_2 即可，故周期 T 为

$$T=T_1+T_2=\frac{2R_2(R_3+r_{d1}+R'_p)C}{R_1}+\frac{2R_2(R_3+r_{d2}+R''_p)C}{R_1}=\frac{2R_2(2R_3+r_{d1}+r_{d2}+R_p)C}{R_1} \qquad （6-38）$$

可见，调节 R_p 可改变锯齿波的形状，调节 R_1、R_2、R_3、R_p、C 可改变信号的周期 T。

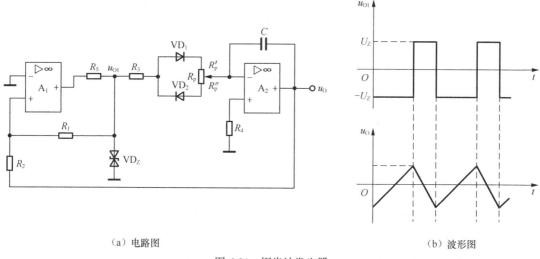

（a）电路图　　　　　　　　　　　　　　　　　　（b）波形图

图 6-21　锯齿波发生器

6.2.3　集成函数发生器及应用

集成函数发生器 8038 是一种能同时产生方波、三角波和正弦波的专用集成芯片。调节外部参数，可获得占空比可调的矩形波和锯齿波。因此，集成函数发生器在仪器仪表中应用广泛。

由于集成函数发生器的内部电路比较复杂，本书仅以 ICL8038 函数发生器为例，简单介绍其内部结构图、引脚和基本用法，作为使用的参考。

1.　内部电路和引脚功能

ICL8038 函数发生器的内部结构图和引脚功能如图 6-22 所示。内部电路中电压比较器 A、B 的阈值电压分别为两电源电压之和的 2/3 和 1/3，电流源 I_1 和 I_2 的大小通过外接电阻调节，且 I_2 必须大于 I_1。器件主要通过两个电流源对外接电容 C 的充电和放电来实现振荡。当触发器的输出为低电平时，电流源 I_2 处于断开状态，电流源 I_1 对电容 C 充电，电容两端电压增加，电容电压达到电压比较器 A 的阈值电压 $2(V_{CC}+V_{EE})/3$ 时，电压比较器 A 输出状态改变，使触发器输出变为高电平，将模拟开关 S 由电流源 I_1 接到电流源 I_2。此时电容处于放电状态，当电容电压下降到电压比较器 B 的阈值电压 $(V_{CC}+V_{EE})/3$ 时，电压比较器 B 输出状态改变，使触发器又翻转回到低电平的状态，电流源 I_2 断开，这样周期性循环，从而完成振荡过程。外接电容 C 交替从一个电流源充电后向另一个电流源放电，在电容的两端产生三角波，波形一路经电压跟随器缓冲后由引脚 3 输出，

再经正弦波变换电路由引脚 2 输出正弦波，另一路经电压比较器 B 和触发器后，再经反相器缓冲后，由引脚 9 输出方波。图 6-23 所示为函数发生器 ICL8038 外部引脚图。

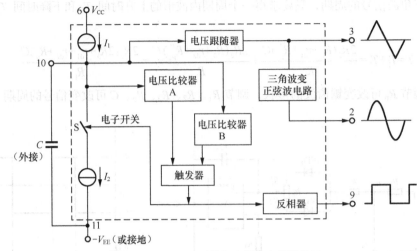

图 6-22　ICL8038 函数发生器的内部结构图

2. 主要性能

ICL8038 可用单电源供电，将引脚 11 接地，引脚 6 接 $+V_{CC}$，电压范围为 10～30V；也可双电源供电，即引脚 11 接 $-V_{EE}$，引脚 6 接 $+V_{CC}$，电压范围为 $\pm(5～15)$V。引脚 4、5 用于电流源调节，振荡频率的可调范围为 0.001Hz～300kHz。

矩形波的占空比可调范围为 2%～98%，上升时间为 180ns，下降时间为 40ns。三角波的非线性小于 0.05%，振幅为 0.33×电源电压。输出正弦波的失真度小于 1%，振幅为 0.22×电源电压。

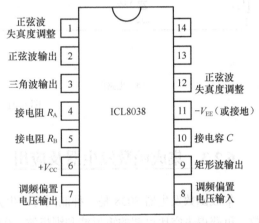

图 6-23　ICL 8038 的外部引脚图

3. 典型应用

图 6-24 所示为 ICL8038 典型应用电路。矩形波输出端为集电极开路形式，故 R_L 为外接的集电极电阻。外接定时电容 C 和变阻器 R_A、R_B 共同决定振荡频率。R_A 用来控制三角波、正弦波波形的上升部分和矩形波的高电平部分的时间 $T_1 = R_A C/0.66$[6]。R_B 用来控制三角波、正弦波波形的下降部分和矩形波的低电平部分的时间 $T_2 = R_A R_B C/0.66(2R_A - R_B)$。只有 $R_A = R_B$ 时，$T_1 = T_2$，3 脚、

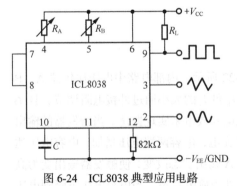

图 6-24　ICL8038 典型应用电路

---

[6] 可参考文献[12]：$T_1 = \dfrac{C \cdot U_s}{I} = \dfrac{C \cdot 1/3 U_s \cdot R_A}{0.22 \cdot U_s} = \dfrac{R_A C}{0.66}$，$T_2 = \dfrac{C \cdot U_s}{I} = \dfrac{C \cdot 1/3 U_s}{2 \cdot 0.22 \dfrac{U_s}{R_B} - 0.22 \dfrac{U_s}{R_A}} = \dfrac{R_A R_B C}{0.66(2R_A - R_B)}$，周期 $T = T_1 + T_2$，频率 $f = 1/T$。

2 脚、9 脚输出波形各为三角波、正弦波和方波。$R_A \neq R_B$ 时，$T_1 \neq T_2$，3 脚输出为锯齿波，2 脚输出不是正弦波，9 脚输出为矩形波。图 6-25 所示电路具有微调功能，占空比在 50%的小范围内变化，可调节 1kΩ 电位器。如果需要较为严格的 50%占空比，则改用 2kΩ 或 5kΩ 的电位器较好。12 引脚的变阻器可使正弦波的失真度达到 1%。而图 6-26 所示电路中引脚 11 和 12 的连接方式，通过调节电位器可使正弦波失真度减少到约 0.5%。

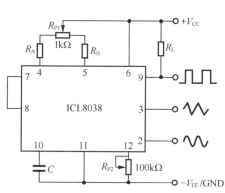

图 6-25　具有微调功能的波形发生电路图

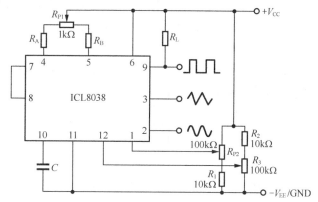

图 6-26　正弦波失真度最低的波形发生电路图

单元任务 6　简易函数发生器制作/FM 无线话筒

1. 知识目标

（1）掌握 RC、LC 正弦波振荡电路结构及工作原理，正弦波振荡电路的调整、测试方法。

（2）熟悉矩形波和锯齿波发生器的工作原理和参数计算。

2. 能力目标

（1）掌握正弦波振荡电路的分析和计算方法。

（2）掌握非正弦波电路的实现和频率计算。

3. 素质目标

（1）养成严肃、认真的科学态度和良好的自主学习方法。

（2）培养严谨的科学思维习惯和规范的操作意识。

（3）养成独立分析问题和解决问题的能力，以及相互协作的团队精神。

（4）能综合运用所学知识和技能独立解决实训中遇到的实际问题，具有一定的归纳、总结能力。

（5）具有一定的创新意识，锻炼自学、表达、获取信息等方面的能力。

单元任务 6.1　简易函数发生器制作

6.1.1　正弦波电路

1. 信息

按图 6-27 所示图形连接电路，调节 R_p 测量使输出 U_o 为正弦波，并测量其频率和幅值。试计算输出信号频率是否与测量值一致。

2. 决策

（1）按图 6-27 所示电路接通电源，用示波器观察输出信号，适当调节变阻器 R_p，使输出波形为正弦波，调节 R_p 的大小，观察 U_o 波形变化和失真情况，填入表 6-1 中。

起振条件分析：要满足振荡器起振的相位条件和振幅条件，变阻器 R_p 应满足什么条件？实际观察到的结果是否与理论分析一致？

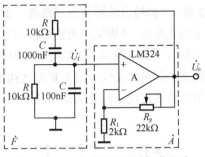

图 6-27　RC 串并联正弦波振荡电路

表 6-1 负反馈对输出波形的影响

负反馈强弱	U_o 波形
R_p 增大强	
R_p 适中	
R_p 减小弱	

稳幅电路分析：在调节变阻器 R_p 时，很容易获得一个不失真的正弦波，试问稳幅电路是如何工作的。

（2）振荡波形的测量。测量振荡波形的幅度和频率，填入表 6-2 中，并与理论值比较。

表 6-2 振荡波形的幅度和频率

U_{om} 测量值	f_o 测量值	f_o 理论值

改变 R、C 的数值观察振荡波形的频率变化，填入自制表格中。

3. 实施

（1）在实验箱上根据决策中电路参数正确连接电路。

（2）根据信息要求测试电路，记录实验数据，验证实验结果。

4. 评价

在完成上述实验的基础上，撰写实训报告，并在小组内进行自我评价、组员评价，最后由教师给出评价，3 个评价相结合作为本次工作任务完成情况的综合评价。

6.1.2　方波电路

1. 信息

设计一个频率约为 1000Hz、$U_o \approx \pm 6V$ 的双极性方波发生器电路，并测量输出电压波形和频率。

（1）电路如图 6-18 所示，根据要求选择稳压管参数 VD_Z 和限流电阻 R_4，集成运放选择 LM324，电源电压选择 ±9V，LM324 最大输出电压约为 $V_{CC}-1.5V$，选择稳定电压 6V 的双向稳压二极管，其稳定电流 $I_Z=5mA$，故限流电阻 $R_4=(V_{CC}-1.5-U_Z)/I_Z=300\Omega$。

（2）决定反馈电阻 R_1，R_2。为了便于计算，使 $\ln(1+2R_1/R_2)=1$，即 $R_1 \approx 0.86R_2$，周期 $T=2RC$。故选择 $R_2=10k\Omega$，$R_1=8.6k\Omega$。

（3）确定电容 C 和电阻 R。根据频率要求和 $f=1/(2RC)$，选择电阻 $R=51k\Omega$，电容 $C=100nF$。

2. 决策

测量方波电路的输出电压波形和频率。

3. 实施

（1）在实验箱上根据决策中电路参数正确连接电路。

（2）根据信息要求测试电路，记录实验数据，验证实验结果。

4. 评价

在完成上述实验的基础上，撰写实训报告，并在小组内进行自我评价、组员评价，最后由教师给出评价，3 个评价相结合作为本次工作任务完成情况的综合评价。

6.1.3　三角波电路

1. 信息

按图 6-20 所示电路，选择电路参数，设计一个频率约为 1000Hz，$u_O \approx \pm 2V$ 的三角波发生器电路。

（1）稳压管 VD_Z 和限流电阻 R_5，集成运放参数延用方波电路的参数。

（2）确定电阻 R_1，R_2。由于要求 $u_O \approx \pm 2V$，根据式（6-34），$R_2/R_1 = 1/3$，电阻参数选择 $R_2 = 10k\Omega$，$R_1 = 30k\Omega$。

（3）根据频率要求，选择相应的元件参数 R_3，C。根据式（6-37），代入参数 R_1，R_2，计算可得 $R_3 C = 0.75ms$，选取 $R_3 = 75k\Omega$，$C = 10nF$。

2. 决策

按图 6-20 所示三角波发生器电路测量输出波形的幅值和频率。

3. 实施

（1）在实验箱上根据决策中电路参数正确连接电路。

（2）根据信息要求测试电路，记录实验数据，验证实验结果。

4. 评价

在完成上述实验的基础上，撰写实训报告，并在小组内进行自我评价、组员评价，最后由教师给出评价，3 个评价相结合作为本次工作任务完成情况的综合评价。

单元任务 6.2　FM 无线话筒

1. 信息

（1）FM 无线电路

FM 无线话筒分为两部分，前部分为语音放大部分，后部分为射频振荡部分，如图 6-28 所示。语音信号经前级放大器放大后，送入射频振荡电路，并改变三极管 VT_2 的结电容，从而改变振荡频率实现 FM 调制。因为射频振荡频率由 L 和 C_5 调整，也决定于 VT_2、电容 C_6 和偏压元件（R_{b2} 和 R_2）。47pF 电容 C_6 反馈的信号使三极管 VT_2 的基极-发射极电流按 LC_5 电路的谐振频率变化，从而引起发射极-集电极电流以同频率变化。此信号馈送给天线作为音频载波信号发射出去。天线上的 10pF 耦合电容为防止天线对 LC 电路的影响。

（2）电感

线圈的电感量取决于线圈的形状、匝数、匝的间隔、环绕材料的磁导率及其他因素，对于单层线圈如图 6-29 所示，电感大小约为 $L = N^2 \mu A / l$，其中 N 为线圈匝数，A 为磁芯的横截面积（m^2），l 为线圈长度（m），μ 为磁芯的磁导率，真空磁导率 $\mu_0 = 4\pi \times 10^{-7} H / m$。针对上述公式，长度与直径比越大，计算的电感量越精确。如长度与直径比为 10，计算结果比实际电感量小 4%。例如，求缠绕在直径 5mm 的圆珠笔芯上的 5 匝单层线圈的近似电感（长度约为 5mm）。根据公式有 $L = N^2 \mu A/l = 5^2(4\pi \times 10^{-7})[\pi \times (2.5 \times 10^{-3})^2]/5 \times 10^{-3} = 0.123\mu H$。试分析伸缩线圈的长度，电感量如何改变。

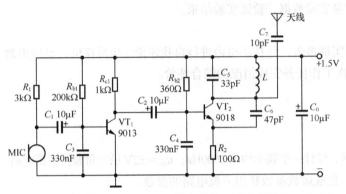

MIC—驻极体话筒；L—ϕ0.44mm 漆包线绕 5 匝（直径 5mm 左右）

图 6-28　FM 无线话筒

图 6-29　单层线圈电感

2. 决策

（1）调节方法如下所述。

① 在距离调频收音机至少 2m 处进行校准。

② 调节调频接收机，调整频率到 80kHz 左右。

③ 接通电源后，调节电感的长度，即调节其数值，改变频率。当接收机将听到"蹦、蹦"的声音，并无杂音时停止调节。如无声音，重复②，调节接收机的频率范围（调低或调高频率），再重复步骤③。

④ 将发射电路接近一个声源放置（注意：接近并不是紧挨着），如人们的谈话声。在此频段将能收到本电路发出的语音信号。

　校准时，不能用手接触发射机的电路部分，因为人体的电容足以改变振荡器的频率。

（2）信号覆盖范围的大小取决于发射的功率。发射的频率取决于振荡电路的振荡频率。接上一段长度为半波长或 1/4 波长的架空天线到天线端。在发射频率为 100MHz 时，天线长度约为 150mm 和 75mm。

3. 计划

（1）所需要的仪表：万用表、电烙铁、调频收音机或手机安装收音机软件。

（2）所需要的元器件：如图 6-28 所示。

4. 实施

按图 6-28 所示电路图焊接电路，按要求调节电路。

5. 检查

对调试方法进行总结，撰写实验小结。

6. 评价

在完成实训之后，撰写实训报告，并在小组内进行自我评价和组员评价，最后由教师给出评价，3 个评价变成工作任务的综合评价。

单元小结

1. 正弦波振荡电路由放大电路、反馈网络、选频网络和稳幅环节 4 部分组成。产生正弦波振荡的起振条件是 $|\dot{A}F| > 1$，相位条件 $\varphi_{AF} = \varphi_A + \varphi_F = \pm 2n\pi$（$n=0,1,2,3\cdots$），振动的平衡条件是 $\dot{A}F = 1$，包括幅度平衡调节 $|\dot{A}F| = 1$ 和相位平衡条件 $\varphi_{AF} = \varphi_A + \varphi_F = \pm 2n\pi$（$n=0,1,2,3\cdots$）。

2. 正弦波振荡电路中，选频网络由 RC、LC 和石英晶体不同类型组成，分别称为 RC 振荡器、LC 振荡器和石英晶体振荡器。RC 振荡电路的振荡频率与 RC 的乘积成反比，可产生几赫兹至几百千赫兹的低频信号。常用的有 RC 串并联网络正弦波振荡器、移相式正弦波振荡器、双 T 选频网络正弦波振荡器。LC 振荡电路的振荡频率取决于 LC 并联回路的谐振频率，可达一百兆赫兹，与 $\sqrt{LC}$ 成反比。常用的有变压器反馈式、电感三点式、电容三点式等。石英晶体谐振器相当于一个高品质因数的 LC 电路。振荡频率取决于石英晶体的固有频率，频率稳定度较高。

3. 非正弦波发生电路介绍了方波、矩形波、三角波和锯齿波发生电路。非正弦波发生电路由滞回比较器和 RC 延时电路组成，主要参数是振荡幅值和振荡频率。改变电容 C 的充放电时间常数可改变振荡频率。

自测题

一、填空题

1. 振荡器由_____、_____、_____、_____ 4 部分组成，振荡器要产生振荡首先要满足的条件是_____，其次还要满足_____。

2. 常用的正弦波振荡器有_____、_____、_____几种类型；要产生频率范围为 300Hz ~ 10kHz 的正弦波信号发生器，选用_____振荡器。要产生 2 ~ 20MHz 的正弦高频信号，应选用_____振荡器，要产生 24MHz 的稳定信号源，选用_____振荡器。

3. 石英晶体有两个谐振频率分别是_____和_____，当石英晶体发生串联谐振时，呈纯_____性。

4. 工作在_____和_____状态下的运算放大器可组成电压比较器。

5. 滞回比较器的输入端为正弦波或三角波，则输出信号是_____。因输入信号为方波的积分电路输出信号为三角波，故可将_____和_____串联起来组成_____和_____信号发生器，同时利用_____来改变积分电路的_____，可使输出三角波变成_____。

二、选择题

1. 要求产生正弦波发生器的频率为 20Hz ~ 10kHz，应选用_____。

　　A. RC 振荡器　　　　B. LC 振荡器　　　　　C. 晶体振荡器

2. 能够将矩形波变换成三角波的电路是_____。

　　A. 积分电路　　　　B. 微分电路　　　　　C. 求和电路

3. 三角波发生器与锯齿波发生器工作原理基本相同，不同之处是_____。

　　A. 两者输入的信号幅值不同

　　B. 两者输入的信号频率不同

　　C. 两者 RC 充、放电时间常数不同

三、判断题

1. 工作在非线性工作区的运算放大器"虚短"不成立。 （　　）

2. 电路只要满足 $|\dot{A}F|=1$，就一定会产生正弦波振荡。 （　　）

3. 在 LC 正弦波振荡电路中，不用通用型集成运放做放大电路的原因是其上限截止频率太低。
（　　）

4. 只要集成运放引入正反馈，就一定工作在非线性区。 （　　）

5. 当集成运放工作在非线性区时，输出电压不是高电平，就是低电平。 （　　）

6. 非正弦波振荡电路与正弦波振荡电路的振荡条件完全相同。 （　　）

7. 在 RC 串并联正弦波振荡电路中，若 RC 串并联网络中的电阻均为 R，电容均为 C，则其振荡频率 $f_o=1/RC$。 （　　）

8. 负反馈放大电路不可能产生自激振荡。 （　　）

习题

6.1 正弦波振荡器的振荡条件是什么？它与自激振荡条件是否相同，为什么？

6.2 简述常见 RC 振荡器的种类和分析方法。简述常用 LC 振荡器的类型和分析方法。

6.3 在 RC 串并联正弦波振荡电路中，为了满足振荡条件电路要满足正反馈，为何要引入负反馈？负反馈太强或太弱会出现什么问题？

6.4 石英晶体振荡器的电路类型和电路中晶体的作用是什么？

6.5 非正弦波振荡电路由哪些基本单元组成？

6.6 工作在非线性工作区的运算放大器"虚短"不成立，而可以使用"虚短"的关系求阈值电压，为什么？

6.7 试分析图 6-30 所示电路，试求：（1）判断能否产生正弦波振荡；（2）若能振荡，计算振荡频率，指出热敏电阻温度系数的正负；（3）试分析几种反馈，并计算反馈电路的反馈系数。

6.8 LC 正弦波振荡电路如图 6-31 所示，试标出次级线圈的同名端，使之满足振荡的相位条件，并计算振荡频率。

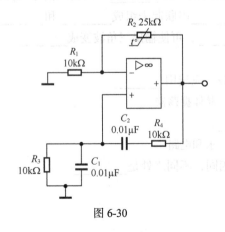

图 6-30

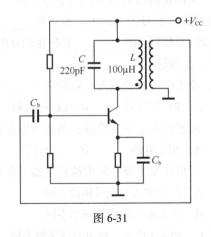

图 6-31

6.9 分别判断图 6-32 中各电路能否产生正弦波振荡。设已满足幅值平衡条件，若不能振荡试改为振荡电路。

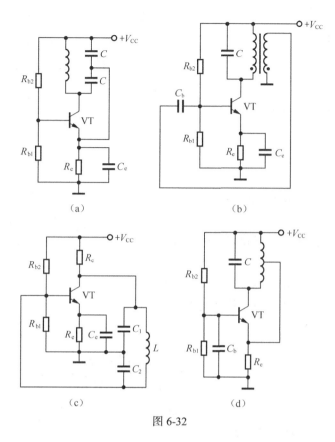

图 6-32

6.10 电路如图 6-33 所示。（1）试判断电路是否满足振荡条件，若不满足，试改为振荡电路。（2）判断电路属于何种类型振荡电路，并估算振荡频率。

6.11 图 6-34 所示为某超外收音机中的本机振荡电路。（1）试在图中标出振荡线圈原、副边绕组的同名端。（2）改变线圈 L_{23} 的匝数，试分析对振荡电路的影响。（3）说明电容 C_1、C_2 的作用。若去掉 C_1，电路能否维持振荡？（4）试计算微调 C_4=10pF 时，在可变电容 C_5 的变化范围内，其振荡频率的可调范围。

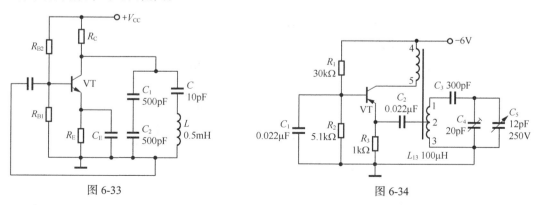

图 6-33   图 6-34

6.12 图 6-35 所示为石英晶体振荡电路，指出该电路属于串联型还是并联型。

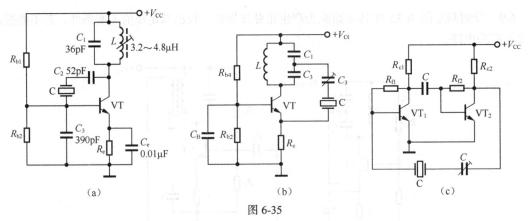

图 6-35

6.13　试求图 6-36 所示电压比较器的阈值，并画出它的传输特性。

6.14　设同相输入过零比较器和同相输入滞回比较器（两个阈值电压为±2V）的输入信号相同，如图 6-37 所示。试按理想情况分别画出这两个比较器输出电压的波形，并说明哪个电压比较器的抗干扰性能更好。

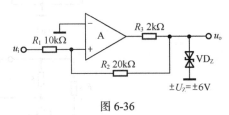

图 6-36

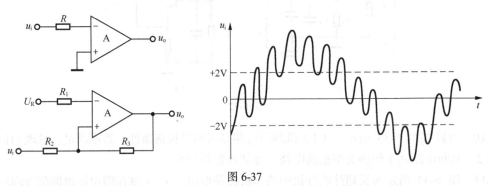

图 6-37

6.15　电路如图 6-38 所示，回答以下问题：

（1）分别说明 A_1 和 A_2 各构成哪种基本电路；

（2）求出 u_{o1} 与 u_o 的关系曲线 $u_{o1}=f(u_o)$；

（3）求出 u_o 与 u_{o1} 的运算关系式 $u_o=f(u_{o1})$；

（4）定性画出 u_{o1} 与 u_o 的波形；

（5）说明若要提高振荡频率，可以改变哪些电路参数，如何改变。

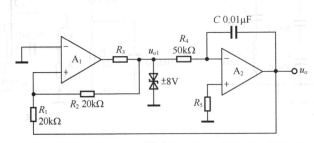

图 6-38

功率放大电路

教学导航

单元任务	实用扩音器制作
建议学时	9 学时
完成单元任务所需知识	1. 理解功率放大电路的特点及分析方法。 2. 掌握功率放大电路组成及工作原理。 3. 掌握散热器的选择方法
知识重点	1. OCL、OTL 电路的组成及工作原理。 2. OCL、OTL 电路的输出功率及效率、功率管极限参数的选择。 3. 集成功放的使用和散热
知识难点	OCL 和 OTL 电路的组成及工作原理
职业技能训练	1. 能读懂、识别各种功放电路，并能进行基本测试。 2. 会辨别集成功放的型号。 3. 能利用网络查找器件资料，阅读简单的英文技术资料，理解器件的参数含义并能使用。 4. 能对低频集成功放电路进行测试和基本分析。 5. 培养团队精神
推荐教学方法	任务驱动——教、学、做一体教学方法：从单元任务出发，通过课程听讲、教师引导、小组学习讨论、实际电路测试，掌握完成单元任务所需知识点和相应的技能

在实际的应用中，通常电路的输出级需要具有一定的功率来带动负载。例如，扬声器的音圈、电动机的控制绕组及偏转线圈、蜂窝移动系统中的基站发射等。一般情况下，多级放大电路中，还必须有一个可以输出一定信号功率的输出级。功率放大电路（简称功放）就是提供足够功率用来驱动负载的放大电路。

7.1 概述

从能量控制的观点来看，功率放大电路与电压放大电路都是将电源的直流功率转换成被放大信号的交流功率；但是适用的场合不同。电压放大电路适用于小信号放大，研究对象为电压放大倍数、输入电阻和输出电阻。而功率放大电路应用于大信号场合，主要考虑其输出功率和效率。因此，功率放大电路有以下特点。

（1）输出功率要足够大。晶体管工作在大的动态电压和动态电流下，接近极限参数运行，因此，选择器件时必须考虑器件的各极限参数，以保证功率放大电路在功率管的安全区域内运行。

（2）效率要尽可能高。在能量的转换和传输过程中，直流电源提供的能量除了输出给负载外，还有一部分为功率管损耗，希望这部分损耗越小越好。

（3）非线性失真要小。功率放大电路在大信号下的工作范围接近晶体管的饱和区和截止区，信号的峰值容易超出线性特性范围，产生非线性失真。同一功放电路的效率越高，非线性失真往往越严重。因此非线性失真和效率是相互矛盾的，要根据具体的场合来选择相应参数。如测量电声系统，对非线性失真有严格的要求，而在工业控制系统中，对输出功率的要求较高，非线性失真要求相对较低。

（4）晶体管要采取散热、保护等措施，以提高晶体管所能承受的管耗。由于一部分功率消耗在晶体管的集电结上，使三极管的结温和管壳温度升高。为了在允许的管耗内获得足够大的输出功率，必须要解决晶体管的散热。晶体管承受高电压和大电流，采取措施保护晶体管也是功率放大电路要考虑的问题。

一般根据晶体管的静态工作点的不同，功率放大电路分为甲类、乙类和甲乙类。如图7-1所示，甲类功率放大器：静态工作点在负载线中点附近，在一个完整周期内，通过晶体管的信号导通角是360°；乙类功率放大器：静态工作点在截止区，晶体管只在半个周期内工作，通过信号的导通角为180°；甲乙类功率放大器：静态工作点接近于截止区，在一个完整周期内，它的导通角略大于180°，但是却小于360°。图7-2所示为3种工作状态的波形图。另外功率放大器还有丙类和丁类，丙类功率放大器：晶体管通过信号的导通角小于180°，通常与LC谐振回路一同构成高频功放电路，丙类功放比乙类功放效率更高。丁类功率放大器：不考虑晶体管的导通角，而使晶体管工作在开关状态。如果忽略器件的导通电阻和开关状态的过渡时间，则不存在损耗，故其理想效率可达100%。

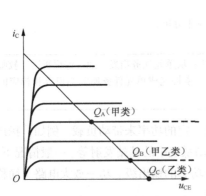

图 7-1　各类功率放大电路的静态工作点

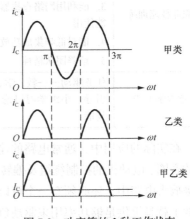

图 7-2　功率管的 3 种工作状态

甲类功放的功耗较大，效率 η 低，一般 $\eta \leqslant 50\%$。乙类功放效率高，但失真大。相对于乙类功放，甲乙类功放提高了效率，减小了失真。

7.2 互补推挽功率放大电路

7.2.1 乙类双电源互补推挽功率放大电路

1. 工作原理

乙类双电源互补推挽功率放大电路又称互补对称功率放大电路，双电源供电的电路称为无输出电容（Output Capacitorless，OCL）电路。其电路如图 7-3 所示。VT_1 为 NPN 型三极管，VT_2 为 PNP 型三极管，要求两管的特性对称一致。

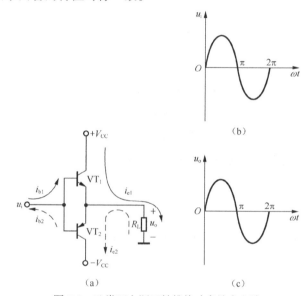

图 7-3 乙类双电源互补推挽功率放大电路

在静态 $u_i=0$ 时，两个三极管均不导通，$u_o=0$，R_L 上没有电流，电路无静态功耗。

动态情况下，在正弦信号 u_i 的正半周，VT_1 导通，VT_2 截止，VT_1 和 R_L 工作在射极输出状态，u_o 为正弦电压 u_i 的正半波。在正弦信号 u_i 的负半周，VT_2 导通，VT_1 截止，VT_2 和 R_L 工作在射极输出状态。u_o 为正弦信号 u_i 的负半波。

2. 电路参数分析计算

乙类双电源互补推挽功率放大电路根据图 7-3 进行参数计算。

（1）输出功率 P_o

输出功率 P_o 为输出电压有效值 U_o 乘于输出电流有效值 I_o。

$$P_o = U_o I_o = \frac{U_{om}}{\sqrt{2}} \times \frac{U_{om}}{\sqrt{2}R_L} = \frac{1}{2} \times \frac{U_{om}^2}{R_L} \tag{7-1}$$

式中，U_{om} 为输出电压峰值。当输入信号 u_i 足够大时，$U_{om}=V_{CC}-U_{CES} \approx V_{CC}$，那么最大输出功率 P_{om} 为

$$P_{om} = \frac{1}{2} \times \frac{(V_{CC} - U_{CES})^2}{R_L} \approx \frac{1}{2} \times \frac{V_{CC}^2}{R_L} \qquad (7\text{-}2)$$

（2）电源功率 P_V

电源供给为直流电压和电流，直流电压即为供给电压 V_{CC}，直流电流为流过三极管的直流平均值 I_{CAV}。相对于正负半周而言，相当于单相全波整流输出电流的平均值。即

$$I_{CAV} = \frac{2\sqrt{2}I_c}{\pi} = \frac{2I_{cm}}{\pi} = \frac{2}{\pi} \times \frac{U_{om}}{R_L} \qquad (7\text{-}3)$$

从而

$$P_V = I_{CAV}V_{CC} = \frac{2}{\pi} \times \frac{U_{om}}{R_L} \times V_{CC} \qquad (7\text{-}4)$$

电源供给的最大功率为：

$$P_{Vm} = \frac{2}{\pi} \times \frac{V_{CC}^2}{R_L} \qquad (7\text{-}5)$$

（3）两管总功耗 P_T

电源供给功率减去输出功率即为两管总功耗，即为

$$P_T = P_V - P_o = \frac{2}{R_L}\left(\frac{V_{CC}U_{om}}{\pi} - \frac{U_{om}^2}{4}\right) \qquad (7\text{-}6)$$

因两管参数相同，因此每只三极管的功耗为总功耗的一半：

$$P_{T1} = P_{T2} = \frac{1}{2}P_T = \frac{1}{R_L}\left(\frac{V_{CC}U_{om}}{\pi} - \frac{U_{om}^2}{4}\right) \qquad (7\text{-}7)$$

同样，可以求出当 $U_{om} = \frac{2}{\pi}V_{CC}$ 时，管耗最大。最大管耗为

$$P_{T1m} = P_{T2m} = \frac{U_{om}^2}{\pi^2 R_L} \qquad (7\text{-}8)$$

（4）效率

单管最大功耗 P_{T1m} 与最大输出功率 P_{om} 之间的关系为

$$P_{T1m} \approx 0.2 P_{om} \qquad (7\text{-}9)$$

能量转换的效率为

$$\eta = \frac{P_o}{P_V} = \frac{\pi}{4} \times \frac{U_{om}}{V_{CC}} \qquad (7\text{-}10)$$

因此，当 $U_{om} \approx V_{CC}$ 时，效率最大为

$$\eta_m = \frac{\pi}{4} \approx 78.5\% \qquad (7\text{-}11)$$

当然实际的数值要小于 78.5%，因为在计算过程中我们没有考虑功率管的饱和压降。一般大功率管的饱和压降为 2～3V，故式（7-2），式（7-5）和式（7-11）不能使用。

需要注意的是，上述公式对所有的互补推挽功率放大电路均适用。但采用单电源时，只需将公式中的 V_{CC} 换为 $\frac{1}{2}V_{CC}$ 即可。另外需要注意的一点就是两者之间的区别在于单电源的输出电压幅值 $U_{om} < V_{CC}$，双电源为最大不失真的电压幅值 $U_{om} = V_{CC} - U_{CES} \approx V_{CC}$。

（5）功率管的参数选择

由于功率管所承受功率较大，因此要考虑以下极限参数。

功率管集电极的最大允许功耗 P_{CM}

$$P_{CM} > P_{T(max)} = 0.2P_{o(max)} \qquad （7\text{-}12）$$

功率管的最大耐压 $U_{(BR)CEO}$

$$U_{(BR)CEO} > 2V_{CC} \qquad （7\text{-}13）$$

功率管的最大集电极电流 I_{CM}

$$I_{CM} > \frac{V_{CC}}{R_L} \qquad （7\text{-}14）$$

在选择功率放大电路中的三极管时，应参考图 2-8 三极管的安全工作区从以上三方面考虑，即所选晶体管的极限参数必须满足：管子集电极最大允许电流 I_{CM} 不能低于 V_{CC}/R_L；管子要承受的集电极与发射极之间的最大允许反向电压 $V_{(BR)CEO}$ 要大于 $2V_{CC}$；每只管子的最大允许管耗必须大于功率放大电路的最大输出功率的 1/5。以上是在理想情况下进行的，实际上在选择管子的额定功耗时，还要留有充分的余地，一般留有 2 倍裕量。

功率管的功耗以发热的形式散发出来，为此必须给管子加一定大小的散热器，以帮助功率管散热，否则功率三极管的温度上升，会导致反向饱和电流急剧增加，使三极管不能正常工作，甚至烧毁。

【例 7-1】 图 7-3（a）所示 OCL 电路中的 $V_{CC}=|-V_{CC}|=20V$，负载 $R_L=8\Omega$，晶体管如何选择？

解：（1）最大输出功率

$$P_{om} = \frac{1}{2} \frac{V_{CC}^2}{R_L} = \frac{1}{2} \times \frac{20^2}{8} = 25W$$

$$P_{CM} \geqslant 0.2P_{om} = 0.2 \times 25 = 5W$$

（2） $U_{(BR)CEO} \geqslant 2V_{CC} = 2 \times 20 = 40V$

（3） $I_{CM} \geqslant \frac{V_{CC}}{R_L} = \frac{20}{8} = 2.5A$

在实际选择时，其极限参数还应留有一定余量。

7.2.2 甲乙类互补推挽功率放大电路

1. 双电源供电甲乙类互补推挽功率放大电路

（1）交越失真

乙类功放静态电流 I_C 为零，故效率高。但只有当输入信号电压大于晶体管导通电压时，管子才能导通。信号电压小于导通电压时，没有电压输出。因此，信号在零点附近（小于导通电压），其波形会出现失真，这种现象称为交越失真（Crossover Distortion），如图 7-4 所示。

为了消除交越失真，为两只功率管提供一定的偏置电压，如图 7-5 所示。图 7-5（a）和图 7-5（b）类似，是利用二极管与电位器上压降或二极管压降形成偏置电压。图 7-5（a）中，VT$_3$ 组成电压放大级，R_1

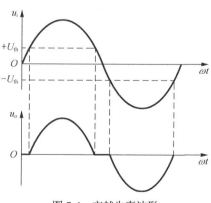

图 7-4 交越失真波形

为其集电极负载电阻，VD$_1$、VD$_2$ 正偏导通，和 R_p 一起为 VT$_1$、VT$_2$ 提供偏压，使 VT$_1$、VT$_2$ 在静态时处于微导通状态，即处于甲乙类工作状态。VD$_1$、VD$_2$ 还有温度补偿作用，使 VT$_1$、VT$_2$ 管的静态电流基本不随温度的变化而变化。图 7-5（c）中利用 VT$_4$ 管的倍增电路产生偏置电压。流入 VT$_4$ 基极的电流远小于 R_1、R_2 的电流，因此 $U_{CE4} \approx U_{BE4}(R_1 + R_2)/R_2$，可见只要 R_1、R_2 调节合适，即可改变 U_{CE4} 形成的偏压。这种方法常应用在模拟集成电路中，如图 3-30 所示集成运放 μA741 内部电路中功放一级，也采用这种偏置电压方式。

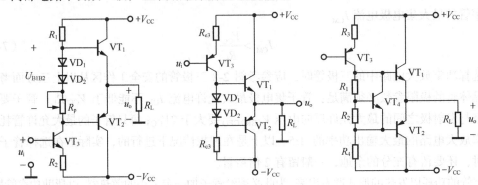

（a）二极管产生偏置电压　　（b）二极管产生偏置电压　　（c）U_{BE} 倍增电路形成偏置电压

图 7-5　甲乙类互补对称功放电路

（2）实用电路分析

如图 7-6 所示电路，VT$_3$ 和 R_c 构成的集电极负载电阻，组成共射放大电路，作为前置驱动放大级，把输入信号电压放大到足够大的幅值来驱动功放。VT$_1$ 和 VT$_2$ 组成功率管，为互补推挽功率放大电路，其中 VD$_4$、VD$_5$ 作为晶体管的偏置电压，用来消除交越失真，其动态电阻不大，对信号电压影响不大。

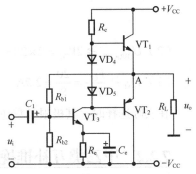

【例7-2】甲乙类互补对称功放电路如图 7-6 所示，$|V_{CC}| = 12V$，$R_L = 8\Omega$，两个管子的 $U_{CE(sat)} = 2V$，试求：

（1）最大不失真输出功率、电源供给的功率；

（2）负载上电压幅值和电流有效值；

（3）最大输出功率时的效率。

图 7-6　甲乙类互补对称功放电路

解：（1）根据式（7-2）和式（7-4），最大不失真输出功率

$$P_{om} = \frac{1}{2}\frac{(V_{CC} - U_{CES})^2}{R_L} = 6.25W$$

电源供给的功率

$$P_V = \frac{2}{\pi}\frac{V_{CC}(V_{CC} - U_{CES})}{R_L} = 9.6W$$

（2）负载上电压幅值

$$U_{om} = V_{CC} - U_{CES} = 10V$$

负载上电流有效值

$$I_o = \frac{U_{om}}{\sqrt{2}R_L} = 0.88A$$

（3）根据式（7-10），最大输出功率时的效率

$$\eta_{\mathrm{m}} = \frac{\pi}{4} \frac{(V_{\mathrm{CC}} - U_{\mathrm{CES}})}{V_{\mathrm{CC}}} = 65\%$$

2. 单电源供电甲乙类互补推挽功率放大电路

OCL 电路线路简单、效率高，但要采用双电源供电，给使用和维修带来不便。采用单电源供电的互补对称电路，称为无输出变压器（Output Transformerless）的功放电路，简称 OTL 电路，如图 7-7 所示。其特点是在输出端负载支路中串接了一个大容量电容 C。

VT_3 组成电压放大级，R_{c3} 为其集电极负载，VT_3 的偏置由输出 K 点电压通过 R_2 和 R_1 提供，稳定静态工作点。VD_1、VD_2 为二极管偏置电路，为 VT_1、VT_2 提供偏置电压。VT_1、VT_2 组成互补推挽电路。

电路静态时，K 点电位为 $V_{\mathrm{CC}}/2$。电容 C 充电至 $V_{\mathrm{CC}}/2$。由于 C 容量很大，满足 $R_{\mathrm{L}}C \gg T$（信号周期），故有信号输入时，电容两端电压基本不变，可视为一恒定值 $V_{\mathrm{CC}}/2$。该电路就是利用大电容的储能作用来充当另一组电源$-V_{\mathrm{CC}}$，使电路完全等同于双电源时的情况。电容 C 还具有隔直作用。

电路工作原理与 OCL 电路相似。当 $u_i < 0$，因 VT_3 的集电极电位与输入反相，故 VT_1 正偏导通，VT_2 反偏截止。经 VT_1 放大后的电流经 C 送给负载 R_{L}，且对 C 充电，R_{L} 上获得正半周电压。当 $u_i > 0$，VT_1 反偏截止，VT_2 正偏导通，C 放电，经 VT_2 放大的电流由集电极经 R_{L} 和 C 流回发射极，负载 R_{L} 上获得负半周电压。因此输出电压 u_o 的最大幅值约小于 $V_{\mathrm{CC}}/2$。

OTL 电路与 OCL 电路相比，每个管子实际工作电源电压不是 V_{CC}，而是 $V_{\mathrm{CC}}/2$，故计算 OTL 电路的主要性能指标时，将 OCL 电路计算公式中的参数 V_{CC} 全部改为 $V_{\mathrm{CC}}/2$ 即可。

【例 7-3】　电路如图 7-8 所示，已知电源电压 $V_{\mathrm{CC}} = 24\mathrm{V}$，$R_{\mathrm{L}} = 8\Omega$，$C_2$ 足够大。试问：

（1）静态时 C_2 上的电压应为多少，调整哪个电阻能满足此要求；

（2）如果输出出现交越失真，应调整哪个电阻，如何调整；

（3）假设功率管的饱和压降 $U_{\mathrm{CES}} = 2\mathrm{V}$，求负载 R_{L} 上的最大功率 P_{om}。

解：（1）C_2 上的电压应为 12V，调整电阻 R_{b1} 和 R_{b2} 即可获得此数值。

（2）增大电阻 R。

（3）$P_{\mathrm{om}} = \dfrac{1}{2} \dfrac{(V_{\mathrm{CC}}/2 - U_{\mathrm{CES}})^2}{R_{\mathrm{L}}} = 6.25\mathrm{W}$。

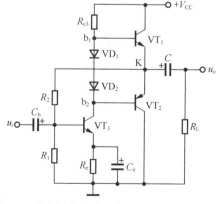

图 7-7　单电源供电甲乙类互补推挽功率放大电路

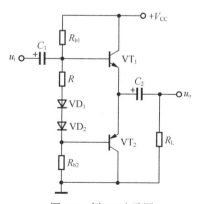

图 7-8　例 7-3 电路图

3. 自举电路

图 7-9 所示电路为含有自举电路的单电源甲乙类互补推挽功率放大电路。与图 7-7 电路相比，多了 R_2 和 C_2 构成的自举电路。如果没有 R_2 和 C_2 存在的问题是，电源 V_{CC} 经过 R_{c3}、U_{BE1} 的压降后，K 点电压不能达到 V_{CC}，即 VT_1 不能达到饱和状态，从而不能得到最大的输出功率。这是因为当 VT_1 导通时，i_{c1} 不断增加时，b_1 点的电位随着不断下降，而 K 点的电位又不断上升，结果使 VT_1 基极电流的增加受到限制，不能达到饱和状态，致使 U_{om} 明显小于 $V_{CC}/2$。

加入 R_2 和 C_2 的自举环节后，静态时，C_2 上的电压被充电到 $V_{CC}/2$。由于 C_2 数值较大，动态时可认为 $U_C = V_{CC}/2$ 不变，所以 A 点电位 U_A 始终比 K 点高。这样，在 u_i 的负半周，VT_3 集电极输出为正半周，VT_1 导通，K 点电压在正半周变化，$u_A = u_K + u_C$，因为 K 点电压在 $V_{CC}/2$ 的基础上升高，故 A 点电压也随着升高。R_2 起到隔离 u_A 和电源电压 V_{CC} 的作用。于是 $u_A > V_{CC}$，保证了 VT_1 能达到饱和状态，提高正向输出电压幅度，从而提高了最大不失真输出电压的幅度，这种情况称为自举。具有自举功能的电路就是自举电路（Bootstrapping Circuit），即 A 点电压随输出电压上升而自动抬高，以提高正向输出电压幅度。

由于互补对称功率电路的两个大功率的管型不同，特性很难一致，采用复合管较易解决这个问题。

图 7-10 所示为采用复合管组成的 OTL 功率放大器，这种电路又称为准互补对称（Quasi Complementary Circuit）功率放大器。其中，VT_1 为电压放大级，它的基极偏压取自于中点电位 $V_{CC}/2$。R_{p1} 引入交直流电压并联负反馈。VT_2、VT_4 复合成 NPN 管，VT_3、VT_5 复合成 PNP 管，R_{p2}、VD_1、VD_2 给两只复合管提供偏压，以消除交越失真，VD_1、VD_2 还具有温度补偿作用。R_{c1} 为 VT_1 管集电极负载电阻。泄放电阻 R_4、R_5 用于减小复合管穿透电流。R_7、R_8 为负反馈电阻，用于稳定工作点和减小失真。C 为输出耦合电容，充当另一组电源。

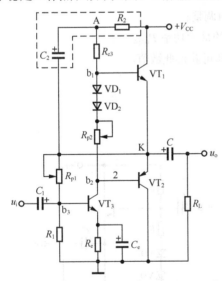

图 7-9 单电源甲乙类互补推挽功率放大电路

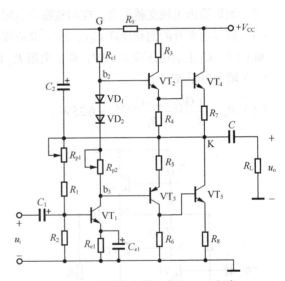

图 7-10 采用复合管组成的 OTL 电路

图 7-10 所示电路中，当 VT_1 集电极输出正半周信号电压时，VT_2、VT_4 导通，VT_3、VT_5 截止，被放大的正半周信号电流经 C 送到负载 R_L 上，形成正半周输出电压，同时，C 上被充上 $V_{CC}/2$ 的电压。当 VT_1 集电极输出负半周信号电压时，VT_2、VT_4 截止，VT_3、VT_5 导通，此时，电源 V_{CC}

不供电，由 C 放电提供 VT_3、VT_5 工作所需直流功率，在负载上形成负半周输出电压。它与正半周输出电压合成一个完整的正弦波形。电路中的 R_9、C_2 组成自举电路。不接 C_2 时，信号越强，VT_2、VT_4 导通越充分，K 点电位上升越多，将使 VT_2、VT_4 的正偏压 U_{BE} 减小，输出电流也减小，限制了输出功率的提高。在电路中加入 C_2 后，其两端被充上一定电压值。由于 C_2 容量大，充放电时间常数大，其两端电压可视为基本不变。当正半周信号通过 VT_2、VT_4 使 K 点电位上升时，G 点电位跟着升高，$u_G = u_K + u_{C_2}$，u_G 可高于 V_{CC}，使 VT_2、VT_4 基极电位升高，保证了 VT_2、VT_4 的大电流输出，提高了输出功率。R_9 为隔离电阻，防止输出信号经电容 C_2 短路到地。

7.3 集成功率放大器

集成功率放大器具有输出功率大、外围连接元件少、使用方便等优点，额定输出功率从几瓦至几百瓦不等，目前使用越来越广泛，已经成为音频领域中应用十分广泛的功率放大器。集成功率放大器内部电路通常包括前置级、推动级和功率级等几部分，一般还包括消除噪声、短路保护等一些特殊功能的电路。

集成功率放大器种类繁多，市场上常见的主要有：

① 美国国家半导体公司（NSC）的产品，如 LM1875、LM1876、LM3876、LM3886、LM4766、LM4860、LM386 等；

② 荷兰飞利浦公司（PHILIPS）的产品，如 TDA15×× 系列，常见的有 TDA1514、TDA1521；

③ 意-法微电子公司（SGS）的产品，如 TDA20×× 系列，TDA72×× 系列等。

7.3.1 集成功放 LM386

本节以小功率音频功率放大集成电路 LM386 为例进行介绍功率放大电路的内部结构和应用。

1. 引脚图

图 7-11 所示为 LM386 集成功率放大器的引脚图，其引脚定义如图中所示，其中⑦脚一般接 10μF 旁路电容，①脚和⑧脚之间外接电阻和电容，用于调节电压增益（LM386 电压增益可调范围为 20 ～ 200）。

2. 内部电路

LM386 的外围电路简单，单电源供电（电压 4 ～ 12V），功耗低，在 6V 电源电压下的静态功耗仅为 24mW。输入端以地作为参考，输出端自动偏置到电源电压的一半，频带较宽为 300kHz

图 7-11 LM386 引脚图

（①、⑧引脚开路），输入阻抗 50kΩ，输出功率为 0.3 ～ 0.7W。LM386 主要应用于低电压消费类电子产品中，也适用于电池供电的场合。

图 7-12 所示为 LM386 集成功率放大器的内部电路，包括输入级、中间级和输出级。输入级为差分放大电路，由三极管 VT_1、VT_2 构成双端输入、单端输出的差分放大电路，VT_5、VT_6 为其恒流源负载。为了提高输入电阻，在输入端由 VT_3、VT_4 构成射极跟随器，R_1、R_2 为偏置电阻。输入级的输出为 VT_1、VT_2 的集电极。R_6 是差分放大电路的发射极负反馈电阻，引脚①、⑧开路时，负反馈最强，

外接旁路电容时，短路交流压降，负反馈最弱。在实际使用中，一般在引脚①、⑧之间外接阻容串联电路，如图7-12中的 R 和 C，调节 R 即可使集成功放电压放大倍数在 20～200 之间变化。

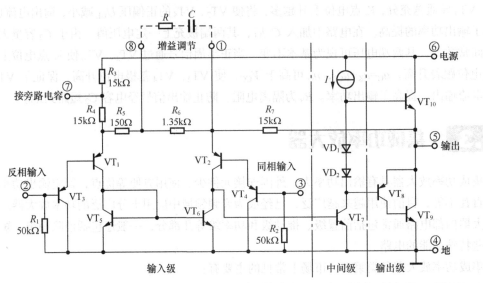

图 7-12　LM386 集成功放内部电路

中间级是本集成功放的主要增益级，恒流源（I）作为 VT_7 的集电极负载构成共发射极放大电路，作为中间驱动级。

输出级由 VT_8、VT_9 构成的 PNP 型复合管与 NPN 型三极管 VT_{10} 组成准互补对称功放电路，二极管 VD_1、VD_2 为 VT_8、VT_{10} 提供静态偏置，以防止 VT_9、VT_{10} 交越失真。R_7 从输出连接到输入端，与 R_5、R_6 组成反馈网络，形成电压串联交直流负反馈，起到稳定静态工作点，减小失真的作用。

3. 典型应用

图 7-13 所示为 LM386 集成功率的典型应用电路，其他应用可参考器件使用手册。图 7-13 中电阻 R、C 构成负反馈，通过调节 R 的大小来调节电压放大倍数。若 $R=1.2kΩ$，$C=10μF$，则电压放大倍数为 50。R_1、C_1 构成频率补偿电路，用以抵消扬声器音圈电感在高频时产生的影响，改善高频特性和防止高频自激。引脚 7 与地之间外接电解电容 C_E，与 LM386 内部电阻 R_3 组成直流电源去耦电路。

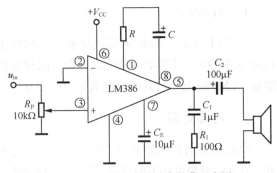

图 7-13　LM386 集成功率的典型应用

7.3.2　集成功放 TDA2030A 及其应用

TDA2030A 集成功放内部有独特的短路保护系统，可以自动限制功耗，从而保证输出级三极管始终处于安全区域；此外，内部还设置了过热关机等保护电路，使集成电路具有较高的可靠性，能适应长时间连续工作，由于其金属外壳与负电源引脚相连，因而在单电源使用时，金属外壳可直接固定在散热片上并与地线（金属机箱）相接，无需绝缘，使用很方便。采用单排 5 脚封装，引脚排列如图 7-14 所示。TDA2030A 音质较好，适用于高保真立体声扩音装置中。

图 7-15 所示电路是 TDA2030A 构成的 OCL 典型应用电路。双电源供电，输入信号 u_i 由同相端输入，R_1、R_2、C_2 构成交流电压串联负反馈，因此，闭环电压放大倍数为 $A_{uf}=1+R_1/R_2=33.4$。为了保持两输入端直流电阻平衡，使输入级偏置电流相等，选择 $R_3=R_1$。二极管 VD_1、VD_2 起保护作用，用来泄放 R_L 产生的感生电压，将输出端的最大电压钳位在（$V_{CC}+0.7V$）和（$-V_{CC}-0.7V$）上。C_3、C_4 为去耦电容，以防止电源引线太长时造成放大器低频自激。C_1、C_2 为耦合电容。

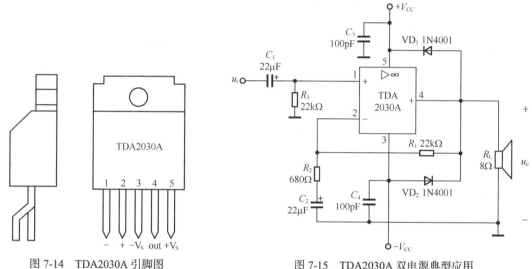

图 7-14　TDA2030A 引脚图　　　　图 7-15　TDA2030A 双电源典型应用

在仅有一组电源供电的中、小型的音响系统中，可采用如图 7-16 所示的单电源连接方式。同相输入端用电阻 R_1、R_2 进行分压，使 K 点电位为 $V_{CC}/2$，经大电阻 R_3 送入同相输入端，为其提供直流偏置。在静态时，同相输入端、反向输入端和输出端皆为 $V_{CC}/2$。其他元器件作用与双电源电路相同，电压放大倍数为 $A_{uf}=1+R_4/R_5=32.9$。

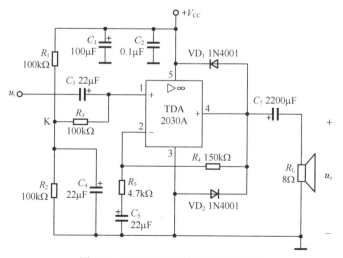

图 7-16　TDA2030A 单电源典型应用

选择集成功率放大器时，首先应注意芯片的输出功率、供电类型、供电电压范围及典型供电电压值。其次考虑的因素有放大倍数、效率高低，还要考虑芯片总谐波失真、频率特性、输入阻抗和负载电阻等参数。最后还要考虑外围电路的复杂程度。

7.4 功率管的散热

由于功率放大电路有一部分的功率损耗在三极管的集电结上，使得三极管的结温和管壳温度升高。当温度超过三极管规定允许的结温时，管子就会过热而不能正常工作，甚至烧坏。因此，要想在允许的管耗上获得足够的输出功率，就必须很好地解决功率管的散热问题。

晶体管内部的 PN 结（主要是集电结）的结温 T_j 超过允许数值 T_{jM}，使集电极电流急剧增大而烧毁管子，这种现象称为"热致击穿"或"热崩"。耗散功率为结温在允许值时的集电极电流与管压降之积。管子的功耗越大，结温也就越高。硅管的允许结温值为 120℃ ~ 180℃，锗管允许结温为 85℃左右。因此，改善功率管的散热条件，可以在一定的结温下提高集电极最大耗散功率，实现提高输出功率的目的。

1. 热阻

热在物体内部传导时所受到的阻力，称为热阻（heat resistance）。当功率管集电结消耗功率时，集电结结温升高，热量将从管芯向外传递。假设结温为 T_j，环境温度为 T_a，则两者温差 ΔT_j 与集电结耗散功率 P_C 成正比，比例系数称为热阻 R_{th}。

$$\Delta T = T_j - T_a = P_C R_{th} \quad （℃/W）\tag{7-15}$$

如果集电极耗散功率增大到最大允许功耗 P_{CM}，则结温也达到最大允许值 T_{jM}。它们之间的关系为

$$\Delta T_{jM} = T_{jM} - T_a = P_{CM} R_{th}$$

$$P_{CM} = \frac{T_{jM} - T_a}{R_{th}}\tag{7-16}$$

热阻 R_{th} 为集电极耗散单位功率使功率管结温升高的度数。可见 R_{th} 越小越好，表示在相同的温差下，允许的集电极功耗 P_C 越大，管子的散热能力越强。因此，热阻是衡量功率管散热能力的一个重要参数。

手册中给出的 P_{CM} 是装有指定尺寸的散热器并规定 T_a 为 25℃时的数值。如果散热条件不变，环境温度 T_a 高于 25℃时，其最大允许耗散功率将减小为

$$P_{CM}(T_a) = P_{CM}(25℃) \frac{T_{jM} - T_a}{T_{jM} - 25℃}\tag{7-17}$$

2. 热阻的估算

因集电结耗散功率 P_C 引起结温升高至 T_j 而产生的热量，首先由集电结传导至管壳，使管壳温度升到 T_c，其热阻为 $R_{(th)jc}$，然后由管壳以辐射和对流的形式将热量散发到环境温度为 T_a 的环境 A 中，其热阻为 $R_{(th)ca}$。要想使散热过程能顺利进行，需满足条件：$T_j > T_c > T_a$。

（1）无散热器

单靠管壳散热的热传输时，其总热阻为

$$R_{th} = R_{(th)jc} + R_{(th)ca}\tag{7-18}$$

式中：$R_{(th)jc}$ 为从集电结到管壳的热阻，它取决于管子的结构和材料；$R_{(th)ca}$ 为从管壳散热到周围空气中的热阻，它主要取决于管壳外形尺寸和材料。两者可从器件手册中查出。

（2）装散热器

功率管依靠管壳散热的效果有限，通常在功率管上加装散热器帮助散热，这样结温向环境散热的途径从集电结到管壳，管壳到散热片，最后由散热片到周围空气中。

装散热器后散热途径：

① 经管壳→空气（环境），热阻为 $R_{(th)ca}$；

② 经管壳→散热器→空气（环境），热阻为 $R_{(th)cs}+R_{(th)sa}$；

①②两路热阻并联，且 $R_{(th)cs} + R_{(th)sa} \ll R_{(th)ca}$，$R_{(th)ca}$ 忽略不计，装散热器后的总热阻为

$$R_{th} = R_{(th)jc} + R_{(th)cs} + R_{(th)sa} \tag{7-19}$$

式（7-19）中，$R_{(th)cs}$ 为界面热阻，是从晶体管管壳到散热器的热阻。其大小主要由两方面的因素决定：一因素是功率管和散热器之间是否垫绝缘片，一般使用绝缘片以避免短路；另一因素是二者之间的接触面积和紧固程度。一般 $R_{(th)cs}=0.1 \sim 3℃/W$，$R_{(th)sa}$ 为散热器热阻，完全由散热器自身决定，主要取决于散热器的表面积、厚度、材料的性质、颜色、形状和安置方式。散热器一般由导热性能良好的金属铝制成，并保证散热片和管壳良好接触，采用导热硅脂作为导热、绝缘的热传递介质。散热器面积越大，热阻就越小；散热器经氧化处理涂黑后，可使其热辐射加强，热阻也可减小；因垂直放置空气对流好，所以垂直放置比水平放置的热阻小。水平放置和垂直放置铝平板散热器的热阻 $R_{(th)sa}$ 和它的表面积关系如图 7-17 所示，其中 d 为厚度。

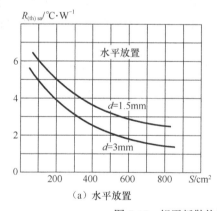

（a）水平放置

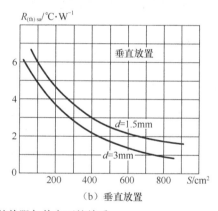

（b）垂直放置

图 7-17　铝平板散热器的热阻与其表面的关系

可见散热器热阻 $R_{(th)sa}$ 与散热片大小、厚薄和安装方式等都有关系，可以按表 7-1 进行粗略估算。

表 7-1　　　　　　　　　　　　　　　　散热器面积和热阻的估算

散热器面积/cm²	100	200	300	400	500	600 以上
$R_{(th)sa}$/℃·W⁻¹	4.5 ~ 6	3.5 ~ 4.5	3 ~ 3.5	2.5 ~ 3	2 ~ 2.5	1.5 ~ 2.5

如大功率管 3AD50，手册中规定的最高运行结温 $T_{jM}=85℃$，在不加散热器（Heat Sink）时，极限功耗 $P_{CM}=1W$，如果采用技术手册中规定尺寸（120mm×120mm×4mm）的散热板进行散热，极限功耗可提高到 $P_{CM}=10W$。因此常用的散热方式有加装散热器和风扇两种方式，图 7-18 所示为几种常用散热器。

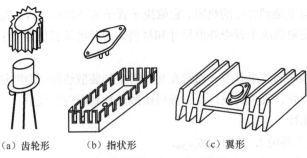

（a）齿轮形　　　　　（b）指状形　　　　　（c）翼形

图 7-18　散热器的几种形状图

【例 7-4】 当环境温度 T_a=25℃，国产低频大功率管 3AD1 参数为 T_{jM}=85℃，$R_{(th)jc}$=3.5℃/W，使用面积为 150mm×150mm×3mm 的散热器，求其允许耗散功率。

解： 根据散热器面积，查表 7-1 取 $R_{(th)sa}$=3.5℃/W。

考虑不用垫绝缘片，而且管壳和散热片保证有良好接触，则在理想情况下，$R_{(th)cs}$=0.5℃/W。

根据式（7-19）可得

$$R_{th} = R_{(th)jc} + R_{(th)cs} + R_{(th)sa} = 3.5 + 0.5 + 3.5 = 7.5 \ （℃/W）$$

再由式（7-16）得

$$P_{CM} = \frac{T_{jM} - T_a}{R_{th}} = \frac{85 - 25}{7.5} = 8(W)$$

从以上的计算可以看出，如果环境温度高于 25℃，则允许的管耗将要小于 8W。同样，如果散热器面积减小，则允许的管耗也将小于 8W；不加散热器，允许的管耗为 1W。在极端的情况下，如果环境温度等于允许结温 85℃，则散热片将失去作用，以致略有管耗就会过热，在这种情况下允许的管耗下降为零。

【例 7-5】 一个输出功率为 50W 的乙类功率放大器，两只晶体管选用 3AD30C。考虑环境温度最高 T_a=40℃，若采用垂直放置的铝平板散热器，设界面热阻 $R_{(th)cs}$=0.5℃/W，问散热面积应为多大。

解： 首先计算功率管管耗，然后再计算散热面积。

每只功率管的最大管耗为

$$P_{CM}=0.2P_{om}=0.2×50=10 \ （W）$$

从晶体管手册中查得 3AD30 的 T_{jM}=85℃，$R_{(th)jc}$=1℃/W，P_{CM}=20W。由于 P_{CM} 是 T_a=25℃时的数值，当环境温度 T_a=40℃时，利用式（7-17），最大允许功耗将下降为

$$P_{CM}(40℃) = P_{CM}(25℃)\frac{T_{jM} - 40}{T_{jM} - 25} = 20 × \frac{85 - 40}{85 - 25} = 15 \ （W）$$

因 $P_{CM}(40℃)$>P_{CM}=10W，故晶体管在 T_a=40℃时仍符合电路要求。

由式（7-16）可得，所需要的总热阻

$$R_{th} = \frac{T_{jM} - T_a}{P_{CM}} = \frac{85 - 40}{10} = 4.5 \ （℃/W）$$

管子本身的热阻 $R_{(th)jc}$=1℃/W，管壳与散热器热阻 $R_{(th)cs}$=0.5℃/W，再由式（7-19）可求出所需散热器的热阻

$$R_{(th)sa}=R_{th}-R_{(th)jc}-R_{(th)cs}=4.5-1-0.5=3 \ （℃/W）$$

若采用垂直放置的铝平板散热器，利用图 7-17 中 $R_{(th)sa}$-S 关系曲线，查得 $R_{(th)sa}$=3℃/W 时

对应散热器为：厚度 d=3mm 时，散热面积 S=270cm^2；厚度 d=1.5mm 时，散热器面积应选 400cm^2。如果采用翼状散热器，也可以根据 $R_{(th)sa}$ 查相关曲线或图表来确定其型号。

　　功率放大电路在工作过程中，如果功率管的散热器（或无散热器时的管壳）上的温度较高，感觉烫手，易引起功率管的损坏，这时应立即分析检查。如果属于原来正常使用的功放电路，功率管突然发热，应检查和排除电路中的故障；如果属于新设计功放电路，在调试时功率管有发烫现象，这时除了需要调整电路参数或排除故障外，还应检查设计是否合理、管子选型和散热条件是否存在问题。

单元任务 7　实用扩音器制作

　　1．知识目标

（1）掌握集成功率放大电路结构和特点。

（2）掌握集成功率放大电路的主要性能指标及测量方法。

　　2．能力目标

（1）查询了解集成功放的特性和使用方法。

（2）掌握直流功放主要参数测试方法。

（3）掌握学习资料的查询能力。

　　3．素质目标

（1）养成严肃、认真的科学态度和良好的自主学习方法。

（2）培养严谨的科学思维习惯和规范的操作意识。

（3）养成独立分析问题和解决问题的能力，以及相互协作的团队精神。

（4）能综合运用所学知识和技能独立解决实训中遇到的实际问题，具有一定的归纳、总结能力。

（5）具有一定的创新意识，锻炼自学、表达、获取信息等方面的能力。

实用扩音器的制作

　　1．信息

　　图 7-19 所示电路，电源电压 V_{CC}=9V，负载 R_L=8Ω，试根据理论知识计算电源提供功率、输出功率、功率管的功率损耗和效率 η。并根据计算结果选择三极管的极限参数。查询三极管 8050、8550 的极限参数是否符合要求，填入自制表中。

　　2．决策

　　在图 7-19 电路中，若 V_{CC}=9V，R_L=8Ω，焊接好电路后，按以下步骤进行测试。

　　（1）调节 R_{p1} 使输出 u_O=4.5V，再调节 R_{p2} 使电源电流 $I_V = 5 \sim 8\text{mA}$，反复调节达到要求（R_{p1}=47kΩ，R_{p2}=130Ω）。

　　（2）在上一步的基础上，改变 u_{ip-p}=100mV，f_i=1kHz，用示波器观察输入 u_i、输出 u_o 波形，并记录波形。分析输出波形是否出现失真。

　　（3）在上一步的基础上，改变 u_i 电压幅值，用示波器测试输出最大不失真电压 u_o 幅值。记录测量结果 $P_o = \dfrac{1}{2} \cdot \dfrac{U_{om}^2}{R_L} = $ _____。

（4）保持上一步的测试结果，用万用表测试电源提供的平均直流电流 $I_{CAV}=$ _____，计算电源提供的功率 $P_V=$ _____，管耗 $P_T=P_V-P_o=$ _____，效率 $\eta=P_o/P_V \times 100\%=$ _____%。

3. 计划

（1）所需仪器仪表：万用表、示波器、信号发生器、电烙铁等。

（2）所需元器件参数按图 7-19 中所标进行准备、电路板、锡丝、导线等。

4. 实施

（1）领取元器件及耗材，在电路板上焊接电路。

（2）正确连接电路，注意布线的合理性、三极管极性和引脚的排列、信号的连接方式。

（3）根据决策测试电路，记录实验数据。

5. 检查

检查焊接质量，有无错接、漏焊、连焊、虚焊等现象，电源接线有无短路等。整理实验数据，分析测量结果。

6. 评价

在完成上述设计与制作过程的基础上，撰写实训报告，并在小组内进行自我评价、组员评价，最后由教师给出评价，3 个评价相结合作为本次工作任务完成情况的综合评价。

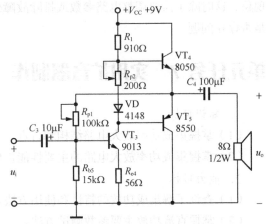

图 7-19　甲乙类单电源准互补对称功率放大电路

单元小结

功率放大电路研究的重点是如何在不失真的情况下，尽量提高输出功率和效率。功率放大电路的特点是信号的电压和电流的动态范围大，是在大信号下工作的，小信号的分析方法已不再适用，功率放大电路一般采用图解法进行分析。

甲类功放电路的效率低，不适合做功放电路。与甲类功率放大电路相比，乙类互补对称功率放大电路的主要优点是效率高，在理想情况下最大效率约为 78.5%。为保证晶体管安全工作，双电源互补对称电路工作在乙类时，器件的极限参数应满足 $P_{CM}>P_{T(max)} \approx 0.2P_{o(max)}$，$I_{CM}>V_{CC}/R_L$，$U_{(BR)CEO}>2V_{CC}$，并留有一定裕量。

由于工作在乙类的互补对称电路会出现交越失真，克服交越失真的方法是采用甲乙类互补对称电路。通常可利用二极管或三极管 U_{BE} 提供偏置电压。甲乙类互补对称功率放大电路在计算时应分清楚输出功率、效率、最大输出功率、最大效率的区别。在计算单电源供电的甲乙类互补推挽功率放大电路（OTL）的性能指标时，可以利用双电源乙类互补推挽功放电路（OCL）的公式，但要用 $V_{CC}/2$ 代替原公式的 V_{CC}。

集成功放因具有体积小、外围电路简单、安装调试方便等优点而获得广泛应用。集成功放是从集成运放发展而来的，它的内部电路组成如同集成运放，不过集成功放的输出级输出功率大、效率高。另外，为了保证器件在大功率状态下安全可靠工作，集成功放中还设有过流、过压及过热等保护电路。集成功率放大电路在使用时按其典型应用电路接线即可。

为了保证器件的安全运行，要求配置一定面积的散热器，并注意器件和散热器的绝缘和导热。

自测题

一、填空题

（1）甲类放大电路是指功率管的导通角等于_____，乙类放大电路的功率管的导通角等于_____，甲乙类放大电路的功率管导通角_____。

（2）功率放大电路的转换效率是指_____之比。

（3）若采用乙类双电源互补对称功率放大（OCL）电路，要求最大输出功率为10W，则每只功率三极管的最大允许管耗 P_{CM} 至少应大于_____W。

（4）乙类互补功放存在_____失真，可以利用_____类互补功放来消除。

二、选择题

（1）功放电路的最大输出功率是指在输入电压为正弦波时，输出基本不失真情况下，负载上可能获得的最大_____。

    A. 交流功率   B. 直流功率   C. 平均功率

（2）功率放大电路的转化效率是_____。

    A. 输出功率与三极管所消耗的功率之比

    B. 最大输出功率与电源提供的平均功率之比

    C. 三极管所消耗的功率与电源提供的平均功率之比

三、判断题

（1）在功率放大电路中，输出功率越大，功率管的管耗越大。   （　　）

（2）功率放大电路的最大输出功率是指在基本不失真情况下，负载上可能获得的最大交流功率。   （　　）

（3）当OCL电路的最大输出功率为1.5W时，功率管的集电极最大耗散功率大于1.5W。

    （　　）

（4）功率放大电路与电压放大电路的共同点是：

① 都使输出电压大于输入电压；   （　　）

② 都使输出电流大于输入电流；   （　　）

③ 都使输出功率大于信号源提供的输入功率。   （　　）

（5）功率放大电路与电压放大电路的区别是：

① 前者比后者电源电压高；   （　　）

② 前者比后者电压放大倍数数值大；   （　　）

③ 前者比后者效率高；   （　　）

④在电源电压相同的情况下，前者比后者的最大不失真输出电压大。   （　　）

（6）功率放大电路与电流放大电路的区别是：

① 前者比后者电流放大倍数大；   （　　）

② 前者比后者效率高；   （　　）

③ 在电源电压相同的情况下，前者比后者的输出功率大。   （　　）

（7）功率放大器的主要任务就是向负载提供足够大的不失真的功率信号。   （　　）

习题

7.1 所谓甲类、乙类、甲乙类电路，是如何划分的？它们各自的特点是什么？

7.2 与甲类功率放大电路相比，乙类互补对称功率放大电路的主要优点是什么？两者哪一类放大电路效率高？

7.3 乙类互补对称功率放大电路的最大理想效率可达多少？

7.4 由于功放电路中的晶体管常处于接近极限的工作状态，因此，在选择晶体管时必须特别注意哪些参数？

7.5 乙类互补对称功率放大电路产生交越失真的原因何在？如何改善？

7.6 交越失真与截止失真相同吗？

7.7 一双电源功放电路如图 7-20 所示，已知 V_{CC}=12V，R_L=10，u_i 为正弦波，求：

（1）在 $V_{CES} \approx 0$ 的情况下，负载上可以得到的最大输出功率 P_{om} 是多少？

（2）每个功率管的管耗 P_{cm} 至少应该为多少？

（3）每个功率管的耐压$|U_{(BR)CEO}|$至少应该为多少？

7.8 某单电源功放电路如图 7-21 所示，设输入信号 u_i 为正弦波，R_L=8Ω，管子的饱和压降 U_{CES} 可忽略不计。试求最大不失真输出功率 P_{om}(不考虑交越失真)为 9W 时，电源电压 V_{CC} 至少应为多少。

7.9 某单电源功放电路如图 7-21 所示，设 V_{CC}=9V，R_L=8Ω，电容 C 的容量足够大，输入信号 U_I 为正弦波，功率管的饱和压降 U_{CES} 可忽略不计。试求最大不失真输出功率。

7.10 如图 7-22 所示的电路中，已知 V_{CC}=12V，R_L=4Ω，VT_1 和 VT_2 管的饱和压降$|U_{CES}|$=2V，输入电压足够大，试求：

（1）最大输出功率 P_{om} 和效率 η 为多少？

（2）三极管的最大功耗 P_{Tmax} 为多少？

（3）为了使输出功率达到 P_{om}，输入电压的有效值约为多少？

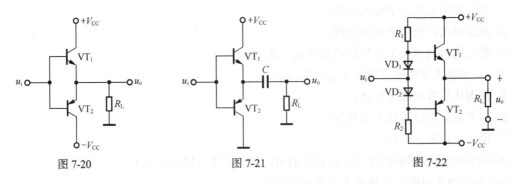

图 7-20　　　　　　　　图 7-21　　　　　　　　图 7-22

7.11 OTL 电路如图 7-23 所示。

（1）为了使最大不失真输出电压幅值最大，静态时 VT_2 和 VT_4 管的发射极电位应为多少？若不合适，则一般应调节哪个元件参数？

（2）若 VT_2 和 VT_4 管的饱和管压降$|U_{CES}|$=2V，输入电压足够大，则电路的最大输出功率 P_{om} 和效率 η 各为多少？

（3）VT$_2$ 和 VT$_4$ 管的 I_{CM}、$|U_{(BR)CEO}|$ 和每个功率管的管耗 P_{cm} 应如何选择？

7.12 图 7-24 所示电路中 VT$_1$ 和 VT$_2$ 管的饱和管压降$|U_{CES}|$=2V，导通时的$|U_{BE}|$=0.7V，输入电压足够大。

（1）A、B、C、D 点的静态电位各为多少？

（2）为了保证 VT$_2$ 和 VT$_4$ 管工作在放大状态，若其管压降$|U_{CES}|$=3V，电路的最大输出功率 P_{om} 和效率 η 各为多少？

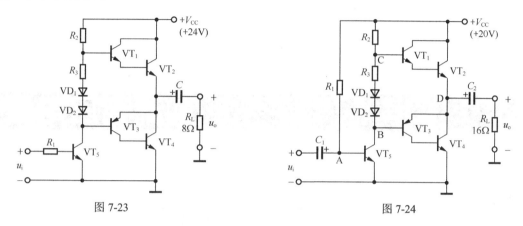

图 7-23 　　　　　　　　　　　　　　　　　图 7-24

7.13 TDA2030 集成功放的一种应用电路如图 7-25 所示，假定其输出级三极管的饱和压降 $|U_{CES}|$忽略不计，u_i 为正弦电压。

（1）指出该电路属于 OTL 还是 OCL 电路？

（2）求理想情况下最大输出功率 P_{om} 和效率 η。

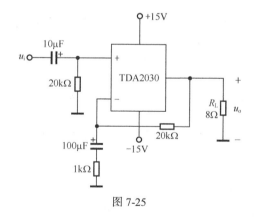

图 7-25

学习单元 **8**

直流稳压电源

教学导航

单元任务	直流稳压电源制作
建议学时	9 学时
完成单元任务 所需知识	1. 直流稳压电源的组成及其各部分的作用。 2. 硅稳压二极管稳压电路。 3. 串联型直流稳压电路和三端集成稳压器构成的稳压电源。 4. 开关型稳压电源及稳压电源的主要参数
知识重点	各种稳压电路的工作原理、特性和主要参数的分析、计算，包括硅稳压二极管电路、串联型稳压电路和开关型稳压电路
知识难点	串联型稳压电路的工作原理和分析计算；三端集成稳压器使用方法；开关型稳压电源的工作原理
职业技能训练	1. 能读懂、识别各种稳压电路并能进行基本参数测试。 2. 能辨别集成稳压器的型号。 3. 能利用网络查找器件的资料，并能读懂引脚功能。 4. 能阅读简单的英文技术资料，理解器件的参数含义。 5. 能对器件的功能进行测试和判断。 6. 培养团队精神
推荐教学方法	任务驱动——教、学、做一体教学方法：从单元任务出发，通过课程听讲、教师引导、小组学习讨论、实际电路焊接、测试，完成并掌握单元任务所需知识点和相应的技能

8.1 概述

1. 直流电源的作用和要求

在各种电子电路工作时，都需要配备直流电源提供能量，电池一般只用于低功耗便携式的仪器设备中，而大部分电子仪器设备、计算机、家用电器都需要将交流电源变换为直流稳压电源，提供稳定性高的直流电源电压。

2. 直流稳压电源的组成

一般直流电源由电源变压器、整流电路、滤波电路、稳压电路 4 个部分组成，它的方框图如图 8-1 所示。

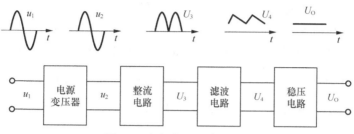

图 8-1　直流稳压电源的组成

电源变压器的目的是将交流电网电压 u_1 变换为适当的交流电压 u_2。整流电路的作用是将交流电压 u_2 变为脉动的直流电压 U_3。滤波电路的作用是将脉动直流电压 U_3 转变为平滑的直流电压 U_4。稳压电路的作用是为了清除电网波动及负载变化的影响，保持输出电压 U_O 的稳定。

其中稳压电路部分根据调整元件类型分为硅稳压二极管稳压电路、三极管稳压电路、晶闸管稳压电路、集成稳压电路等。根据调整元件和负载的连接方式不同，分为并联型稳压电路和串联型稳压电路。根据调整元件的工作状态不同，分为线性和开关型稳压电路。

8.2　硅稳压二极管稳压电路

1. 电路稳压原理

图 8-2 所示为硅稳压二极管构成的稳压电路，稳压二极管工作在反向击穿区域。电路构成的稳压过程如下。

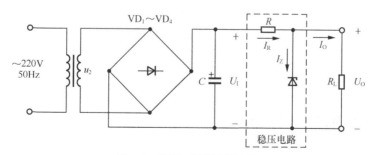

图 8-2　稳压二极管稳压电路

当电源电压不变，负载发生变化时，其输出电压应稳定。其稳压过程为：假设负载 R_L 减小，则立即引起输出电流 I_O 和电阻 R 上电流 I_R 增加，则电压 U_R 增加，使 U_O 减小，从而稳压二极管流过的电流 I_Z 随之减小，使 I_R 和 U_R 减小，因此 U_O 回升，从而输出电压 U_O 趋于稳定。其稳压过程是将 ΔI_O 的增加量等值转为 ΔI_Z 的减小量，使 I_R 和 U_R 基本维持不变。因此，空载时 I_O 全部转移到 I_Z

上，故 ΔI_O 变化的范围为 $I_Z \sim I_{ZM}$，一般为几十毫安。因此稳压二极管构成的稳压电源负载变化不大。

当负载不变，电源电压波动时，其输出电压也应稳定。其稳压过程为：假设电源电压升高，则电路中直流电压 U_I 随着增加，立即引起 U_O 升高，则导致 I_Z 增大很多。从而电阻 R 上的电流 I_R 也增大，因此电压 U_R 增大，U_O 减小，从而趋于稳定。

2. 参数计算

选取稳压二极管时，主要依据参数 U_Z 和 I_{ZM}。而稳压二极管的稳定电压根据负载电压要求选取，$U_Z = U_O$。若稳压值不够，可多个串联使用。为了保证负载开路时，稳压管不会因电流过大而烧毁，最大稳定电流 I_{ZM} 应取负载最大电流 I_{OM} 的 2～3 倍，即 $I_{ZM}=(2\sim3)I_{OM}$。

在图 8-2 所示电路中，$I_Z = \dfrac{U_I - U_O}{R} - I_O$。$U_I$ 随电网电压允许 ±10% 变化，因此，当输入电压最大，负载电流最小时，流过稳压二极管的电流最大，但要小于 I_{ZM}，有

$$I_{ZM} \geqslant \frac{U_{I\max} - U_O}{R_{\min}} - I_{O\min}，\quad 即$$

$$R_{\min} \geqslant \frac{U_{I\max} - U_O}{I_{ZM} + I_{O\min}} \tag{8-1}$$

同样，当输入电压最小，负载电流最大时，流过稳压二极管的电流最小，该数值应大于稳定电流 I_Z。有

$$I_Z \leqslant \frac{U_{I\min} - U_O}{R_{\max}} - I_{O\max}，\quad 即$$

$$R_{\max} \leqslant \frac{U_{I\min} - U_O}{I_Z + I_{O\max}} \tag{8-2}$$

【例 8-1】图 8-2 所示电路，稳压二极管的稳定电压 $U_Z=9V$，$I_Z=5mA$，最大电流 $I_{ZM}=40mA$；输出电流 I_O 的变化范围为 0～20mA；输入电压 $U_I=22V$，当电网电压波动为 10%时，求限流电阻 R 的取值范围。

解： 根据式（8-1）和式（8-2）有

$$R \geqslant \frac{U_{I\max} - U_O}{I_{ZM} + I_{O\min}} = \frac{1.1 \times 22 - 9}{40 \times 10^{-3}} = 380(\Omega)$$

$$R \leqslant \frac{U_{I\min} - U_O}{I_Z + I_{O\max}} = \frac{0.9 \times 22 - 9}{(5+20) \times 10^{-3}} = 432(\Omega)$$

故 $432\Omega \geqslant R \geqslant 380\Omega$。

8.3 串联型稳压电路

1. 电路工作原理

串联型稳压电路的基本结构如图 8-3 所示，电路由基准电压电路、取样电路、比较放大电路和调整电路 4 部分组成。电路中负载与调整管 VT 串联，所以称为串联型稳压电路。调整管 VT 的作用是向负载提供电流和调整 U_I 与 U_O 之间的差值。

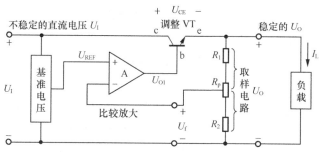

图 8-3　串联型稳压电路基本结构图

如图 8-4 所示稳压电路，由 R_1、R_2、R_p 构成的取样电路取得输出电压分量 U_F 反馈到比较放大电路的反相输入端。同时又构成集成运放的反馈网络，形成深度电压负反馈。由 R_Z、VD_Z 构成的基准电压 U_Z 与取样电压 U_F 进行比较，再由集成运放构成的放大电路进行比较放大后，去控制调整管 VT 的电压 U_{CE} 大小，从而达到稳压的目的。其稳压过程如下。

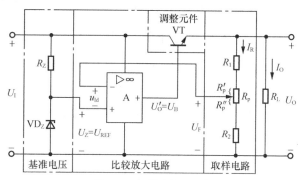

图 8-4　串联型稳压电路

当电源电压波动时，假设电源升高，立即引起输出电压 U_O 的增加，经取样分压的 U_F 也增大，其与基准电压 U_{REF} 进行比较，使净输入 u_{Id} 减小，放大后输出 U'_O 减小，从而使三极管的电流 I_C 减小，U_{CE} 增加。从而 $U_O (= U_I - U_{CE})$ 减小，趋于稳定。

2. 电压调节范围

由于集成运放构成的比较放大电路引入了深度负反馈，三极管 VT 是射极跟随器接法。根据虚短有

$$U_F = U_Z = U_{REF}$$

根据虚断 $I_-=0$，故 $U_O = \dfrac{R_1 + R_p + R_2}{R_2 + R''_p} U_F = \dfrac{R_1 + R_p + R_2}{R_2 + R''_p} U_{REF}$

当调节 R_p 的抽头至最上端时，输出电压最小 $U_{Omin} = \dfrac{R_1 + R_p + R_2}{R_2 + R_p} U_{REF}$。

当调节 R_p 的抽头至最下端时，输出电压最大 $U_{Omax} = \dfrac{R_1 + R_p + R_2}{R_2} U_{REF}$。

调节取样电路中的电位器 R_p 即可改变输出直流电压 U_O 的大小。电压调节范围为

$$\dfrac{R_1 + R_p + R_2}{R_2 + R_p} U_{REF} \leqslant U_O \leqslant \dfrac{R_1 + R_p + R_2}{R_2} U_{REF}。$$

3. 参数选择

对参数的选择以例题的形式进行说明。

【例 8-2】 如图 8-4 所示的电路中，已知 $U_I=20V$，$U_{REF}=5V$，$R_1 = R_2 = R_p = 2k\Omega$，调整管 VT 的 $\beta=200$，集成运放为理想的，其最大输出电流为 1mA。求最大输出电流、调整管最大集电极功耗 P_{Cmax}；一般要求 $U_{CE} \geqslant 3V$，试求 U_I 应大于多少。

解： 根据题目已知，集成运放输出电流即为调整管基极电流，故

$$I_{Omax} = \beta \times 1mA = 0.20A$$

输出电压 U_O 调节范围为

$$7.5V \leqslant U_O \leqslant 15V$$

故

$$P_{Cmax} = U_{CEmax} \times I_{Omax} = (U_I - U_{Omin}) \times I_{Omax} = (20-7.5) \times 0.20 = 2.5(W)$$

$$U_I \geqslant U_{Omax} + U_{CEmin} = 15+3 = 18(V)$$

基准电压所构成的参考源一般选用击穿电压十分稳定,电压温度系数经过补偿的稳压二极管。典型的参考源（基准源）有 TL431、MAX676、LM3999、MC1403、LM136/236/336 等。

4. 稳压电路的保护环节

串联型稳压电源的内阻很小,如果输出端短路,则输出短路电流很大。同时输入电压将全部降落在调整管上,使调整管的功耗大大增加,调整管将因超过损耗发热而损坏,为此必须对稳压电源进行短路保护。同时过载也会造成损坏。增加的保护环节在电路正常工作情况下,对稳压电路基本上没有影响,只有当发生过载或输出短路时,输出电流超过规定的最大额定值 I_{OM} 时,要求保护环节立即发生作用,达到限制或减少输出电流来保护调整管。

常见的保护方法有反馈保护型和温度保护型两种。反馈保护型又分为限流型和截流型两类。温度保护型是利用集成电路制造工艺,在调整管旁制作 PN 结温度传感器。当温度超标时,保护电路工作。以下针对反馈保护电路进行介绍。

（1）限流型保护电路

限流型是在发生短路或过载时,通过电路中取样电阻的反馈作用,使输出电流限制在某一数值,输出电压也随之降低。图 8-5（a）所示为限流型保护电路,由取样电阻 R_S 和保护管 VT_S 组成,未过流（负载电流 I_O 小于 I_{OM}）时,电阻 R_S 上电压 U_{R_S} 小于 VT_S 管 b、e 极的阈值电压 U_{th},从而 VT_S 截止,不影响稳压电路的正常工作。当过流（I_O 大于 I_{OM}）时,U_{R_S} 增加大于阈值电压 U_{th},VT_S 管导通,则 VT_S 管集电极电流 I_{CS} 对三极管 VT 的基极电流 I_B 进行分流,I_B 的减小,限制了 I_O 的增大。I_O 越大,VT_S 管的导通程度越大,对调整管 VT 的分流作用越强。即便输出短路,电流 I_O 也不会太大。图 8-5（b）所示为稳压电路引入限流保护的输出特性,可以看出限流保护起作用后,三极管 VT 仍有较大的输出电流,因此调整管 VT 仍承受较大的功耗,故此类保护电路不适用于大功率电路。

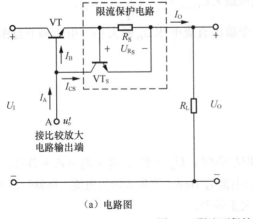

（a）电路图

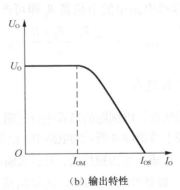

（b）输出特性

图 8-5　限流型保护电路

（2）截流型保护电路

截流型保护电路克服限流型保护电路的缺点，在发生短路或过载时，通过保护电路使三极管 VT 流过电流迅速减小到接近于零的较小数值，从而限制了短路电流，三极管 VT 功耗大为减小，截流型保护电路如图 8-6（a）所示。由电阻 R_1、R_2、取样电阻 R_S 和保护管 VT_S 组成，VT_S 管 b、e 极电压为

$$U_{BES} = -U_{R_1} + I_O R_S \tag{8-3}$$

未过流（负载电流 I_O 小于 I_{OM}）时，U_{BES} 小于 VT_S 管阈值电压 U_{th}，VT_S 管截止。当过流时，U_{BES} 增加，大于 VT_S 管 U_{th}，VT_S 管导通，I_{CS} 增大，三极管 VT 基极电流 I_B 被 I_{CS} 分流。I_B 减小，依次有 I_O 减小（U_{CE} 增大），U_O 减小，U_{R_1} 减小。根据式（8-3）可知，如果 U_{R_1} 的减小量大于 $I_O R_S$ 的减小量，则 U_{BES} 增大，I_{CS} 增大，形成正反馈，从而导致输出电压接近于零和输出电流为 I_{OS}，实现截流。其输出特性如图 8-6（b）所示，可见这时调整管 VT 承受功耗很小，但三极管 VT 集电极电位仍很高。

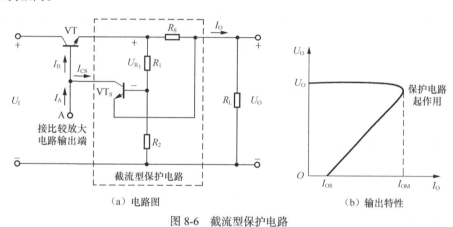

图 8-6　截流型保护电路

8.4　稳压电路的质量指标

稳压电路的技术指标分为特性指标、质量指标两大类。特性指标表明稳压电源工作特征的参数，例如，输入电压、输出电压、输出电流和输出电压调节范围等。质量指标是衡量稳压电源稳定性能状况的参数，如稳压系数、输出电阻、纹波电压及温度系数等，直接反映直流稳压电源的优劣。以下针对质量指标进行介绍。

由于稳压电路的输出电压 U_O 受输入电压（滤波后的输出电压）U_I、输出电流 I_o 和环境温度 T 的影响，即 $U_O=f(U_I, I_O, T)$，因此，输出电压 U_o 的变化量可表示为

$$\Delta U_O = \frac{\partial U_O}{\partial U_I}\Delta U_I + \frac{\partial U_O}{\partial I_O}\Delta I_O + \frac{\partial U_O}{\partial T}\Delta T$$

$$\Delta U_O = K_U \Delta U_I + R_O \Delta I_O + S_T \Delta T \tag{8-4}$$

1. 稳压系数（Coefficient of Voltage Stabilization）

式（8-4）中 K_U 称为输入调整因数，反映输入电压波动对输出电压的影响。实际上常用电压

调整率 S_u 表示，即输入电压的波动引起的输出电压的相对变化量。

$$S_u = \frac{1}{U_O} \frac{\Delta U_O}{\Delta U_I} \bigg|_{\Delta I_L=0, \Delta T=0} \times 100\%(\%/\mathrm{V}) \tag{8-5}$$

工程上常把电网电压波动±10%作为变化范围，所对应输出电压相对变化量的百分比作为衡量的指标。也常用稳压系数 S_γ 表示，即通过负载的电流 I_O 和环境温度 T 保持不变时，稳压电路输出电压的相对变化量与输入电压的相对变化量之比。即

$$S_\gamma = \frac{\Delta U_O / U_O}{\Delta U_I / U_I} \bigg|_{\Delta I_O=0, \Delta T=0} \tag{8-6}$$

式（8-6）中，U_I 为稳压电路输入直流电压，即整流滤波电路的输出电压。显然，S_γ 越小，稳压电路输出电压的稳定性越好，一般 S_γ 为 $10^{-2} \sim 10^{-4}$。

2. 输出电阻（Output Resistance）

当输入电压固定时，输出电压相对变化量与负载电流变化量之比，称为输出电阻，即

$$R_o = \frac{\Delta U_O}{\Delta I_O} \bigg|_{\Delta U_I=0, \Delta T=0} \tag{8-7}$$

R_o 的大小反映了当负载变动时，稳压电路保持输出电压稳定的能力。R_o 越小，表示它的稳定性能越好。

3. 温度系数（Temperature Coefficient）

$$S_T = \frac{\Delta U_O}{\Delta T} \bigg|_{\Delta U_I=0, \Delta I_O=0} \tag{8-8}$$

式（8-8）中，ΔU_O 为漂移电压，或称输出电压漂移（Output Voltage Drift）。S_T 越小，漂移越小，稳压电路受温度影响越小。从式（8-4）可看出，以上 3 个参数的系数越小，输出电压越稳定。

4. 负载调整特性（Load Regulation）

$$S_I = \frac{\Delta U_O / U_O}{\Delta I_O} \bigg|_{\Delta U_I=0} \times 100\% \tag{8-9}$$

负载调整特性为输入电压不变时输出电压的相对变化量与负载电流之比，反映了负载变化对输出电压稳定性的影响。

5. 最大纹波电压（Ripple Voltage）与纹波抑制比（Ripple Rejection Ratio）

叠加在输出电压上的波动分量称为最大纹波电压，常用其峰峰值 $U_{o\gamma \mathrm{P-P}}$ 来表示，一般为毫伏级。

纹波抑制比 S_R 表示，稳压电路输入纹波电压峰峰值 $U_{i\gamma \mathrm{P-P}}$ 与输出纹波电压峰峰值 $U_{o\gamma \mathrm{P-P}}$ 之比，用分贝表示，即

$$S_R = 20 \lg \frac{U_{i\gamma \mathrm{P-P}}}{U_{o\gamma \mathrm{P-P}}} \mathrm{dB} \tag{8-10}$$

二者均可用来衡量稳压电源纹波大小，但 S_R 引入输入端的交流纹波电压，对纹波的抑制具有可比性。

6. 提高稳压电源性能的措施

提高稳压电源性能的措施主要有以下几点。

（1）用集成运放做比较放大电路，以抑制零点漂移，提高稳压电源的温度稳定性。

（2）用辅助电源构成基准电压源电路来提高电源的稳压系数。

（3）用限流保护电路来防止调整管电流过大或电压过高超过管耗而损坏。

8.5 三端集成稳压器

8.5.1 电路结构和工作原理

将稳压电路的所有元器件集成在一个芯片上，构成集成稳压器，并有输入端、输出端和公共端 3 个引脚，因此称为三端集成稳压器。集成稳压器的种类很多，按调整管和负载的连接方式不同分为串联型和并联型；按输出电压类型可分为固定式和可调式。同时有正电压和负电压输出两类。其中小功率的稳压电源以串联型应用最为广泛。图 8-7 所示电路为三端串联型集成稳压器的电路结构图，与串联型稳压电路及工作原理基本一致。其中保护电路具有限流、过压和过热保护等作用。启动电路是在接通输入电压时，使调整管、放大电路和基准电压等建立起工作电流。当稳压电路正常工作时，启动电路保持断开。

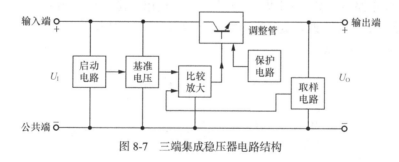

图 8-7 三端集成稳压器电路结构

8.5.2 三端固定式集成稳压器

1. 分类及外形

三端固定式集成稳压器有输出正电压的 7800 系列和输出负电压的 7900 系列。国标型号：CW78××、CW78M××、CW78L×× 和 CW79××、CW79M××、CW79L××，输出电压有 5、6、9、12、15、18、24V 7 种，三端固定式集成稳压器的型号组成及其意义如图 8-8 所示。如：CW7805 为国产三端固定式集成稳压器，输出电压为+5V，最大输出电流为 1.5A；装上足够大的散热器后，耗散功率可达 15W。

图 8-9 所示为三端式固定集成稳压器的外形图和引脚图，要注意的是，不同型号，不同封装的集成稳压器，它们 3 个电极的位置是不同的，使用时要查阅相关技术手册确定。

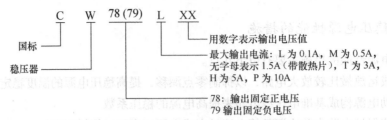

图 8-8　三端固定式集成稳压器型号组成及其意义

三端固定式集成稳压器使用时对输入电压有一定要求。若输入电压过低，在电网电压下降时稳压器不能正常稳压；输入电压过高时，会使集成稳压器内部击穿。因此一般要求：$U_O-U_I>(2\sim3)V$。

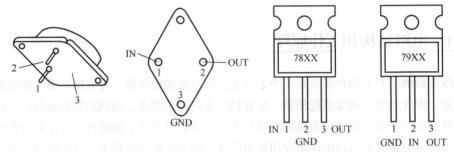

图 8-9　三端式固定集成稳压器的外形图和引脚图

2. 典型应用电路

图 8-10 所示电路为三端式固定集成稳压器的基本应用，其中 C_2 起到旁路高频干扰信号的作用，防止自激振荡；C_3 用来改善负载瞬态响应，防高频噪声。双电源电路的组成如图 8-11 所示，采用 7800 和 7900 系列构成。

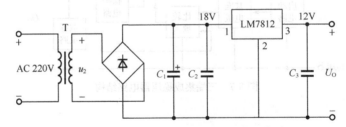

图 8-10　三端式固定集成稳压器的基本应用

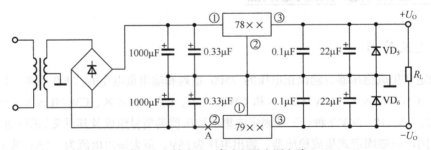

图 8-11　输出正、负电压的电源电路

【例 8-3】 利用 220V、50Hz 市电供电，试设计一固定输出的稳压电源。其性能指标为：$U_O=9V$，$I_{Omax}=500mA$，$\Delta U_{OP-P}\leq6mV$，$S_\gamma\leq2.5\times10^{-3}$。

解：选用稳压电源电路如图 8-12 所示。

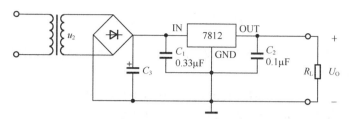

图 8-12　例 8-2 稳压电源电路

（1）选集成稳压器

查手册，选择三端固定式稳压器 LM7809，其输出电压 U_O=8.65～9.35V，I_{Omax}=1.0A，最小输入电压 U_{Imin}=11V，最大输入电压 U_{Imax}=35V，均能满足电路要求。

（2）电源变压器选择

LM7809 的输入电压范围为 11V<U_I<35V，取 U_I=15V。本电路采用桥式整流电容滤波电路，电源变压器二次侧电压有效值为

$$U_2 \geq \frac{U_I}{1.1 \sim 1.2} \geq 12.5V$$

根据学习单元 1 可知，I_2=(1.5～2)I_O>I_{Omax}=0.5A，取 I_2=1A。

变压器容量　　　　　　　　　　$P \geq U_2 I_2$=12.5VA

小型变压器效率表见表 8-1。

表 8-1　　　　　　　　　　　　　　小功率变压器效率表

容量/VA	<10	10～30	30～80	80～200
效率/%	0.6	0.7	0.8	0.85

考虑变压器效率，选容量为 15VA、二次侧电压、电流有效值为 15V/1A 的变压器。

（3）整流二极管及滤波电容选择

每个二极管流过的平均电流

$$I_D=1/2\, I_{Omax} = (1/2) \times 0.5A=0.25A$$

整流二极管承受的反向峰值电压

$$U_{DM}=\sqrt{2}\, U_2=1.41 \times 15V=21.15V$$

查阅器件手册，考虑安全系数留有裕量及价格因素，整流二极管 $VD_1 \sim VD_2$ 选用常规的 IN4007，其极限值参数为：U_{RM}=1000V，I_F=1A，完全满足要求。

把 U_O=9V，U_I=15V，ΔU_{OP-P}=6mV，S_γ=2.5×10^{-3} 代入稳压系数公式（8-6），可求出

$$\Delta U_{IP-P} = \frac{\Delta U_{OP-P}/U_O}{S_\gamma/U_I} = \frac{\Delta U_{OP-P} U_I}{U_O S_\gamma} = \frac{6 \times 10^{-3} \times 15}{9 \times 2.5 \times 10^{-3}} = 4(V)$$

从滤波效果看，滤波电容 C_3 容量越大越好，对于全波整流有

$$U_{o\gamma P-P} = I_O / 2fC_3 \qquad\qquad （8-11）$$

通常按式（8-11）选择滤波电容的容量。整流滤波后的纹波电压峰峰值 $U_{o\gamma P-P}$ 在本图中写为 U_{iyP-P}，而 ΔU_{IP-P} 即为稳压器输入端，整流滤波后的纹波电压峰峰值 U_{iyP-P}。I_O 取最大负载电流 I_{Omax}=500mA；f 为 50Hz。

将数据代入式（8-11）可得

$$C_3 = \frac{0.5 \times 0.01}{4} = 1250\mu F$$

电容 C_3 的耐压值为 $U_{CM} \geqslant \sqrt{2}\, U_2 = 21.15V$，查手册选 CD11 型电解电容，标称值为 1600μF/50V。

（4）LM7809 功耗估算

$$P = (U_I - U_O)I_{Omax} = (15-9) \times 0.5W = 3W$$

为使 LM7809 的结温不超过规定值 125℃，必须按手册规定安装散热片。

3. 扩大输出电流电路

图 8-13 所示电路中 VT_1 为外接功率管，起扩大输出电流的作用。VT_2 与 R_S 组成功率管短路保护电路。设集成稳压器的输出电流为 $I_{O\times\times}$，在负载正常情况下，$I_{C1}R_S$ 小于 U_{BE2}（$I_{C1} \approx I_{E1}$），VT_2 截止，则本电路的输出电流 $I_O = I_{C1} + I_{O\times\times}$。当负载过载或短路时，导致 I_O 增大，引起 I_{C1} 增大，使 $I_{C1}R_S > U_{BE2}$ 时 VT_2 导通，VT_2 导通后又使 I_{C1} 增大，U_{BE2} 增大，I_{B2} 的产生又引起 I_{C2} 增大，使 U_{CE2} 电压降低，因 $U_{CE2} = I_{C1}R_S + U_{BE1}$，致使 U_{BE1} 减小，I_{B1} 减小，I_{C1} 减小，从而限制了 I_{C1} 的增加。当轻载时，VT_1、VT_2 均处于截止状态，$I_O \approx I_{O\times\times}$。

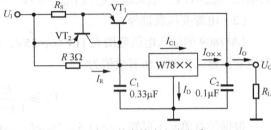

图 8-13　扩大输出电流电路

选取 VT_1 的阈值电压 $U_{BE1} = 0.3V$（如 3AD30），设 $I_D + I_{Omin} \approx 100mA$，则取 $R \approx 0.3V/0.1A = 3\Omega$。当 I_O 增大时，使 I_R 增大，在 U_R 大到一定程度，即为 VT_1 导通提供所需偏置电压。

4. 扩大输出电压电路

W7800 和 W7900 系列稳压器的输出电压绝对值最大为 24V，若超过这个电压值，则可采用如图 8-14 所示电路来达到输出电压的要求。

图 8-14（a）所示为利用电阻分压电路来得到扩大的输出电压，其值为

$$U_O = \left(1 + \frac{R_2}{R_1}\right)U_{\times\times}$$

图 8-14（b）所示电路采用集成运放扩大输出电压，集成运放组成差动输入组态，R_4 为负反馈电阻。设 $U_{\times\times}$ 为 W78XX 集成稳压管输出电压值。根据虚短可以得到

$$U_C + \left(\frac{U_{\times\times}}{R_3 + R_4}\right)R_4 = \frac{U_O}{R_2 + R_1}R_2$$

又因为

$$U_C = U_O - U_{\times\times}$$

从而可求得

$$U_O = U_{\times\times}\left(\frac{R_3}{R_3 + R_4}\right)\left(1 + \frac{R_2}{R_1}\right)$$

因此该电路既可提高输出电压，又达到调节输出电压的目的。

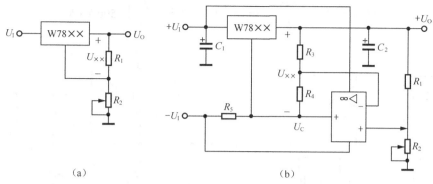

（a）　　　　　　　　　　　　　（b）

图 8-14　扩大输出电压电路

8.5.3　三端可调集成稳压器

1. 分类和外形

三端可调集成稳压器输出电压可调，稳压精度高，输出纹波小，只需外接两只不同的电阻，即可获得各种输出电压。它分为三端可调正电压集成稳压器和三端可调负电压集成稳压器。三端可调正电压集成稳压器国标型号有 CW117、CW117M、CW117L、CW217、CW217M、CW217L、CW317、CW317M、CW317L 等；三端可调负电压集成稳压器国标型号有 CW137、CW137M、CW137L、CW237、CW237M、CW237L、CW337、CW337M、CW337L 等。其型号组成及其意义如图 8-15 所示。军品级为金属外壳或陶瓷封装，工作温度范围−55℃~150℃；工业品级为金属外壳或陶瓷封装，工作温度范围−25℃~150℃；民品级多为塑料封装，工作温度范围 0℃~125℃。图 8-16 所示为三端可调集成稳压器的外形图和引脚，其中输出端与调整端之间为固定参考电压 $U_{REF} = 1.25V$，从调整端流出电流为 50μA。

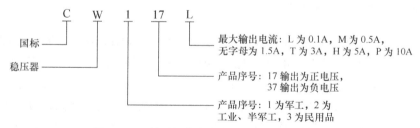

图 8-15　三端可调集成稳压器型号组成及其意义

2. 基本应用电路

三端可调集成稳压器克服了固定三端稳压器输出电压不可调的缺点，继承了三端固定集成稳压器的诸多优点。如 CW317 和 CW337 是一种悬浮式串联调整稳压器，典型应用电路如图 8-17 所示。为了使电路正常工作，一般输出电流不小于 5mA，负载电流最大可达 1.5A，输出电压可在 1.25~37V 之间连续可调。

因 CW317 的输出端与调整之间电压 U_{REF} 固定为 1.25V，那么输出电压为

$$U_{\mathrm{O}} = 1.25 + \left(\frac{1.25\mathrm{V}}{R_1} + 50\mu\mathrm{A} \right) R_2 = 1.25 \left(1 + \frac{R_2}{R_1} \right) + 50\mu\mathrm{A} \times R_2 \quad\quad (8\text{-}12)$$

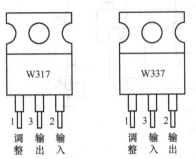

图 8-16　三端可调集成稳压器的外形图和引脚

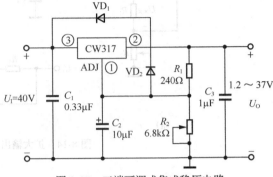

图 8-17　三端可调式集成稳压电路

在选择元器件参数时，为保证负载开路时输出电流不小于 5mA，R_1 的最大值为 $R_{1\max} = U_{\mathrm{REF}}/5\mathrm{mA} = 240\Omega$。因最大输出电压为 37V，$R_2$ 为输出电压调节变阻器，代入式（8-12）求得 R_2 为 7.16kΩ 左右，可取 6.8kΩ。

C_2 作用是减小 R_2 两端的纹波电压，一般取 10μF。C_3 是为了防止输出端为感性负载时可能出现的阻尼振荡，取值 1μF。C_1 为输入端滤波电容，可抵消电路的电感效应和滤除输入端窜入的干扰脉冲，取 0.33μF。VD_1、VD_2 是保护二极管，可选整流二极管 2CZ52。因 $U_{\mathrm{I}} - U_{\mathrm{O}} \geqslant 3\mathrm{V}$，故 $U_{\mathrm{I}} = 40\mathrm{V}$。

8.6　开关型稳压电源

8.6.1　开关型稳压电源的特点和类型

1. 开关型稳压电源的特点

由于串联型稳压电源的调整管工作在放大区，能可靠稳定地输出电压，调整管的电压变化量较大，一般在 2～8V 之间，在负载电流较大的情况下，调整管将消耗很大的功率。因此，串联型稳压电源的效率不高，只有 40%～60%，为了较好地散热，需要装配较大的散热器。开关型稳压电源的调整管工作在高频开关状态下，自身消耗能量很低，因此电源效率高，通常 80%～90%，功耗小，一般不再需要安装大散热器，省去了电源变压器，具有体积小、质量轻的优点。由于输出电压是占空比调节，受输入电压的影响较小，稳压范围很宽，有自动保护电路，保护功能灵敏可靠，因而在微机、通信设备和声像设备中得到广泛应用。调整管工作在开关状态的频率很高，因此滤波电容容量小。其缺点是纹波较大，即干扰较大。用于小信号放大电路时，还应采用第二级稳压措施。

2. 开关型稳压电源的类型

开关型稳压电源的种类有很多种，分类方法也很多。

（1）按开关器件的激励分类

开关型稳压电源（Switch Voltage Regulator）按激励方式（振荡方式）不同，可分为他激式开关稳压电路（External Excited Switching Voltage Regulation Circuit）和自激式开关稳压电路（Self-excited Switching Voltage Regulation Circuit）。在开关电源中，开关管既完成开关变换，又同时参与振荡，称为自激式开关电源。开关管只进行开关变换，不参与振荡，称为他激式开关电源。

（2）按稳压控制方式

由于电源输出电压与开关管的导通与截止时间有关，即决定于开关脉冲占空比，其稳压控制形式分为：脉冲宽度调制型（Pulse Width Modulation，PWM）、脉冲频率调制型（Pulse Frequency Modulation，PFM）、混合调制型（同时改变脉宽和频率的调制方式）。

脉冲宽度调制型：电源输出电压正比于开关管的导通时间 T_{on}，而反比于开关脉冲的周期 T，通过取样比较，将误差放大去控制开关管的导通时间 T_{on}，即改变占空比，使输出电压稳定。

脉冲频率调制型：通过反馈控制开关脉冲周期（即频率），将输出电压的变化通过取样比较，将误差值放大去控制开关脉冲周期，使输出电压稳定。

（3）按开关功率管和负载的连接方式分类

可以分为串联型开关稳压电源和并联型开关稳压电源。

（4）按使用的开关器件分类

目前开关电源中，常用的开关器件有功率晶体管、可控硅、功率 MOSFET 管、IGBT（Insulated Gate Bipolar Transistor，绝缘栅双极晶体管）等多种类型。

（5）按输出直流电压大小分类

开关电源可分为升压式开关稳压电源和降压式开关稳压电源两种。

（6）按开关管的连接方式分类

可分为单端式、推挽式、半桥式和全桥式 4 种。单端式用一只开关管，推挽式和半桥式采用两只开关管，全桥式采用 4 只开关管。目前，100W 以内的开关电源一般采用单端式（正激励和反激励两种形式），100W 以上则采用推挽式、半桥式和全桥式等多种电路形式。

（7）按隔离和耦合方式分类

可分为隔离式和非隔离式，有变压器耦合及光电耦合等形式。

具体到某一开关电源多是以上几种方式的综合应用。

8.6.2 串联型开关稳压电源工作原理

串联型开关稳压电源方框图如图 8-18 所示，由调整管、滤波电路、比较器、三角波发生器、比较放大器和基准源等部分构成。其中方波发生器由比较放大器、基准电压源、比较器、锯齿波发生器等构成，用来控制开关管 VT（调整管）的通断。VD 为续流二极管，L 为储能电感，与 C 一起构成滤波电路，使输出电压更平滑。当方波为高电平时，VT 的基极为高电平，VT 饱和导通；VD 反偏截止，输入电压 U_I 通过开关管 VT 在 L 中产生的电流 i_L 向电容 C 充电。在方波为低电平时，VT 的基极为低电平，VT 截止，L 产生左负右正的自感电动势以阻碍电流的减小，从而使 VD 导通，储能电感 L 中电流通过 VD 构成回路向负载供电，同时电容 C 向 R_L 放电。从而开关管 VT 处于开关状态，同时二极管 VD 的续流和 L、C 的滤波作用使输出电压 U_O 较为平坦。图 8-19 给出了电流 i_L、开关管发射极电压 u_E 和输出电压 U_O 的波形。开关管的控制周期 T 的导通时间为 t_{on} 与截止时间为 t_{off} 之和。

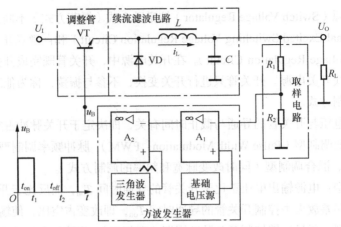

图 8-18　串联型开关稳压电源工作原理图

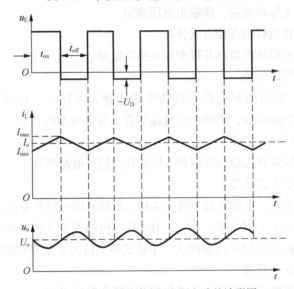

图 8-19　串联型开关稳压电源电路的波形图

图 8-18 中取样电路获得输出电压 U_O 的变化量，去控制方波发生器的方波脉冲宽度，从而控制调整管 VT 的导通时间 t_{on} 与截止时间 t_{off}。我们把导通时间与开关时间 T_n 之比定义为占空比 D，即

$$D = \frac{t_{on}}{t_{on} + t_{off}} \times 100\% = \frac{t_{on}}{T_n} \times 100\% \quad (8\text{-}13)$$

若 T_n 一定，通过调节导通时间长短，来调节输出电压 $U_{O(AV)}$ 的大小。

$$U_{O(AV)} = DU_I \quad (8\text{-}14)$$

由式（8-14）可见，调节占空比 D，可调节输出电压 $U_{O(AV)}$ 的数值，使输出电压保持恒定。如果由于某种原因使输出电压下降，通过取样电路控制方波发生器，使占空比 D 增大，输出电压回升，结果使输出电压维持恒定。

8.6.3　并联型开关稳压电源工作原理

如图 8-20（a）所示，并联型开关稳压电路中开关管与负载并联。通过电路中电感的储能作用将其电动势与输入电压进行叠加后作用于负载。当控制信号 u_B 为高电平时，开关管 VT 饱和导通，U_i 通过开关管 VT 给电感 L 充电，充电电流几乎线性增大；此时续流二极管 VD 因承受反压而截止；滤波电容 C 对负载电阻放电，如图 8-20（b）所示等效电路。当 u_B 为低电平时，开关管 VT 截止，L 产生感生电动势，阻止电流的变化，电动势与 U_i 同向，两者电压相加后通过二极管 VD 对电容 C 充电，等效电路如图 8-20（c）所示。可见，无论开关管 VT 和二极管 VD 状态如何，负载电流方向始终不变。

如图 8-21 所示，画出了控制信号 u_B、电感电压 u_L 和输出电压 U_O 的波形。当 C 足够大时，输出电压的脉动才可能足够小；当 u_B 的周期不变时，其占空比愈大，输出电压将愈高。

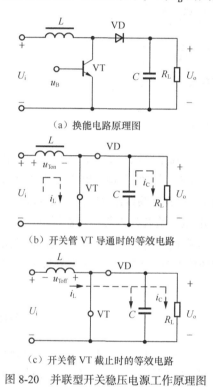

（a）换能电路原理图

（b）开关管 VT 导通时的等效电路

（c）开关管 VT 截止时的等效电路

图 8-20　并联型开关稳压电源工作原理图

图 8-21　并联型开关稳压电源电路波形图

8.6.4　集成开关稳压电路实例

经常使用的集成开关稳压器通常分为两类，一类是集成脉宽调制器，这类脉宽调制器需要外接开关功率管，电路较复杂，但应用灵活。如 MAX668、UC3842、CWl524/2524/3524 等，另一类是集脉宽调制器和开关功率管于一体，构成集成开关稳压器，如 TOP Switch 系列、L4970A、CW4960/4962 等，这类器件集成度更高，使用方便。

1. 集成脉宽调制器构成的开关电源

图 8-22 所示电路是一片 UC3842 脉宽调制器构成的 PWM 型高频变压器式开关电源。电路省去了笨重且损耗大的工频变压器。图 8-22 中 C_1、C_2、C_3 和 L 组成电源噪声滤波器（Power Noise Filter），防止市电高频脉冲干扰窜入电源电路，也防止开关电源的高频脉冲引入市电线路。

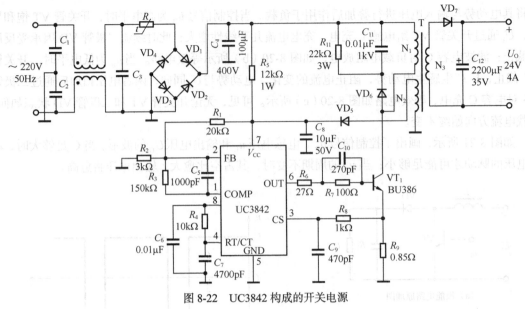

图 8-22　UC3842 构成的开关电源

UC3842 的电源电压为 10～30V，低于 10V 时停止工作。在电路刚接通瞬间，电源电压由启动电阻 R_5 和电容 C_8 接器件 UC3842⑦脚，利用电容 C_8 的充电过程，使⑦脚的电压逐渐升至+16V 以实现软启动。电路起振后，工作电源通过高频开关变压器 T 的反馈绕组 N_2 引入交变电压，经二极管 VD_5 整流、C_8 滤波后引入⑦脚。⑧脚输出 5V 基准电压，给芯片内部振荡器提供电源；为误差放大器提供基准电压源；向内部其他电路提供电源。⑤脚接低电位。①、②脚接内部误差放大器，放大器外接反馈电阻 R_3 和 C_5 一起调整误差放大器的增益和频率响应。④脚外接 R_4、C_7 决定芯片的振荡频率，其振荡频率公式为

$$f_o \approx \frac{1.72}{R_4 C_7} \tag{8-15}$$

UC3842 的⑥脚输出脉宽调制信号，通过限流电阻 R_6、R_7 加到开关管 VT_1 的基极，控制其导通或截止，经高频变压器 T 二次绕组 N_3 输出，由 VD_7、C_{12} 整流滤波，提供 24V、4A 的直流电源。③脚为电流检测端。开关管发射极电阻 R_9 为过流检测电阻，对高频开关变压器一次侧进行采样，与电流检测比较器的参考电压进行比较，进而控制脉冲的占空比，达到稳压目的。当过流时，只要 R_9 上的压降达到 1V 时，集成电路内部过流检测比较器就会翻转，输出高电平，将 PWM 锁存器置零，使脉冲调制器处于关闭状态，实现过流保护。R_8 和 C_9 构成阻容滤波器。C_{11}、R_{11} 和 VD_6 组成吸收网络，当开关管关断瞬间，高频变压器一次绕组 N_1 产生尖峰电压使 VD_6 导通对电容 C_{11} 充电，以限制尖峰电压峰值及上升速率，对开关管 VT_1 起保护作用。开关管 VT_1 选用高频三极管，要求承受 2 倍的输入直流电压峰值。

2. 集成开关稳压器构成的开关电源

TOP 系列开关电源很多型号，其功率、封装形式因型号的不同而不同，它的输入电压范围为 85～265V(AC)，功率 2～100W。TOP 系列电路采用 CMOS 制作工艺，而功率变换器采用场效应管实现能量转换。该器件有 3 个引脚，它们是①漏极 D—主电源输入端；②控制极 C—控制信号输入端；③源极 S—电源接通的基准点，也是初级电路的公共端。该电路以线性控制电流来改变

占空比，具有过流保护电路和热保护电路，常用型号有 TOP200—204/214；TOP221—217 等。该电路的主要参数如下（见表 8-2）。

表 8-2　　　　　　　　　　　　TOP Switch 系列电路参数

名　　称	参　数	名　　称	参　数
输出频率	10kHz	漏极电压	36 ~ 700V
占空比	20% ~ 67%	控制电流	100mA
控制电压	−0.3 ~ 8V	工作结温	−40℃ ~ 150℃
热关闭温度	145℃	截止状态电流	500μA
动态阻抗	15Ω		

图 8-23 所示为 TOP211P 构成的 4W 开关电源，器件内部功率开关管导通时，将电能储存在高频变压器 T 的一次绕组 N_1 上；开关管关断时，向二次绕组 N_2 输出电能，属单端反激励式开关电源。

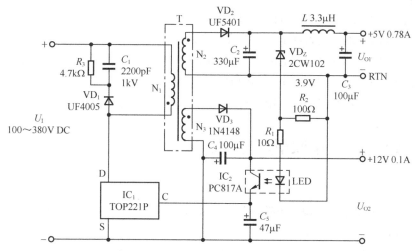

图 8-23　TOP Switch 构成的稳压电源

开关电源输入端接直流电压 U_1，+5V 输出。其中 RTN 为输出的公共/接地端。由于开关频率高达 100kHz，使高频变压器能够快速储存、释放能量，经高频整流滤波后即可获得连续输出电压。R_3、C_1、VD_1 组成一次侧保护电路，以吸收 TOP221P 关断瞬间高频变压器产生的尖峰电压，保护集成器件内部的功率开关管不受损坏。VD_1 选用反向耐压 600V 的超快恢复二极管 UF4005。当 TOP221P 中功率开关管导通时，高频变压器一次侧 N_1 上产生上正下负的电压，VD_1 截止，保护电路不起作用。N_2 上感应电压极性为上负下正，VD_2 截止，N_1 储存能量。当功率开关管截止时，N_1 上产生上负下正的感应电动势，VD_1 导通，尖峰电压被 R_3、C_1 吸收掉。N_2 上感应电压为上正下负，VD_2 导通。经 C_2、C_3、L 滤波后提供 +5V 输出电压。反馈绕组 N_3 产生的电压经 VD_3、C_4 整流滤波后，获得 +12V 输出，同时也为光电耦合器 PC817A 供电。光耦输出端发射极电流送至 TOP221P 的控制端 C，调制占空比。

R_1 为光耦输入端发光二极管 LED 的限流电阻，因其工作电流很小，R_1 上压降可忽略不计，因此输出电压 U_{O1} 约等于稳压管 VD_Z 稳定电压 U_Z 加 LED 正向压降 U_F。稳压过程为：由于某种原因当 U_{O1} 减小，$U_{O1} < U_Z + U_F$ 时，光耦中 LED 的 I_F 相应减小，经过光电耦合，光耦的发射极电流 I_E 减小，使得 TOP221P 控制端 C 电流减小，从而使占空比 D 增大，导致 U_{O1} 增加，实现稳压目的。反之，亦可实现稳压。C_5 为控制端旁路电容，对控制环路进行补偿并设定自动重启动频率。为提高整流效率，减低损耗，VD_2 选用超快恢复二极管或肖特基二极管。

单元任务 8 直流稳压电源制作

1. 知识目标

（1）正确理解串联型稳压电路的工作原理和参数计算。

（2）掌握三端集成稳压器的参数和正确使用。

2. 能力目标

（1）根据稳压电路的工作原理设计直流稳压电源，通过计算选择合适的元器件参数，会测试电路，观察波形，判断电路的正确性。

（2）利用三端集成稳压器设计、焊接、调试输出固定电压的直流稳压电源。

3. 素质目标

（1）锻炼自主学习的能力和认真的学习态度。

（2）培养严谨的思维习惯和规范的操作安全意识。

（3）培养分析问题和解决问题的能力，培养团队合作精神。

（4）能用所学的知识和技能解决实训中遇到的实际的问题。

（5）具有一定的创新意识，可以用各种工具获取学习中所需要的信息。

单元任务 8.1 9V 串联型直流稳压电源的制作

1. 决策

（1）如图 8-24 所示电路，说明电路中稳压电路部分的基准电压电路、取样电路、比较放大电路和调整管各由哪些元器件组成。

（2）图 8-24 中 VT_1、VT_2 组成复合管，具有很大的电流放大倍数。加泄漏电阻 R_5 提供分流支路，防止温度变化时，过大的穿透电流 I_{CEO1} 经 VT_2 放大后使调整管在高温空载时偏离放大状态而出现失控。

当输入电压 U_i 变化时，R_4 两端的电压会随之变化，通过 R_4 的电流也变化，VT_1 基极电流也会变化，U_{CE1} 变化，引起输出电压 U_O 的变化。因此为进一步减小稳压系数，需要消除 U_i 对输出电压的不稳定影响。由于 U_i 的变化主要有两部分组成，一为电网电压变化或整流电路负载变化等引起的缓慢变化，二是纹波电压引起的快变化。如图 8-24 所示接入大电容 C_3 后，快变化成分被 R_4 和 C_3 滤除，VT_1 基极电压纹波就显著减小。由电网电压或整流电路负载引起的缓慢变化可加辅助电源来消除。

（3）输出电压 U_O 的计算。

输出电压 U_O 的范围为 $\dfrac{R_1 + R_p + R_2}{R_2 + R_p} U_{REF} \leqslant U_O \leqslant \dfrac{R_1 + R_p + R_2}{R_2} U_{REF}$

试调节电位器 R_p 使输出电压为 9V。

2. 计划

（1）所需仪器仪表：万用表、示波器、信号发生器、电烙铁等。

（2）所需元器件如图 8-24 所示、电路板、锡丝、导线等。

3. 实施

（1）根据图 8-24 所示分配实际布局接线图。

（2）领取元器件及耗材，在电路板上焊接电路。

（3）试调节电位器 R_p 使输出电压为 9V，观察波形并记录。

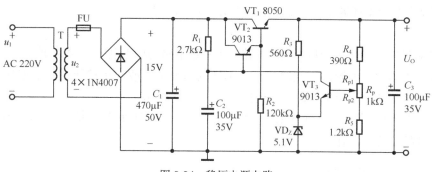

图 8-24 稳压电源电路

4. 检查

检查焊接质量，有无错接、漏焊、连焊、虚焊等现象，电源接线有无短路等。检验测量结果是否符合设计要求。

5. 评价

在完成上述设计与制作过程的基础上，撰写实训报告，并在小组内进行自我评价、组员评价，最后由教师给出评价，3 个评价相结合作为本次工作任务完成情况的综合评价。

单元任务 8.2 9V 三端集成稳压电源制作

8.2.1 三端固定集成稳压器

1. 信息

图 8-26 所示稳压电源是采用三端集成稳压器设计的稳压电源，具有性能稳定、结构简单等优点。三端集成稳压器使用时，要求输入电压 U_I 与输出电压 U_O 的电压差 $U_\text{I}-U_\text{O}\geqslant 3\text{V}$。稳压器的静态电流 $I_\text{O}=8\text{mA}$。当 $U_\text{O}=5\sim 18\text{V}$ 时，U_I 的最大值 $U_\text{Imax}=35\text{V}$；当 $U_\text{O}=18\sim 24\text{V}$ 时，U_I 的最大值 $U_\text{Imax}=40\text{V}$。

（1）查询三端集成稳压器 LM7809 的主要参数

① 极限参数见表 8-3。

表 8-3　　　　　　　　　　　　　　　　　极限参数

	LM7809	单　位
直流输入电压 V_I		V

② 电气特性见表 8-4。

表 8-4　　　　　　　　　　　　　　　　电气特性

参　　数	LM7809	单　位
	典型值	
V_O 输出电压 Output Voltage		V
ΔV_O 线性调整率 Line Regulation		mV
ΔV_O 负载调整率 Load Regulation		mV
I_Q 静态电流 Quiescent Current		mA
RR 纹波抑制比 Ripple Rejection		dB
R_O 输出电阻 Output Resistance		Ω

（2）查询集成稳压器 LM7809 的引脚排列

三端集成稳压器 LM7809 外形如图 8-25 所示，标出电极。

2. 决策

（1）根据图 8-26 接上电源后，负载开路，测稳压电路的输出电压 U_O 的数值。

（2）输出电阻 R_O 的测试。在输入电压不变的情况下，改变负载使输出电流从 0 增大到 500mA，测出相应的输出变化量 ΔU_O。根据式（8-7）计算 R_O。

（3）纹波电压 U_{oY} 测试。在输入电压不变，输出电流 $I_O=100mA$ 的情况下，用毫伏表测试稳压电源输出端的纹波电压值。

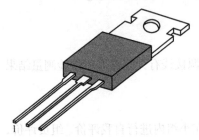

图 8-25　LM7809 外形图

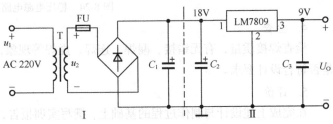

图 8-26　三端集成稳压器构成的稳压电源

3. 计划

（1）所需仪器仪表：万用表、示波器、电烙铁等。

（2）如图 8-26 所示电路的第 II 部分所需元器件：LM7809；电容 $C_2=0.33\mu F$，$C_3=0.1\mu F$；电路板；锡丝；导线等。

4. 实施

（1）领取元器件及耗材，在电路板上焊接电路。

（2）正确连接电路，注意布线的合理性、集成器件引脚的顺序、信号的连接方式。

（3）调试电路，记录实验数据。

5. 检查

检查焊接质量，有无错接、漏焊、连焊、虚焊等现象，电源接线有无短路等。整理实验数据，分析测量结果。

6. 评价

在完成上述设计与制作过程的基础上，撰写实训报告，并在小组内进行自我评价、组员评价，最后由教师给出评价，3 个评价相结合作为本次工作任务完成情况的综合评价。

8.2.2　三端可调集成稳压器

1. 信息

查阅三端可调集成稳压器 317L 手册，了解主要参数。

2. 决策

（1）根据图 8-27 接上电源后，负载开路，调节 R_p 测量输出电压变化范围，并与计算值比较。

（2）输出电阻 R_O 的测试。在输入电压不变的情况下，调节输出电压为 9V，改变负载使输出电流在 100mA 左右变化，测出相应的输出变化量 ΔU_O。根据式（8-7）计算 R_O。

（3）其他内容可按上节实验。

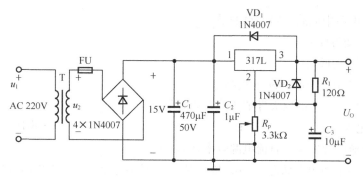

图 8-27   三端集成稳压器构成的稳压电源

单元小结

1. 直流稳压电源是将交流电源通过变压、整流、滤波电路转换为直流电压，再经过稳压电路把直流电压变换为稳定的电压，从而达到基本不受交流电源、负载和温度等因素影响的稳定电源。直流稳压电源主要为电子系统提供各种稳定的电压值。

2. 用稳压二极管构成的并联型稳压电源，结构简单，但输出电压不能调节，输出为稳压二极管的稳压值。工作电流变化范围不大，仅适用于小电流、固定电压值，对稳压性能要求不高的场合。

3. 串联型稳压电源由基准电压、取样、比较放大和调整 4 部分电路构成，通过调整管来调节输出电压值。电路具有输出电压值稳定、输出电阻小、输出电压可调等优点。一般采用限流型或截流型进行过电流保护。但调整管工作在放大区，功耗较大，效率偏低。目前基本被三端集成稳压器所取代。

4. 稳压电源的质量指标主要有稳压系数、输出电阻、温度系数、负载调整率和纹波抑制比等参数。

5. 三端集成稳压器基本采用串联型稳压电路的工作原理，还具有启动和保护电路等。三端集成稳压器由于体积小，外围器件少，使用方便，输出电压和电流规格多，从而得到广泛使用。电流大时功耗也较大，应使用散热片。此外，还有输出电压可调的集成稳压器，实现输出电压的调节。

6. 开关型稳压电源使调整管工作在开关状态，其具有功耗小，效率高，体积小，质量轻等优点，如今得到广泛应用。开关型稳压电源的缺点是纹波较大，即干扰较大，会产生尖峰干扰和调波干扰。有集成脉宽调制器和集成开关稳压器，后者集成脉宽调制器和开关功率管于一体，构成集成开关稳压器，集成度更高，使用方便。

自测题

一、填空题

1. 常用小功率直流稳压电源由＿＿＿＿＿＿、＿＿＿＿＿＿、＿＿＿＿＿＿、＿＿＿＿＿＿4 部分组成。

2. 稳压电源主要是要求在＿＿＿＿＿＿和＿＿＿＿＿＿发生变化的情况下，其输出电压基本不变。

二、选择题

1. 整流的目的是＿＿＿＿＿＿。

    A. 将交流变为直流   B. 将高频变为低频   C. 将正弦波变为方波

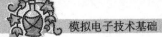

2. 直流稳压电源中滤波电路的目的是_____。

    A. 将交流变为直流

    B. 将高频变为低频

    C. 将交、直流混合量中的交流成分滤掉

3. 串联型稳压电路中的放大环节所放大的对象是_____。

    A. 基准电压   B. 采样电压   C. 基准电压与采样电压之差

4. 开关型直流电源比线性直流电源效率高的原因是_____。

    A. 调整管工作在开关状态   B. 输出端有 LC 滤波电路   C. 可以不用电源变压器

5. 在脉宽调制式串联型开关稳压电路中，为使输出电压增大，对调整管基极控制信号的要求是_____。

    A. 周期不变，占空比增大

    B. 频率增大，占空比不变

    C. 在一个周期内，高电平时间不变，周期增大

三、判断题

1. 直流电源是一种能量转换电路，它将交流能量转换为直流能量。   （   ）

2. 当输入电压 U_I 和负载电流 I_L 变化时，稳压电路的输出电压是绝对不变的。   （   ）

3. 一般情况下，开关型稳压电路比线性稳压电路效率高。   （   ）

4. 线性直流电源中的调整管工作在放大状态，开关型直流电源中的调整管工作在开关状态。   （   ）

5. 因为串联型稳压电路中引入了深度负反馈，因此也可能产生自激振荡。   （   ）

6. 在稳压管稳压电路中，最大稳定电流与最小稳定电流之差应大于负载电流的变化范围。   （   ）

7. 开关型稳压电源的最大优点是无纹波电压。   （   ）

习题

8.1   直流稳压电源的组成及各部分的作用是什么？

8.2   所谓线性电源和开关电源是怎样划分的？

8.3   滤波电路的主要目的是什么？电容和电感为什么能起滤波作用？它们在滤波电路中应如何与负载 R_L 连接？

8.4   在电容滤波电路中，应如何选择电容 C？

8.5   串联型线性稳压电源由哪几部分组成？各部分的功能是什么？

8.6   对于三端集成稳压器，要求输入电压与输出电压之间的电压差为多少？该电压差太小和太大将会出现什么问题？

8.7   开关电源的最大优点是什么？缺点是什么？

8.8   开关电源是靠调节什么参数来稳定输出电压的？

8.9   在图 8-28 所示稳压电路中，已知稳压管的稳定电压 U_Z 为 6V，最小稳定电流 I_{Zmin} 为 5mA，最大稳定电流 I_{Zmax} 为 40mA；输入电压 U_I 为 15V，波动范围为±10%；限流电阻 R 为 200Ω。

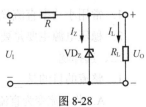

图 8-28

（1）电路是否能空载？为什么？

（2）作为稳压电路的指标，负载电流 I_L 的范围为多少？

8.10   电路如图 8-29 所示。如何连线构成 5V 的直流电源？

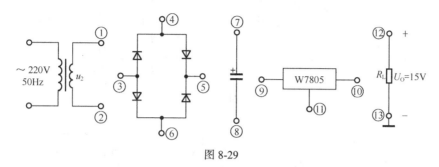

图 8-29

8.11   电路如图 8-30 所示，已知稳压管的稳定电压为 6V，最小稳定电流为 5mA，允许耗散功率为 240mW；输入电压为 20～24V，R_1=360Ω。试问：

（1）为保证空载时稳压管能够安全工作，R_2 应选多大；

（2）当 R_2 按上面原则选定后，负载电阻允许的变化范围是多少。

图 8-30

8.12   图 8-31 所示电路为串联型稳压电源，A 为理想运放。

（1）在图中标明 A 的同相输入端和反相输入端；

（2）求出 U_O 的值。

8.13   分立元件组成的串联型稳压电路如图 8-32 所示，电路由三极管 VT_2 和电阻 R_1 构成比较放大作用的串联型稳压电路，试结合图 8-3 基本结构图自行分析其工作原理。

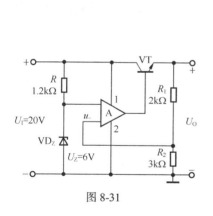

图 8-31

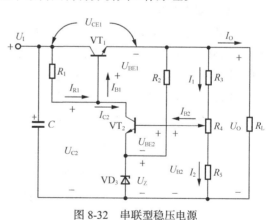

图 8-32   串联型稳压电源

8.14   在如图 8-33 所示的串联型稳压电源中，已知晶体管的 U_{BE}=0.7V，输出电压的调节范围为 9～18V。试求电位器 R_P 的值及稳压管 VD_Z 的稳压值 U_Z。

8.15   直流稳压电源如图 8-34 所示。

（1）说明电路的整流电路、滤波电路、调整管、基准电压电路、比较放大电路、采样电路等部分各由哪些元件组成。

（2）标出集成运放的同相输入端和反相输入端。

（3）写出输出电压的表达式。

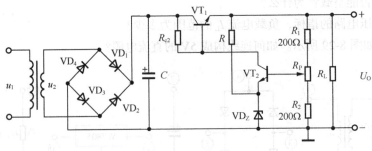

图 8-33

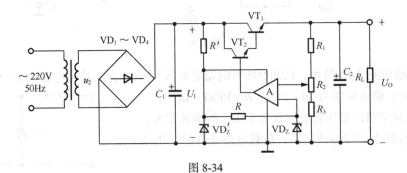

图 8-34

8.16　电路如图 8-35 所示，已知稳压管的稳定电压 U_Z=6V，晶体管的 U_{BE}=0.7V，R_1=R_2=R_3=300Ω，U_I=24V。判断出现下列现象时，分别因为电路产生什么故障（即哪个元件开路或短路）。

（1）$U_O\approx$24V；（2）$U_O\approx$23.3V；（3）$U_O\approx$12V 且不可调；（4）$U_O\approx$6V 且不可调；

（5）U_O 可调范围变为 6～12V。

8.17　用三端稳压器 W78L12 构成如图 8-36 所示电路，已知 W78L12 的输出电压为 12V，U_I 的取值合适。

（1）指出两个电路分别具有什么功能。

（2）求图 8-36（a）中 U_O 的调节范围。

（3）求图 8-36（b）中 I_O 的变化范围。

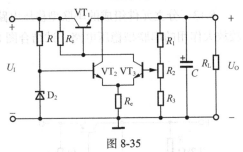

图 8-35

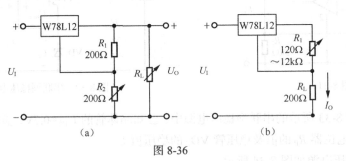

（a）　　　　　　　　（b）

图 8-36

8.18　在如图 8-37 所示的直流稳压电源中，已知三极管 VT 的 U_{BE}=0.3V，β=30；W7805 的最大输出电流 I_{Omax}=1.5A。试求解：

（1）输出电压 U_O；

（2）最大负载电流 I_L。

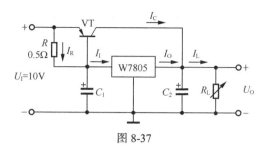

图 8-37

8.19　并联型开关稳压电源原理图如图 8-38 所示。已知：输入直流电压为 U_I；输出电压为 U_O；脉冲控制电路输出一定频率的矩形波；晶体管 VT 和二极管 VD 均工作在开关状态，当它们导通时相当于开关闭合，截止时相当于开关断开。

（1）当脉冲控制电路输出高电平时，晶体管 VT 和二极管 VD 是导通还是截止？电感 L 上的电压的大小和极性如何？

（2）当脉冲控制电路输出低电平时，晶体管 VT 和二极管 VD 是导通还是截止？电感 L 上的电压的极性如何？

（3）当输出电压由于输入电压的波动或负载电阻的变化而增大时，脉冲控制电路在每一个振荡周期中输出高电平的时间应增大还是减小？

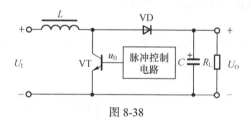

图 8-38

A-1 直流稳压电源电路图

直流稳压电源制作较多（见图 A1～图 A4），可根据单元任务的完成情况选取其中之一作为供电电源。

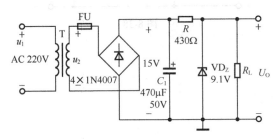

图 A1　稳压二极管构成的直流稳压电源

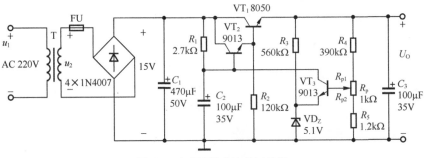

图 A2　串联线性直流稳压电源

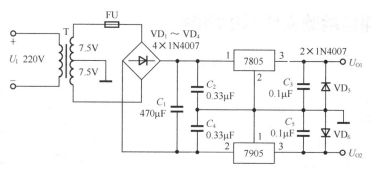

图 A3　三端固定集成稳压器构成的正负对称直流稳压电源

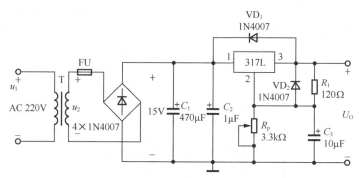

图 A4　三端可调集成稳压器构成的直流稳压电源

A-2　实用扩音器电路图

实用扩音器电路的制作如图 A5 所示。本文为了实现教学内容的衔接，选取了两级放大电路并引入负反馈作为前级放大。然而在实际应用，并非完全需要，使用一级放大电路作为前级放大即可。

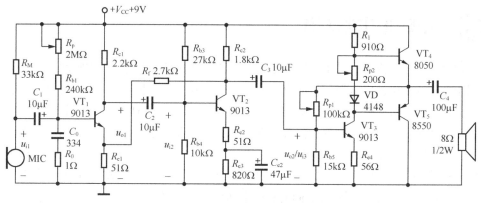

图 A5　实用扩音器电路图

A-3 简易函数发生器电路图

简易函数发生器电路图如图 A6 ~ 图 A8 所示。

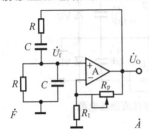

图 A6　正弦波发生器

（元器件参数：R=10kΩ，变阻器 R_p=22kΩ，
C=100nF，R_1=2kΩ，运放 LM324）

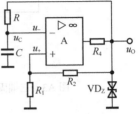

图 A7　方波发生器电路

（元器件参数：R=51kΩ，C=100nF，R_1=8.6kΩ，
R_2=10kΩ，R_4=300Ω，VD_Z 为 6V 的双向稳压二极管）

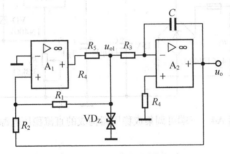

图 A8　三角波发生器电路

（元器件参数：R_1=30kΩ，R_2=10kΩ，R_3=R_4=75kΩ，R_5=300Ω，C=100nF，VD_Z 为 6V 的双向稳压二极管）

A-4 FM 无线话筒

无线话筒的制作如单元任务 6.2 所用电路焊接测试即可。

*A-5 电蚊拍电路制作

电蚊拍电路为选作内容，其工作原理是利用电子线路升压产生功率，在瞬间"拍"死蚊子。一般使用干电池或蓄电池做电源，目前市场上该类产品多使用蓄电池。其原理是通过放电来杀蚊子的，升压后的输出功率极小，对人或宠物无妨碍。它在金属网上通电，在瞬间将蚊子置于死地。

如图 A9 所示，电路中线圈变压器有三组绕线，其中两组绕线匝数较少，用于晶体管的高频振荡，另一组绕线匝数较多，负载将电压升高。当按下开关后，有微小的控制电流经线圈 L_1 流入基极，使三极管 ce 极导通，从而会有较大的电流流经线圈 L_2，造成铁芯内磁通量发生变化，线圈 L_1，L_3 产生感应电动势，线圈 L_1 之间的感应电动势减弱基极电流，使三极管进入截止状态。三极管不断重复上述的导通和截止状态，且动作速度很快，线圈 L_3 匝数较多，因此把 3V 的直流电压变为 18kHz 左右的交流电压。再经二极管 VD_2 ~ VD_4、电容 C_1 ~ C_4 倍压整流升高到 1500V 左右，加到蚊拍的金属网上。当蚊蝇触及金属网丝时，虫体造成电网短路，即会被电流、电弧击晕或击毙。电路中发光二极管 VD_1 和限流电阻器 R_1 构成指示灯电路，用来指示电路通断状态及显示电池电能的耗损情况。线圈 L_2 匝数 12 匝，线圈 L_1 匝数 24 匝，线圈 L_3 匝数 1345 匝。

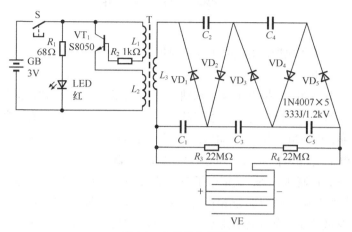

图 A9　电蚊拍电路图

如果在三极管基极回路中串联一个电位器（ 2～10kΩ，如图 A9 所示），可衰减电动势，使输出端的电压可调小，方便我们用万用表测量交流电压。已知一般空气的电场强度超过 $3×10^6$V/m 时，会被游离而产生导电的物理特性，如果在电蚊拍相邻的两条裸线上各焊接一个凸出的放电接点，调整两者尖端的间隔距离为一张纸的厚度（约 0.2mm），以 1000kV 的直流电压为此放电接点提高电位差，将产生（ 1000V/0.2mm ）=$5×10^6$V/m 的电场强度，达到了空气被游离的物理条件，放电接点之间不断地发出电光闪动（晚上看效果更好）和劈里啪啦的声响。

故障分析：指示灯 LED 不亮，检查电源电压和开关。不能击毙蚊子则检查金属网上是否有电压，如果电压不够高，则检查器件 C_5，VD_4，VD_5；若金属网没有电压，则查找绕组 L_3 是否有交流电压，如有则查 C_3，VD_2，VD_3；L_3 两端若无电压则检查三极管 VT 的基极是否有电压，若有电压则变压器 T 损耗，若无电压则检查 VT、R_2、变压器 T。

参 考 文 献

[1] J. 密尔曼，C. C. 霍尔凯斯. 集成电子学：模拟、数字电路和系统（上册）[M]. 杨自辰，杨大成译. 人民邮电出版社，1981.

[2] 清华大学电子学教研组. 模拟电子技术基础（上册）. 北京：人民教育出版社，1981.

[3] 清华大学电子学教研组. 模拟电子技术基础（下册）. 北京：人民教育出版社，1981.

[4] 童诗白，华成英. 模拟电子技术基础[M]. 北京：高等教育出版社，2001.

[5] 傅丰林. 低频电子线路[M]. 北京：高等教育出版社，2003.

[6] 李立华，李永华，徐晓东，等. 模拟电子技术基础[M]. 北京：电子工业出版社，2008.

[7] 康华光. 电子技术基础：模拟部分[M]. 北京：高等教育出版社，2006.

[8] 清华大学电子学教研组. 模拟电子技术基础简明教程[M]. 北京：高等教育出版社，1985.

[9] 浙江大学电子学教研室. 模拟电子技术基本教程[M]. 北京：高等教育出版社，1986.

[10] 沈尚贤. 电子技术导论（下册）[M]. 北京：高等教育出版社，1986.

[11] 谢嘉奎. 电子线路非线性部分（第四版）[M]. 北京：高等教育出版社，2000.

[12] 李万臣. 模拟电子技术基础实践教程[M]. 哈尔滨：哈尔滨工程大学出版社，2008.

[13] 李福军. 模拟电子技术项目教程[M]. 武汉：华中科技大学出版社，2010.

[14] 邓汉馨. 模拟电子技术基本教程[M]. 北京：高等教育出版社，1986.

[15] 张学亮，柯国琴，王苹. 探索建立"任务驱动：教、学、做一体"教学模式[J]. 中国高等教育，2009，[15/16]:57~58.

[16] 庄跃辉，舒建寅. 国内晶体管参数与代换大全[M]. 北京：人民邮电出版社，1995.

[17] 周良权，傅恩锡，李世馨. 模拟电子技术基础[M]. 北京：高等教育出版社，2009.

[18] 刘润华，任旭虎. 模拟电子技术基础[M]. 东营：中国石油大学出版社，2012.

[19] 朱定华，吴建新，饶志强，等. 模拟电子技术[M]. 北京：清华大学出版社，2005.

[20] 陈梓城，邓海. 模拟电子技术[M]. 北京：高等教育出版社，2010.

[21] 刁修睦，杜保强. 模拟电子技术及应用[M]. 北京：北京大学出版社，2008.

[22] 廖惜春. 模拟电子技术基础[M]. 武汉：华中科技大学出版社，2008.

[23] 郭业才，黄友锐. 模拟电子技术[M]. 北京：清华大学出版社，2011.

[24] 华永平. 模拟电子技术与应用[M]. 北京：电子工业出版社，2010.

[25] 陈振云，云彩霞，等. 模拟电子技术[M]. 武汉：华中科技大学出版社，2013.

[26] 李曦，艾武. 模拟电子技术与应用[M]. 武汉：华中科技大学出版社，2013.